"十三五"国家重点出版物出版规划项目

国防科技图书出版基金

现代电子战技术丛书

现代雷达电子战构件化组合仿真技术

Component-based simulation technology of modern radar electronic warfare

郭金良　王得旺　韩文彬　李晓燕　彭丹华　编著

国防工业出版社

·北京·

内 容 简 介

本书阐述了构件化组合仿真体系规范,详细论述了仿真构件开发、测试、管理和组合等构件化开发全过程,设计实现了一系列的组合仿真支撑工具,对雷达电子战功能仿真和信号仿真模型分别进行了构件化设计,并将其应用到机载预警雷达对抗仿真系统的开发中。

本书是雷达电子战仿真、构件化开发以及组合仿真等理论和实践经验的总结,对于促进雷达电子战仿真模型工程化发展和应用具有重要意义,可作为雷达、电子战、系统仿真等领域的工程技术人员的参考书,也可以推广应用到其他领域的系统仿真实践中,为大规模复杂仿真系统的组合化研究与开发提供有益借鉴。

图书在版编目(CIP)数据

现代雷达电子战构件化组合仿真技术/郭金良等编著. —北京:国防工业出版社,2023.3
ISBN 978 – 7 – 118 – 12766 – 9

Ⅰ.①现… Ⅱ.①郭… Ⅲ.①雷达电子对抗 – 系统仿真 Ⅳ.①TN974

中国国家版本馆 CIP 数据核字(2023)第 032065 号

※

国防工业出版社出版发行

(北京市海淀区紫竹院南路 23 号   邮政编码 100048)
北京虎彩文化传播有限公司印刷
新华书店经售
*
开本 710×1000   1/16   印张 19¼   字数 356 千字
2022 年 3 月第 1 版第 1 次印刷   印数 1—1500 册   定价 158.00 元

(本书如有印装错误,我社负责调换)

国防书店:(010)88540777   书店传真:(010)88540776
发行业务:(010)88540717   发行传真:(010)88540762

"现代电子战技术丛书"编委会

编委会主任 杨小牛

院士顾问 张锡祥　凌永顺　吕跃广　刘泽金　刘永坚
　　　　　　王沙飞　陆 军

编委会副主任 刘 涛　王大鹏　楼才义

编委会委员
（排名不分先后）
　　　许西安　张友益　张春磊　郭 劲　季华益　胡以华
　　　高晓滨　赵国庆　黄知涛　安 红　甘荣兵　郭福成
　　　高 颖　刘松涛　王龙涛　刘振兴

丛书总策划 王晓光

3

新时代的电子战与电子战的新时代

广义上讲，电子战领域也是电子信息领域中的一员或者叫一个分支。然而，这种"广义"而言的貌似其实也没有太多意义。如果说电子战想用一首歌来唱响它的旋律的话，那一定是《我们不一样》。

的确，作为需要靠不断博弈、对抗来"吃饭"的领域，电子战有着太多的特殊之处——其中最为明显、最为突出的一点就是，从博弈的基本逻辑上来讲，电子战的发展节奏永远无法超越作战对象的发展节奏。就如同谍战片里面的跟踪镜头一样，再强大的跟踪人员也只能做到近距离跟踪而不被发现，却永远无法做到跑到跟踪目标的前方去跟踪。

换言之，无论是电子战装备还是其技术的预先布局必须基于具体的作战对象的发展现状或者发展趋势、发展规划。即便如此，考虑到对作战对象现状的把握无法做到完备，而作战对象的发展趋势、发展规划又大多存在诸多变数，因此，基于这些考虑的电子战预先布局通常也存在很大的风险。

总之，尽管世界各国对电子战重要性的认识不断提升——甚至电磁频谱都已经被视作一个独立的作战域，电子战（甚至是更为广义的电磁频谱战）作为一种独立作战样式的前景也非常乐观——但电子战的发展模式似乎并未由于所受重视程度的提升而有任何改变。更为严重的问题是，电子战发展模式的这种"惰性"又直接导致了电子战理论与技术方面发展模式的"滞后性"——新理论、新技术为电子战领域带来实质性影响的时间总是滞后于其他电子信息领域，主动性、自发性、仅适用于本领域的电子战理论与技术创新较之其他电子信息领域也进展缓慢。

凡此种种，不一而足。总的来说，电子战领域有一个确定的过去，有一个相对确定的现在，但没法拥有一个确定的未来。通常我们将电子战领域与其作战对象之间的博弈称作"猫鼠游戏"或者"魔道相长"，乍看这两种说法好像对于博弈双方一视同仁，但殊不知无论"猫鼠"也好，还是"魔道"也好，从逻辑上来讲都是有先后的。作战对象的发展直接能够决定或"引领"电子战的发展方向，而反之则非常困难。也就是说，博弈的起点总是作战对象，博弈的主动权也掌握在作战对象手中，而电子战所能做的就是在作战对象所制定规则的"引领下"一次次轮回，无法跳出。

然而，凡事皆有例外。而具体到电子战领域，足以导致"例外"的原因可归纳为如下两方面。

其一，"新时代的电子战"。

电子信息领域新理论新技术层出不穷、飞速发展的当前，总有一些新理论、新技术能够为电子战跳出"轮回"提供可能性。这其中，颇具潜力的理论与技术很多，但大数据分析与人工智能无疑会位列其中。

大数据分析为电子战领域带来的革命性影响可归纳为**"有望实现电子战领域从精度驱动到数据驱动的变革"**。在采用大数据分析之前，电子战理论与技术都可视作是围绕"测量精度"展开的，从信号的发现、测向、定位、识别一直到干扰引导与干扰等诸多环节，无一例外都是在不断提升"测量精度"的过程中实现综合能力提升的。然而，大数据分析为我们提供了另外一种思路——只要能够获得足够多的数据样本（样本的精度高低并不重要），就可以通过各种分析方法来得到远高于"基于精度的"理论与技术的性能（通常是跨数量级的性能提升）。因此，可以看出，大数据分析不仅仅是提升电子战性能的又一种技术，而是有望改变整个电子战领域性能提升思路的顶层理论。从这一点来看，该技术很有可能为电子战领域跳出上面所述之"轮回"提供一种途径。

人工智能为电子战领域带来的革命性影响可归纳为**"有望实现电子战领域从功能固化到自我提升的变革"**。人工智能用于电子战领域则催生出认知电子战这一新理念，而认知电子战理念的重要性在于，它不仅仅让电子战具备思考、推理、记忆、想象、学习等能力，而且还有望让认知电子战与其他认知化电子信息系统一起，催生出一种新的战法，即"智能战"。因此,可以看出,人工智能有望改变整个电子战领域的作战模式。从这一点来看,该技术也有可能为电子战领域跳出上面所述之"轮回"提供一种备选途径。

总之,电子信息领域理论与技术发展的新时代也为电子战领域带来无限的可能性。

其二,"电子战的新时代"。

自1905年诞生以来,电子战领域发展到现在已经有100多年历史,这一历史远超雷达、敌我识别、导航等领域的发展历史。在这么长的发展历史中,尽管电子战领域一直未能跳出"猫鼠游戏"的怪圈,但也形成了很多本领域专有的、与具体作战对象关系不那么密切的理论与技术积淀,而这些理论与技术的发展相对成体系、有脉络。近年来,这些理论与技术已经突破或即将突破一些"瓶颈",有望将电子战领域带入一个新的时代。

这些理论与技术大致可分为两类:一类是符合电子战发展脉络且与电子战发展历史一脉相承的理论与技术,例如,网络化电子战理论与技术(网络中心电子战理论与技术)、软件化电子战理论与技术、无人化电子战理论与技术等;另一类是基础性电子战技术,例如,信号盲源分离理论与技术、电子战能力评估理论与技术、电磁环境仿真与模拟技术、测向与定位技术等。

总之,电子战领域100多年的理论与技术积淀终于在当前厚积薄发,有望将电子战带入一个新的时代。

本套丛书即是在上述背景下组织撰写的,尽管无法一次性完备地覆盖电子战所有理论与技术,但组织撰写这套丛书本身至少可以表明这样一个事实——有一群志同道合之士,已经发愿让电子战领域有一个确定且美好的未来。

一愿生,则万缘相随。

愿心到处,必有所获。

杨小牛

2018年6月

杨小牛,中国工程院院士。

PREFACE

前 言

在现代战争中,雷达电子战发挥着越来越重要的作用,已经成为决定战争胜负的关键因素之一,世界各军事强国都在极力寻找一种有效手段用以分析、评估现代雷达电子战的性能/效能,以快速促进雷达电子战装备的研究与发展,提高雷达电子战的战术技术水平。在此背景下,以计算机为建模与试验工具的仿真技术,凭借其易于实现、可控、无破坏、安全、可重复、高效等优点,成为了目前雷达电子战分析与评估最为有效的方法。不仅如此,现代雷达电子战装备发展论证、型号研制、鉴定定型、训练使用、作战应用、装备采办等全过程都离不开建模仿真技术。

为了适应现代雷达电子战体系化、一体化等发展需求,雷达电子战仿真系统的规模日益扩大、功能不断增强、仿真关注的细节程度与仿真系统的复杂度越来越高。仿真软件在雷达电子战仿真中所起的作用越来越大,越来越多的仿真研究人员也认识到了这一点,开始更多地关注于仿真软件的设计与研制。另外,经过几十年的发展,建模与仿真技术在雷达电子战领域的理论研究与工程实践不断扩展和深入,积累了大量的仿真模型。然而,传统的雷达电子战仿真一般是针对某类特有系统、特定功能的"烟囱式"开发,各个仿真系统所采用的设计方法和实现模式具有较大的随意性,导致了现有仿真模型的可重用、可扩展、可移植以及可维护性很差。

雷达电子战构件化组合仿真技术就是在这种需求背景下提出的一种新的仿真开发思想和模式,借鉴软件工程的构件技术,强调最大限度地重用已有仿真模型,实现仿真模型组合与再组合,通过灵活的组装方式快速构建仿真系统,并通过构件替换实现仿真系统的升级或修正。

本书在论述雷达电子战构件化组合仿真技术基本理论的基础上,对构件化组合仿真体系进行了系统分析,对构件化仿真模型的开发、测试、管理以及组合等实现技术进行了阐述,并对一系列组合仿真支撑工具进行了设计与实现,从功能仿真与信号仿真两方面对雷达电子战仿真模型的构件化设计进行了探讨,并将其应用到机载预警雷达对抗仿真系统的开发中,争取为国内大规模雷达电子战仿真系统的组合化研究与开发提供一些有益的借鉴。

全书共 9 章,即绪论、构件化组合仿真体系、仿真构件开发技术、仿真构件测试技术、仿真构件管理技术、仿真构件组合技术、雷达电子战功能仿真构件化设计、雷达电子战信号仿真构件化设计、机载预警雷达对抗组合仿真应用。本书是作者多年来在雷达电子战构件化组合仿真方面理论研究与实践的总结,是多项重大课题支持下的工作成果,其中的理论与经验得到了相关应用课题的检验,对于促进雷达电子战仿真模型工程化的发展和应用具有重要意义。

本书内容涉及领域较新,有些问题还在进一步深入研究,加之作者水平有限,书中的缺点和不足之处在所难免,敬请读者批评指正。

编著者

2022 年 4 月 19 日

CONTENTS

目 录

第 1 章

绪　论

1.1 引　言

  雷达电子战作为夺取制电磁权的重要手段,渗透于现代信息化战争的各个方面,是现代战争中必不可缺的重要组成部分,雷达电子战的战术技术水平已经成为决定现代高技术局部战争的关键因素之一。雷达电子战本身也已从双方单一装备间的对抗,发展到系统对系统、体系对体系间的对抗。建造与发展整体效能高、反应速度快、生存能力强的雷达电子战系统已成为打赢高技术战争的必需条件。以计算机为建模与试验工具的仿真技术,具有可控、无破坏、安全、可重复、高效等优点,是继理论、实验之后,人类认识世界、改造世界的"第三种手段"。从早期对简单系统的研究,发展到对大型复杂工程系统、社会系统和战争系统的研究,计算机仿真技术广泛应用于自然科学和社会科学的各个领域,已经成为现代雷达电子战系统研究的重要手段和有效方法,也是当前世界各国在电子战领域的研究热点之一。

  计算机软/硬件技术的快速革新与高速发展,为雷达电子战系统仿真提供了高性能的支撑平台,注入了新的活力,极大地促进了雷达电子战仿真技术的深入研究与发展,使得现代雷达电子战仿真系统的规模日益扩大、功能不断增强、仿真关注的细节程度与仿真系统的复杂度越来越高。另外,现代雷达电子战包含了大量诸如雷达、侦察、干扰、反辐射武器等多类型多体制的电子装备,具有十分复杂的空间组成结构和行为逻辑关系,并且各类系统的功能和性能不断变化和演化,为了能够及时响应这种演化,雷达电子战仿真系统应具备可重用、可组合及可扩展能力。现代雷达电子战仿真的上述特点与应用需求,对仿真系统的软件设计提出了更高标准的要求。仿真软件设计在雷达电子战系统仿真中所起的作用越来越大,很大程度上影响了仿真实现的效果,甚至决定了仿真系统的成败。现在越来越多的仿真研究人员也认识到了这一点,开始更多地关注于仿真软件的设计与研制。

　　传统的雷达电子战仿真软件一般是针对某类特有系统、特定功能的独立式开发,各个仿真系统所采用的设计方法和实现模式具有较大的随意性,相互之间不具备可移植、互操作性。虽然这种开发模式已经应用了很多年,建立了大量的仿真系统,并取得了许多成功应用,但是仿真模型难以重用、难以扩展的问题随着仿真规模的增大日益凸显。一个非常明显的弊病就是,导致了大量重复的开发。不但开发周期长、经费浪费严重,而且使得仿真系统的维护和升级变得非常困难,很大程度上阻碍了雷达电子战仿真技术的进一步发展。

　　在雷达电子战仿真领域,经过几十年的发展,建模与仿真技术的理论研究与工程实践不断扩大和深入,积累了大量的仿真系统和仿真模型,这些系统和模型的重用问题逐渐受到人们的重视。研究人员和工程人员普遍希望仿真系统的开发能够像制造业那样,通过灵活地组装已有仿真应用中积累下来的零部件 – 仿真系统和模型,快速构建满足不同应用需求的仿真系统,及时响应雷达电子战的不断演化,保持对雷达电子战对抗装备、行为和过程的建模与仿真的有效性,减少繁琐的重复式开发,建立一种可积累、可迭代开发的仿真模式。

　　组合仿真就是在当前这种需求背景下提出的一种新的仿真开发思想和模式,它强调最大限度地重用已有仿真模型,实现仿真模型组合与再组合,并通过灵活的组装方式,快速构建仿真系统,并通过构件替换实现仿真系统的升级或修正。组合仿真研究的核心问题是可组合性,对于可组合性,目前还未有统一定义。其中,有两类观点是被普遍认可的:一是,可组合性是指,可采用多种组合机制装配仿真构件,形成满足特定应用需求的仿真系统的能力;二是,在概念互操作模型基础上,可组合性具有层次化的特征,可组合性可分为技术、语法、语义、语用和概念五个层次,并可以进行多层次的组合建模仿真,这个思想,为组合仿真的研究奠定了很好基础。

　　为了提高仿真系统及仿真模型的互操作和可组合性,以美国为代表的各军事强国先后推出了分布交互式仿真(distributed interactive simulation,DIS)、聚合级仿真协议(aggregate level simulation protocol,ALSP)、高层体系结构(high level archi-tecture,HLA)、仿真模型可移植标准(simulation model portability,SMP)等技术标准。各类标准都代表了一定时期比较先进的组合仿真思想,也取得了许多成功的应用,但距离仿真模型的可组合性仍有相当的差距,仿真模型难以组合、难以保证组合正确性的问题仍然十分突出,"烟囱"式仿真系统与仿真开发依旧大量存在。大量的仿真应用实践也表明,没有任何一个仿真标准和规范是通用的,都只能适用于特定仿真类型和仿真层次的仿真开发。例如,欧洲航天局(European Space Agency,ESA)提出的基于模型驱动体系架构(model driven architecture,MDA)思想的 SMP 标准,采用平台无关模型和平台相关模型提高仿真模型的可移植性,并基于平台无关模型提高仿真模型的可组合能力,代表了仿真模型可组合应用最新发展方向,但是也只能支持工程层次和交战层次的模拟仿真。

目前,支持组合仿真的开发方法主要有五种类型,包括模块化组合仿真方法、面向对象组合仿真方法、构件化组合仿真方法、基于互操作协议组合仿真方法以及基于 MDA 组合仿真方法。其中,构件化组合仿真方法借鉴了构件化软件工程技术。构件化组合仿真方法强调仿真系统组成单元的接口设计和定义,通过这些接口的协作来描述应用体系结构和组成。在接口标准化设计的基础上,软件开发人员可以采用不同的技术实现这些接口,用户仅需要引用接口就可以使用不同的构件实现不同的功能。这种方法减少了构件开发人员和系统集成之间的耦合性,便于构件的升级和替换,提高了系统的灵活性。在大型复杂软件密集型的仿真系统开发中,构件化技术是解决软件重用和组合问题的核心与主流方法。基于 MDA 的组合仿真集成框架应支持构件化的开发方法以提高仿真模型的重用性,基于协议的组合仿真框架也应该支持构件化的开发方法以提高仿真单元(如联邦成员)的可重用性,另外,构件化的开发方法也可以包含面向对象建模与模块化建模的优点。例如,在构件内部仿真模型设计中,可以采用面向对象的思想,而在构件分解与集成设计中,可以应用模块化的设计思想。

通过上述分析可以发现,在当前软件开发技术的支持下,构件化开发是实现组合仿真有效的方法。现有的组合仿真研究大多集中在理论层面,面向工程应用的实现技术研究非常少。尤其是在雷达电子战仿真领域,未见比较成功的应用案例及相关报道。为此,本书在论述雷达电子战构件化组合仿真的基本理论的基础上,主要对构件化仿真模型的开发、测试、管理、组合等一系列实现过程与方法进行详细的分析与研究,对构件化组合仿真支撑工具进行设计与实现,并将其应用到机载预警雷达对抗仿真系统的开发中,争取为国内大规模雷达电子战仿真系统的组合化研究与开发提供一些有益的借鉴。

1.2　组合仿真技术

1.2.1　基本概念

1. 模型与仿真

美国国防部 DoD 5000.59 指令中在建模与仿真管理部分将模型定义为:一个模型是某个系统、实体、现象或过程的一种物理的、数学的或其他逻辑的表示。仿真是指利用模型复现实际系统中发生的本质过程,并通过对系统模型的实验来研究存在的或设计中的系统,又称为模拟。当所研究的系统造价昂贵、危险性大或需

3

要很长的时间才能了解系统参数变化所引起的后果时,仿真是一种特别有效的研究手段。仿真与数值计算、求解方法的区别在于它是一种实验技术,其实现过程包括建立仿真模型和进行仿真实验两个主要步骤。

建立模型是进行仿真的基础,模型是以系统之间的相似原理为基础的。相似性原理指出,对于自然界的任一系统,存在另一个系统,它们在某种意义上可以建立相似的数学描述或有相似的物理属性。一个系统可以用模型在某种意义上来近似,这也是仿真的理论基础。

模型是由研究目的所确定的、关于系统某一方面本质属性的抽象和简化,并以某种表达形式来描述。模型的表达形式一般分物理模型和数学模型两大类。物理模型与实际系统有相似的物理性质,这些模型可以是按比例缩小了的实物外形,如风洞试验的飞机外形和船体外形。还有一种物理模型是与原系统性能完全一致的样机模型,如生产过程中试制的样机模型属于这一类。数学模型是用抽象的数学方程描述系统内部物理变量之间的关系而建立起来的模型,通过对系统数学模型的研究可以揭示系统的内在运动和系统的动态性能。

根据系统仿真所采用的模型,又可将系统仿真分为物理仿真、半实物仿真和数学仿真三类。

(1)物理仿真(physical simulation),又称实物仿真,它是以几何相似或物理相似为基础的仿真,按照实际系统的物理性质构造系统的物理模型,并在此基础上进行实验研究。

(2)半实物仿真(hardware – in – the – loop simulation),它是把数学模型、物理模型(或实际分系统)联合在一起的仿真。对系统中比较简单的部分或对其规律比较清楚的部分建立数学模型,并在计算机上加以实现;对比较复杂的部分或对规律尚不十分清楚的系统,其数学模型的建立比较困难,则采用物理模型或实物。仿真时将两者连接起来完成整个系统的实验。

(3)数学仿真(mathematic simulation),它是以数学模式相似为基础的仿真。即用数学模型代替实际的、设计中的或概念的系统进行实验,模仿系统实际情况的变化,用定量化的方法分析系统变化的全过程。由于数学仿真的主要工具是计算机,有时又称为计算机仿真。本书中所述的雷达电子战仿真专指数学仿真。

2. 模型可重用与可组合性

随着仿真应用领域的不断扩展,利用建模与仿真技术研究的对象越发复杂和多样化,人们逐渐开始重视模型与系统的合作开发,希望通过组合的方式将不同地理空间、各自开发的、不同粒度和不同方法开发的仿真模型进行重用与组合,构建满足不同需求的仿真应用系统。此外,人们还希望最大限度地重用已有的仿真模型,快速设计和开发仿真系统,并且能够灵活地对仿真系统作出改变以适应不断演化的对象系统。美国国防部建模和仿真办公室(DMSO)在 2002 年提出并倡议开展可组合的使命空间环境(CMSE)研究,旨在实现模型和仿真系统的快速重用与组合。

在这种需求背景下,建模与仿真界提出了组合仿真这一新的仿真开发思想和方法。在有关组合仿真的研究中,分别从模型可重用角度提出了模型可重用性概念,从模型组合的角度提出了模型可组合性概念。

模型可重用性是指仿真模型能够适应不同的应用情景,并在其中有效使用的能力,是对仿真模型在新的应用情境中可用性的一种度量,明确定义仿真模型的上下文环境对于提高仿真模型可重用性十分重要。

模型可重用性体现在面向重用的建模和基于重用的仿真两个阶段。在面向重用的建模阶段中,目标是提高所建立的仿真模型的可重用性,即需要对模型未来潜在的需求加以充分考虑,综合运用多种建模方法和技术来建立具有可重用性的仿真模型,存入模型库中;在基于重用的仿真阶段中,目标是系统设计中要优先使用可重用模型,通过从模型库中检索可重用的备选模型,计算在新应用情景下备选模型的可重用性,最终决定是否使用可重用模型。

可组合性是指选择并以多种方式装配仿真组分形成有效仿真系统以满足用户具体需求的能力,其关键是对仿真组分组合和重新组合的能力。从工程实践上看,人们将可组合性划分为模型可组合性和工程可组合性两种。模型可组合性关注组合仿真建立的系统中的模型能否有意义地组合在一起,即模型的联合运算在语义上是否有效。工程可组合性关注于可组合性的实现,要求仿真组分的实现方式(如消息传输机制、数据访问机制和时间推进机制等)能够支持该单元参与组合,并具有兼容性。工程可组合性是模型可组合性的实现基础,与仿真系统运行环境、编程语言等关系密切,主要在语法层面,相对比较成熟;当前可组合性的研究重点和难点是模型可组合性。

通过上述分析可以看出,模型的可重用性与可组合性的目的是一致的,都希望能够实现快速构建仿真系统,进而降低开发费用,提高系统的适应性。但是,从具体实现层面上看,可重用性主要关注模型描述方法和模型结构,是从对模型在不同系统中适应各种应用情景的能力进行度量。可组合性则主要关注组合机制、组合的正确性,强调仿真模型集成的有效性。模型可重用性是模型可组合性的重要保证;模型可组合性是模型可重用性的目的和归宿。

3. 组合仿真的核心思想

在建模与仿真学术界和工程领域,组合仿真作为一种重用已有成果的思想和方法,已经逐步得到认可。在研制欧洲自己的"伽利略"卫星导航定位系统时,欧洲航天局主持制定了仿真模型可移植标准(simulation model portability 2,SMP2),

该标准在强调可移植性的基础上,明确将可重用性和可组合性作为仿真系统集成的一个重要目标。2003 年,兰德公司受美国国防部的委托对提高美国国防部系统内仿真模型的可组合性问题进行了专题研究。研究结果表明,需要同时对组合仿真的理论和方法开展进一步研究,才能真正解决模型重用与组合的问题,对于建模仿真主要应用对象的领域人员来说,也要制定相应的建模规范和技术标准。在此基础上,美国国防部对模型的可组合性开展了一系列研究,取得了初步成果。组合仿真已经成为建模与仿真(M&S)领域的研究热点。

仿真模型是仿真系统的核心,它抽象和描述了人们所关注的复杂的现实系统或人工系统的结构、静态属性和动态行为特征,而这也正是使得仿真系统具有复杂特征的主要原因。组合仿真的目标是在提高仿真系统内各类仿真构件可组合性的基础上,通过灵活组装已有模型,快速构建满足不同需求的应用系统。由此可见,已有仿真模型在新仿真应用中的可重用判断、仿真模型组合建模及组合分析验证是最终实现组合仿真的两个关键问题。仿真模型可重用判断着重解决如何建立仿真模型的描述规范并判断模型是否满足新的仿真需求的问题;仿真模型组合建模及组合分析验证的主要目的则是在所研究系统复杂性增加的情况下,仍能实现正确可靠的模型组合,并在仿真系统实施前能发现并改正模型组合中潜在的错误。

虽然在一些研究和工程领域内,已经存在特定的建模规范和标准用于指导仿真模型的开发,提高了仿真模型的重用能力和可组合性,也为构建仿真应用时的模型可重用判断提供了一定的基础,但是由于仿真模型建模与领域及研究需求紧密相关,又缺乏统一的模型描述规范,其可重用判断仍存在突出问题。在模型组合建模及分析验证方面,Petty 和 Weisel 等在长期开展仿真模型可组合性研究的基础上,提出了语义可组合理论(semantic composability theory, SCT),该理论的核心是确定了仿真模型组合效果的评价准则,即组合后的仿真模型能否有效描述研究者所关注的被仿真实际系统的结构和行为特征。但是,由于该理论将有效性判断简化为函数,因此在实际的模型组合分析验证中,只发挥了有限的指导作用。

4. 组合仿真的主要特征

组合仿真技术是一种在开放的、可扩展的框架支撑下对模块化、松散耦合的标准仿真构件进行快速组合的技术,它关注仿真模型的标准化、可重用性和可组合性,是实现快速构建、重构仿真系统的前提和基础,主要具有以下几个方面的特征。

(1)高度定制。组合仿真强调构件的组合与再组合,能够在设计甚至运行过程中灵活地改变构件以及构件之间的交互关系以满足不同的仿真应用需求。

(2)可重用性。采用基于构件的设计思想,将仿真资源创建为接口定义清晰和功能完备的仿真构件以促进重用,便于在多次使用中分摊开发费用。

(3)互操作性。仿真构件在不同的仿真应用中使用,能够与不同的仿真构件进行交互,因此仅仅实现语法和技术互操作性是不够的,还需要支持仿真构件之间有意义的互操作,即实质互操作。

(4) 高效管理。对不同领域、不同地理位置的不同仿真构件进行统一管理,通过提供灵活、高效的构件匹配和排序算法来支持用户的选择,能够极大地提高仿真系统的开发效率。

5. 组合仿真的开发过程

传统仿真系统与其他软件系统一样,一般采用两种基本开发方法:自顶向下或自底向上。自顶向下的仿真系统开发方法将系统逐层划分为基本的功能模块,对各模块的接口进行详细定义,按层次生成接口规范,仿真模型是按照接口规范的约束来开发的,最后将基本功能模块对应的仿真模型组合起来形成仿真应用系统。自底向上的仿真系统开发方法是依据系统的基本需求,从模型库中选择已有可重用模型,然后组合模型形成仿真应用原型系统,运行并分析原型,根据原型存在的问题调整需求或完善原型,反复执行上述过程,直至形成仿真应用系统。

组合仿真系统开发与传统仿真系统开发思路不同,综合集成了自顶向下和自底向上的方法。组合仿真开发需要充分利用已有仿真构件来构建仿真应用系统,将拟建立的仿真应用系统视为模型的组合体,组合体由可重用的基本模型构件构成。由于组合仿真系统开发强调通过柔性的模型定制和模型替换机制,维护与更新仿真系统,因此其生命周期过程与传统软件系统生命周期过程有所不同。组合仿真系统开发过程如图 1.1 所示,包括面向组合的建模(composability oriented modeling,COM)、可重用判断(reusability estimation,RE)和基于模型的组合(model based composition,MBC)三个主要子过程。

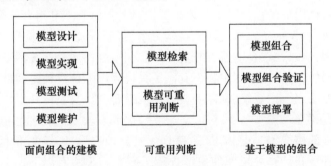

图 1.1　组合仿真系统开发过程

建模阶段关注模型的构建,使之具备组合能力。该阶段需要完成仿真模型构件的识别与划分,设计、实现、测试和维护仿真模型构件,建立仿真模型库。这一过程需要遵从一定的建模规范,因为该阶段实现的仿真模型构件,不仅要用于在建仿真应用系统,还有可能重用于其他仿真应用系统中,可重用性是建模阶段关注的重点。建模阶段除了对模型接口进行定义外,还必须对仿真模型构件的结构、行为进行严格定义和描述,使其具备对模型语义及动态行为的约束,这是为了支持可重用判断阶段及组合阶段的检索与组装过程,也是为实现和分析模型组合的有效性提供基础和依据,否则将可能导致出现错误的模型组合。

可重用判断阶段关注的是,根据仿真系统的需求,从已构建的仿真模型库中检索和选取模型。该阶段需要在给出仿真系统需求描述定义的基础上,依据对仿真模型功能、输入/输出(I/O)数据等的描述,判断仿真模型对仿真系统需求的符合程度,检索和选取可能在仿真系统中重用和组合的仿真模型。可重用判断提供的模型选择的机制,可以保证组合阶段的正确实施。

组合阶段关注在系统体系结构约束下,根据选择的仿真模型构件(如有需要则可对现有模型加以改造)组装成目标仿真系统。组合阶段中模型构件的组装需依赖于组合正确性分析,即分析参与组合的仿真模型能否正确地实现系统预期功能。另外,组合阶段需要对系统进行定制与更新,用新的仿真模型替换原有仿真模型,此时,需要对模型组合的正确性进行分析,保证替换后的新模型不对系统原有行为造成损害。

组合仿真的实际开发过程可分为两种不同的仿真开发模式:一种称为面向组合的仿真系统开发模式;另一种是基于可重用模型的仿真系统开发模式。

面向组合的仿真系统开发模式包括建模、可重用判断和组合三个子阶段。在建模阶段,识别、划分和建立模型构件;在可重用判断阶段,选择仿真模型;在组合阶段,形成最终的仿真应用系统。这种模式的主要关注点是如何构建可重用的仿真模型,便于在后续两个阶段中进行选取、组合和组合性质分析。

基于可重用模型的仿真系统开发模式包括可重用判断和组合两个子阶段。在可重用判断阶段,设计仿真系统体系结构之后,进行模型检索,从模型库中选取合适的仿真模型构件;在组合阶段,通过模型组合、组合性质分析等活动,组装成仿真应用系统。当然,如果模型库中找不到满足系统需求的仿真模型构件,或者可重用的模型构件无法组合进系统,则需要转入面向组合的仿真系统开发模式。

6. 组合仿真的发展

组合仿真的概念最早是由 Page 和 Opper 于 1999 年提出的,他们对组合仿真问题从可计算性和计算复杂性的角度进行了研究。2000 年,Kasputis 对组合仿真的一般方法开展研究,引起仿真界的广泛关注。同年,Aronson 等在定制性、重用以及模型管理等方面提出了组合仿真的目标,提出模型互操作性,逼真度,模型表示的完整性,以及模型校验、验证和确认(verification validation and acraditation,VV&A)等四个方面,是组合仿真必须要解决的问题。

2003 年 8 月,DMSO 公司专门成立了一个 CMSE 研究组织,邀请了大约 35 位分别来自军方、工业界及学术研究机构的专家,就可组合性问题在四个方面展开了讨论,包括构件、协同基础设施、数据和元数据及商业案例,其目标是从非定制的构件中构建复杂仿真系统,在节约开发时间的同时,为系统的设计和实现提供了更强的灵活性。RAND 公司在 2003 年受 DMSO 委托对仿真可组合问题的研究进行评估,并提供了相关的技术报告"Improving the Composability of Department of Defense Models and Simulations",通过分析影响仿真模型可组合能力的因素,从军事科学及技术、建模仿真理论及方法、仿真标准及协议、模型表示、模型规范、文档等,到管理问题和对可组合仿真问题的理解等几个方面阐述了提高模型可组合能力的建议。

Pretty 等为了突出模型组合的有效性,在 Page 研究成果的基础上,提出了语义可组合理论 SCT。SCT 共包括四个方面的内容,分别如下。

(1) 基本概念的形式化定义。给出了模型、仿真及有效性的形式化定义,并引入标签转移系统(labeled transition system,LTS)作为模型及其组合的计算模型。

(2) 可组合问题的计算复杂性。给出了构件选择问题的一般形式,包括六种构件选择问题,并分析了不同构件选择问题的计算复杂性还包括组合需求的计算复杂性,组合有效性确定的计算复杂性以及组合模型的执行时间计算复杂性等。

(3) 组合满足度理论(composition sufficiency theorem,CST)。研究模型及接口的简单组合是否可以满足任意组合需求的问题。

(4) 组合有效性。语义可组合理论建立在"有效性"(validity)的概念之上,重点研究不同有效性关系下模型组合的有效性判定准则。对一些模型和关系,如能证明有效的单个模型在组合后仍是有效的,则称模型具有语义可组合性。模型及组合的有效性问题是语义可组合理论的核心。

Levent Yilmaz 认为在数据的共享、模型间数据交换以及模型的上下文信息等方面,模型重用面临着困难。为了提高仿真模型组合能力,Yilmaz 分析了仿真行为、假设与保证的形式化描述机制等方面的内容,提出了几个研究方向,包括形式体系、本体及工具等,同时为了满足仿真模型组合的需求,通过本体驱动的体系结构,对仿真模型的 I/O、假设与保证等进行了形式化描述,同时对仿真模型的组合性质进行了分析。

国内在组合仿真研究方面公开发表的文献不多。王维平等在概念互操作模型基础上,将可组合性划分为技术、语法、语义、语用和概念五个层次,并提出多层组合建模仿真框架。张童等对组合建模技术在动态在线仿真以及网格环境下的应用可行性进行了分析,对可组合仿真系统的概念框架进行了初步研究。

组合仿真虽然在理论研究和工程实践上取得了一定的进展,但仍然是仿真工程界和学术界关注的焦点问题。在模型可重用判断方面,由于仿真模型与应用领域的强相关性,建模时难以明确模型重用需求,使得开发新的仿真应用时难以判断已有仿真模型的可重用性;在模型组合建模及分析验证方面,现有研究仍处于起步阶段,特别是对模型组合性质分析问题的研究不够深入。

1.2.2　构件化组合仿真

构件化仿真组合方法借鉴了基于构件的软件工程技术。基于构件的方法强调系统组成单元的接口设计和定义,通过这些接口的协作描述应用的体系结构和组成。在接口标准化设计的基础上,软件开发人员可以采用不同的技术实现这些接口,用户仅需要引用接口就可以使用不同的构件实现不同的功能,这种方法减少了构件开发人员和系统集成之间的耦合性,便于构件的升级和替换,提高了系统的灵活性。

当前,Java、C#、UML 等新一代软件程序设计语言和软件开发环境均支持基于构件的开发。这些工具在构件设计技术的支持下可以建立公共构件库,通过仿真模型构件、仿真工具构件更容易实现仿真应用的开发、维护、仿真系统框架的扩展和仿真系统的使用。构件库应用的典型代表是 1996 年美国陆军启用的下一代一体化的计算机兵力生成(computer generated force,CGF)仿真系统 OneSAF,它是一个基于构件的可组合的新一代 CGF 系统,包含一系列的仿真组合工具以及模型和构件资源库。其缺点是:构件库对于已有仿真系统是封闭的,仿真构件只能在系统内部得到重用,而不能重用于其他类型的仿真系统,而且相关数据没有标准化,不包含用于装配其他仿真系统构件的组合指令,因此可组合性仍然不是很理想。

为此,有研究者提出,需要从软件框架和系统设计开始就建立系统构件、对象和服务的平台无关的描述,这样系统中的构件,甚至是系统的架构都可以重用,由此构件仿真开始向基于 MDA 的仿真发展。

MDA 是由对象管理组织(object management group,OMG)提出的一种新的软件开发架构,在 MDA 中,模型是软件开发过程中的关键,MDA 直接将模型用于理解和分析系统,并且使用模型完成软件的构建、部署、维护和修改。MDA 实际上把建模语言当作编程语言使用,而不仅仅是设计语言,这样可以保证采用 UML 等软件工程工具建立的软件设计模型大部分可以直接进行运行、检验和生成最终软件产品,同时在软件开发中减少将软件设计模型转换为人工编码的过程,避免了软件开发中的编码错误。当前模型设计规范主要基于 OMG 组织建立的统一建模语言 UML,元对象工具 MOF 和公共仓库元模型 CWM。在基于 MDA 的软件开发中,应用的设计模型被定义为平台无关模型 PIM,主要用于解决通用性的数据、算法、模型等相关问题的实现。而到具体目标平台的实现,可以定义为平台相关模型 PSM。MDA 具有以下优点:易于实现实验、想定、分析和模型集成的一致性;提高仿真模型构件的重用性和可组合性;支持仿真模型和仿真系统需求和设计的工程化;使用 PIM 更容易支持体系结构视图的描述;支持开发可配置强的柔性仿真系统。

在仿真模型的开发与集成上,基于 MDA 的思想,将仿真模型中的基本信息进行抽象,形成仿真元模型,在建模中通过支持仿真 PIM 与 PSM 的概念,基于仿真 PIM 构件的装配和部署可以实现复杂仿真系统模型的组合,并进一步通过统一的仿真构件对象规范和可扩展的仿真服务体系结构支持仿真试验。典型代表有澳大利亚的 Simplicity,美军提出的基本对象模型 BOM,美国波音公司的 SRML。其中,最为人们熟悉的就是 BOM,BOM 源于 HLA 仿真中的联邦对象模型 FOM 的概念,能够作为开发和扩展联邦、独立邦元、FOM 或者仿真对象模型 SOM 的构建模块,提高联邦开发过程中基于 HLA 的仿真系统的集成能力,将仿真中的设计模型与实现模型相分离,提高仿真邦元的可重用性。

在大型复杂软件密集型系统的开发中,基于构件的技术是解决软件重用和组合问题的主流方法。基于 MDA 的仿真模型集成框架应支持基于构件的开发方法以提高模型的重用性,基于 MDA 的仿真开发主要采用 MDA 的思想,将仿真模型分为仿真设计模型构件和仿真运行构件,通过建立面向仿真设计模型构件和仿真运行构件,通过建立面向仿真设计模型的仿真元模型规范、仿真服务规范和仿真模型构件组合规范确保仿真模型的设计、开发、集成和运行的一致性。基于协议的仿真框架也应该支持基于构件的开发方法以提高仿真组分(如联邦成员)的可重用性。同时,构件化的开发方法可包含面向对象建模与模块化建模的优点,在构件内部仿真模型设计中,可以采用面向对象的思想,而在构件分解与集成设计中,可以应用模块化的设计思想。

1.3 雷达电子战仿真技术

1.3.1 基本概念

本书论述的雷达电子战仿真专指数学仿真,典型的雷达电子战系统数学仿真方法一般分为两种:一种是功能仿真;另一种是信号仿真。功能仿真是低分辨率仿真,只仿真雷达发射、目标、回波、杂波和干扰等信号的幅度信息;信号仿真属于高分辨率仿真,不仅包括幅度信息,而且包括相位信息。

1. 功能仿真

雷达电子战功能仿真的基本思路是从信号功率的角度,运用雷达方程、干扰方程、干扰/抗干扰原理以及运动学方程等建立仿真计算综合输出(检测)信噪比模型,进而确定雷达检测时的发现概率与虚警概率,并在此基础上进行对抗双方干扰/抗干扰性能评估和雷达电子战对抗过程的功能仿真试验。

功能仿真的特点是灵活、效费比高、试验结果处理实时性强、数据获取比较全面。由于功能仿真只利用了装备的功能性质，包含在波形和信号处理机中的详细内容没有涉及，只将其当作某种系统损耗来处理，对于大规模雷达电子战仿真，这种仿真方法简单实用，特别是当装备只是整个仿真系统中的一个很小的组成部分时，更为方便。但是由于波形中的一些细节被忽略了，所以功能仿真不能用来模拟系统中各个不同点上的具体信号。功能仿真基本上是对各种信号成分（像目标、热噪声、杂波和电子干扰）平均功率的一种描述，同时采用某一种标准统计信号特性（如高斯分布）统一描述模拟信号的统计特性。当雷达工作于复杂对抗环境中（如干扰信号是高斯噪声与对数正态噪声的混合）时，由于无法对雷达接收到的信号统计特性进行统一描述，很难采用功能仿真对其进行模拟。同时，在某些应用场合下，如非线性接收机和自适应信号处理机的模拟，无法采用功能仿真。在这些情况下，必须进行雷达电子战的信号仿真。

2. 信号仿真

"信号"是指零中频信号，或者零中频处理或等效零中频处理的信号，这些信号既包含幅度信息，又包含相位信息。与功能仿真不同，信号仿真需要仿真信号的发射、传播、目标回波、杂波与干扰叠加以及接收滤波、抗干扰、信号处理直至门限检测的全过程。在信号仿真中，检测概率依然是最终的结果之一，但此时的检测概率是计算得到的在多次检测试验中成功检测得到目标的频率，而不像功能仿真通过求信噪比由检测曲线获得。

信号仿真复现了装备系统中实际信号的传输过程，即信号的发射、空间传播、经散射体反射、杂波与干扰信号叠加以及在接收机内进行处理的全过程。同时，由于模拟的信号同时包含了幅度和相位信息，只要所提供的基本的目标模型和环境模型足够好，就可以使信号仿真的精度很高。

首先对来自单个散射体的同时包含幅度和相位的接收信号进行仿真，然后对一个个单散射体回波信号进行叠加处理，就可以仿真来自多个散射体或辐射源的合成信号，这样，自然也就仿真了多个散射体之间相位矢量的干涉现象。同时这也是仿真复杂散射环境的唯一有效办法，在对高分辨雷达的某些复杂技术问题进行仿真时，需要对复杂散射环境进行模拟。此时，在大多数情况下，不但需要关注散射体之间相位矢量的干涉现象，也要关注波形、天线以及环境三者之间的相互作用。在接收到所有散射体散射信号和辐射源信号之后，便可以仿真接收机中所进行的各种不同的信号处理步骤。通常对这些步骤进行仿真时，其顺序和接收机的信号处理顺序相同，若有必要，也可以仿真非线性运算，例如，限幅和（A/D）转换。检测、检后处理、跟踪和参数估计等功能的仿真也较为容易。

信号仿真有两个重要特点。

（1）相干性。仿真要求不仅能复现信号的幅度,还能复现信号的相位。对于相参处理雷达,如果仿真的信号不具有相参性,则不能仿真利用相位信息提高雷达检测性能的信号处理环节（如动目标显示、动目标检测等）。

（2）零中频信号。如果在系统仿真中直接仿真射频信号,则要求的数学仿真系统采样率太高,普通计算机是不能满足这样高的运算能力的;况且也完全没有必要这样做,因为零中频信号已经包含了射频信号除载频以外的所有信息,而实际雷达处理射频信号时,总是先进行混频使信号载频下变频到一个可以处理的频率,因此仿真中用零中频替代射频,等于省略了若干混频细节而不影响信号的检测等性能。

信号仿真,信号不仅包含幅度信息,还包含相位信息,因此可以用复信号来表示实际的信号,其优点如下。

（1）物理分析简便。用复信号表示,由于正交、同相分量之间满足希尔伯特变换关系,则信号只有正频谱,分析起来更为方便、有效。

（2）可以省略信号处理的某些线性环节,特别是一些需要提取相位信息的环节。比如在相参接收中,经相位检波产生的 I、Q 正交双通道信号,包含了回波的相位调制信息,可以得到目标的特征信息;而如果仿真系统直接使用复信号,则相位检波可以省略,因为信号的相位信息已经直接体现在其实部和虚部中了。

（3）利于信号处理运算,许多线性处理环节,可以在数学仿真系统中用 FFT、相乘等运算实现。

1.3.2　雷达电子战仿真发展

在早期的雷达电子战仿真技术中,重点是利用数学模型求解问题,侧重于研究建模过程中数学模型的结构特征以及操作数学模型所利用的数学工具和手段,并逐步形成了功能仿真和信号仿真这两种主要的数学仿真方法。

从 20 世纪 90 年代开始,计算机技术迅猛发展,使得利用计算机进行复杂系统仿真分析成为可能。除了继续研究如何利用抽象的数学模型描述系统外,还能够充分利用计算机功能研究新的建模仿真方法,计算机仿真逐渐成为了雷达电子战建模仿真的主要技术手段。各种计算机软件设计的思想也广泛应用于仿真系统的开发当中,使得复杂的建模过程得到简化。

20 世纪 70 年代至 90 年代初期的雷达电子战仿真系统的实现基本采用模块化的程序设计方法。模块化设计方法源自面向过程的软件设计和包含输入/输出功能模型的建模方法,通过功能模块的输入/输出可以描述层次化、模块化的仿真模型。其好处是建模者可以专注于模型的逻辑关系而不必担心模型的实现细节。不足之处就是基于模块化方法的仿真系统仅能通过库函数支持模型的描述，不能适应大规模复杂系统的仿真需求。基于模块化程序设计所体现的面向用户开发的可组合思想，如实体、属性、抽象、进程等概念，催生了面向对象软件设计技术的发展。

20世纪90年代发展起来的面向对象技术，促使雷达电子战仿真系统的开发往面向对象的设计方向发展。面向对象的仿真理论突破了传统仿真方法和观念，使建模过程接近人的自然思维方式，所建立的模型具有内在的可扩充性和可重用性，有利于可视化建模仿真环境的建立，从而为大型复杂系统的仿真分析提供了方便的手段。但面向对象设计方法也存在缺陷，如模型单元和仿真软件对象与仿真系统和应用之间耦合关系紧密、独立性和扩展性不强、缺乏仿真对象的语义信息、仿真系统模型和仿真系统对象不容易支持新的仿真应用开发，不利于多领域联合仿真系统的开发。

而随着现代战场形态的变化，雷达电子战系统越来越庞大复杂。其仿真系统的设计需要多领域知识、多平台、多语言、多工具的协同完成，仅仅依靠传统的单平台、单系统的方式或者简单的基于 Socket 底层网络通信方式已不能适应仿真需要。从20世纪90年代中期开始，以高层体系结构 HLA 为典型代表的先进分布式仿真技术逐渐成为雷达电子战仿真的重要发展方向。

HLA 是美国国防部在分布式交互仿真技术 DIS 的基础上发展起来的，1996年完成基础定义，2000年被 IEEE 接受为标准。当前，HLA 在军事上得到了许多成功的应用，如 STOW(the Synthetic Theater of War)项目、JADS(the Joint Advanced Distributed Simulation)项目和 JS(the Joint fare System)项目等。在国内，HLA 也得到了广泛的研究和应用，其中最著名的是国防科技大学三院研制的 KD - RTI 系统。国防科技大学四院则应用 HLA 在雷达仿真领域进行了许多科研项目的开发，并取得了一系列非常有价值的成果。特别是在先进相控阵体制雷达系统仿真方面，处于国内领先的地位，研制了包括升级的预警雷达(UEWR)、X 波段地基雷达(XBR)等多部雷达在内的计算机模型和相应的软件系统。

当前，国内雷达电子战仿真系统的开发大多基于 HLA。HLA 是一个非常优秀的分布式仿真互操作协议标准，但只有 HLA 还不足以实现真正的"即插即用"式的仿真模型重用与组合。仿真互操作标准化组织(Simulation Interaction Standard Organization, SISO)在1997年提出的基本对象模型 BOM 在一定程度上改善了这个问题，提高了仿真模型的可重用性和可扩展能力，但仿真模型可组合的问题仍然没有得到较好的解决。而且基于 BOM 的仿真还存在其他一些不足之处，主要包括仿真模型粒度不易控制，仿真模型开发工作量大，分布式仿真的敏捷性比较差，调试、维护的代价比较高。

1.3.3　组合仿真需求

在现代战场信息化作战条件下,雷达电子战的作战环境非常复杂,系统的规模不断扩大,系统复杂程度呈指数级增长,对抗形式也更加多样化,同时还需要面对动态变化、错综复杂的战场态势和捉摸不定的对手策略。因此,要实现面向实战的雷达电子战逼真模拟,仿真系统必须要能够适应这种动态的变化,并能够快速做出响应,进行有效的评估。为了适应这种仿真发展需求,需要建立一种有别于传统仿真系统的仿真系统,以实现系统仿真功能的灵活调整与演化。快速构建/重构仿真系统是实现此类仿真的基本特征,而可组合仿真正是实现快速构建仿真系统的关键技术。

可组合仿真源自快速开发大规模复杂仿真系统的需求,其最终目标是使仿真系统具备可组合性,实现仿真资源的有效重用。信息化作战条件下,对雷达电子战系统进行仿真研究、建立大规模的复杂雷达电子战仿真系统已经成为提升作战效能的重要因素。对大规模复杂仿真系统的研究必然涉及系统的分解与组合问题,由于人们认识的局限性和系统的复杂性,需要将复杂系统分解为相对简单的子系统并建立其模型,即解决模型的分解问题;而仅仅基于这些零散的子系统模型并不能获得系统的整体性能,还需要将这些模型组合起来,从而对整个系统的特性进行分析,即解决模型的组合问题。

从仿真软件实现的角度来看,雷达电子战仿真软件属于一种专业领域软件,具备一般软件开发的特征。在对软件产品日益依赖的今天,不良的软件产品也会使我们付出沉重代价。这个问题已越来越引起人们的重视,它甚至被称为"软件危机"。1968 年北大西洋公约组织软件学术会议上首次提出了"软件危机"这个问题,并重点探讨了如何摆脱软件危机。在此次会议上,McElroy 首次提出软件复用的概念。由于软件复用对劳动生产率和软件可靠性的提高有显著作用,并且能够节约显性和隐性开发成本,减少维护负担,因此从软件复用提出之后,就被看成是一种摆脱软件危机的重要手段,并受到广大软件设计和开发人员的重视。近年来,软件复用在领域工程、构件及构件库的标准化、构件组装技术、基于复用的软件开发过程和复用成熟度模型等方面都取得了重大成功。国内在软件复用领域也进行了相关的研究。由杨芙清院士领导、北京大学软件工程研究所研究的青鸟构件库管理系统,目标就是致力于软件复用,将构件视为软件复用的基本单位,提供有效的管理和检索构件工具。

在软件工程领域,对于软件的复用技术已经有了比较深入的研究,也取得了非常多成功的应用。在雷达电子战仿真软件的研制过程中,为了提高仿真系统与仿真模型的可重用性,实现仿真系统与仿真模型的可组合,借鉴软件工程中的构件化复用技术,是非常有必要的。首先,基于构件技术实现组合仿真,最大的优势就是可以充分利用已有仿真模型,通过对已有仿真模型的构件化封装、组合,快速构建仿真系统,从而缩短开发时间、提高开发效率、降低开发成本;然后,随着研究对象与关注问题规模的不断扩大,以及雷达电子战系统所具备的动态演化的特征,构件化组合仿真也能够通过仿真模型构件的替换和组合,来动态、柔性地调整和改变仿真系统,及时对研究对象的演化做出动态响应。

1.4 雷达电子战组合仿真领域分析

组合仿真的研究尚处于初步阶段,还没有形成非常完善的组合仿真理论体系,尽管存在大量的建模规范和标准可用于指导仿真模型的开发,但它们大多数都是针对特定领域需求提出的,没有任何一个仿真组合标准和规范是通用的,跨领域的仿真模型组合几乎难以实现。实际上,尽管雷达电子战仿真系统的规模越来越庞大、功能越来越复杂,然而,其所有的仿真模型都属于雷达电子战领域,具有统一的领域特征。因此,采用领域工程的方法,对雷达电子战仿真模型进行领域分析与设计,在通用仿真模型规范的基础上叠加雷达电子战领域特征,使得仿真模型易于理解与实现,可以提高领域内仿真模型的可组合性,降低组合仿真的实现难度,使其变得切实可行。

1.4.1 雷达电子战仿真构成

雷达电子战是电子战的一种重要作战样式,是以雷达或雷达组成的系统为作战目标,以侦察机、干扰机为主要作战装备,通过电磁波的发射、吸收、反射、传输、接收、处理等形式展开,侦察、压制敌方电磁频谱并增强我方电磁频谱使用有效性的作战行为。雷达电子战系统包括雷达系统、雷达侦察系统、雷达干扰系统以及与雷达有关的武器系统等。各部分主要内容如下。

1. 雷达系统

雷达是对远距离目标进行无线电探测、定位、测轨和识别的电子系统,是迄今为止最为有效的远程电子探测设备之一,它根据雷达目标对电磁波的散射来判定目标的存在,并确定目标的空间位置。雷达的工作频率范围很宽,最低的工作频率只有几兆赫,最高可达300GHz,在目前技术条件下,绝大多数雷达的工作频段在微波(30MHz ~ 300GHz)波段。

相对于早期雷达而言,现代雷达的技术和体制都已经发生了巨大而深刻的变化。在发射机方面,出现了高功率行波管、毫米波功率管和固态微波源;在接收机方面,固态技术改进了混频器,并使低噪声放大器得以发展;在天线方面,大型相控阵天线早已进入实用;在信号处理方面,已广泛使用小型快速计算与处理计算机。现代雷达的功能也得到了极大扩展,多功能相控阵雷达不仅能够发现多批目标并测定其位置(距离、方位、仰角或高度),而且能够同时跟踪多批目标,连续测量各目标的位置及运动参数(如速度、加速度、航向和航迹等);利用先进的成像和目标识别技术,雷达还可进一步确定目标的类型和数量;而先进的雷达组网技术,则可使各种来袭目标,甚至包括隐身目标,在数百乃至数千千米之外就处于被严密监视状态。

2. 雷达侦察系统

雷达侦察是雷达电子战的重要组成部分,也是雷达电子战行动的基础。雷达侦察是从敌方雷达辐射的信号中提取有关信息,其主要作用是:截获敌方雷达辐射的信号,对截获的信号进行分选、测量,确定信号的载波频率(RF)、到达角(AOA)、到达时间(TOA)、脉冲宽度(PW)、脉冲重复频率(PRF)、脉冲信号幅度(PA)等。根据截获的信号参数和方向数据,进行威胁判断、告警显示。利用雷达侦察设备侦察距离远的优势,可以提前做好战斗准备。

同主动式雷达相比,雷达侦察系统具有许多优点:①雷达侦察的作用距离远大于被侦察雷达的作用距离。②隐蔽性好,雷达侦察系统不辐射电磁信号,处于被动工作状态,具有高度的隐蔽性。③识别能力强,随着计算机技术与信号处理技术的发展,可以进行辐射源、目标和威胁等级识别。

现代雷达侦察系统对信号环境具有很强的适应能力,特别是对各种新体制雷达信号的适应能力,主要特点是:截获概率高;频率覆盖范围宽,侦察频段可达 $0.1\sim40\text{GHz}$,甚至更高频率;分析频带宽;动态范围大;灵敏度高;测频精度高;对信号的处理与识别能力强等。

3. 雷达干扰系统

雷达干扰分为雷达有源干扰和雷达无源干扰两大类。雷达有源干扰是指有意发射或转发某种类型的(雷达)信号,对敌方雷达进行压制或欺骗干扰;雷达无源干扰是指利用不发射电磁波的器材散(反)射或吸收电磁波而形成的一种雷达干扰。

雷达干扰系统一般由三部分组成:第一部分是侦察部分,用以截获空间存在的各种电磁波信号,并且测定各种辐射源信号的技术参数及辐射源的方向;第二部分是信号处理与控制中心,它可对获取的信号参数进行分选、识别,确定威胁等级,选择干扰时间、方式;第三部分是干扰发射,对确定的威胁雷达实施干扰。

在现代战争中,雷达干扰的主要任务有三个:一是干扰搜索雷达,破坏它对目标的探测,使它得不到正确的目标信息;二是干扰跟踪雷达,增大其跟踪误差或者使跟踪系统不能正常工作;三是干扰防空导弹上的末制导雷达和无线电引信,使武器系统失控,命中概率降低。

4. 武器系统

武器系统包括火炮系统和导弹系统等。武器系统的工作方式为:告警中心检测和分析威胁,决定摧毁其防区内的哪些威胁,并将目标分配给指定的导弹或火炮控制中心。通常,火控中心有一部跟踪雷达,在接收到指定威胁目标后,就会进行捕获和跟踪。跟踪雷达提供的目标位置数据馈送到火控中心计算机,由计算机引导火炮瞄准或者进行导弹制导。

通过分析雷达电子战系统的实际组成结构可知,一个典型的雷电子战仿真系统主要由雷达、侦察、干扰、目标(包括各类飞机、舰船和导弹)、杂波环境、背景电磁辐射源、电磁传播环境等组成的,雷达电子战仿真系统的基本构成如图 1.2 所示。雷达电子战系统组成装备非常多,构成其战场的电磁环境和威胁环境也是多种多样,如果再考虑到战术、后勤保障、武器系统以及人的抉择等因素,就更加庞大复杂。图 1.2 所示的雷达电子战仿真系统只是一个简化模型,还有许多细节没有考虑。

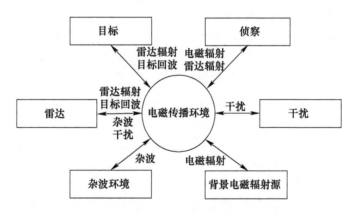

图 1.2　雷达电子战仿真系统的基本构成

1.4.2　组合仿真问题分析

面对现代雷达电子战建模与仿真的复杂需求,对已有仿真模型进行构件封装、重用和组合过程中,会遇到许多现有建模与仿真技术难以解决的问题,主要可以归纳为以下两个方面。

(1) 难以判断仿真模型在新的仿真应用中的可重用性。仿真模型多数基于通用编程语言建立和描述,缺少支持重用判断的抽象模型描述。因此,模型集成人员难以将仿真模型的核心功能逻辑及接口与其他技术细节有效分离,增加了判断已有模型是否满足新的仿真应用系统的需求的难度。

（2）难以在仿真应用系统设计阶段分析模型组合的正确性。由于在对系统进行抽象描述时，仿真模型的实现过程中往往隐含了现实系统所体现的内在语义约束及行为逻辑，同时缺乏必要的技术手段对仿真模型组合过程和组合结果进行建模，难以对模型组合的正确性进行分析和验证。

出现上述问题，其涉及的技术方面的原因主要包括以下几个方面。

（1）支持仿真模型重用与组合的概念体系不够完整。工程实践表明缺少组合仿真概念体系等理论方面的支持，仅仅通过在工程实现层次上建立规范或标准，不足以实现真正有意义的仿真模型重用与组合。

（2）对模型功能和接口等进行统一描述的问题关注不够。没有重视语义在模型可重用判断过程中的重要作用，缺少仿真模型统一描述的分析和研究。

（3）将模型组合过程视为简单的数据交换问题，对模型之间交换数据的含义及使用过程缺少分析和研究，不能保证模型连接、组合后产生的行为是正确的。

（4）缺乏有关仿真模型组合建模研究，难以开展组合正确性分析和验证。现有的仿真模型组合主要依靠设计人员的经验来完成，缺乏相关的组合建模技术支持，主观性强并且容易引入错误。

1.4.3　组合仿真领域设计

构件复用技术为解决当前雷达电子战组合仿真存在问题提供了一个非常有效的技术途径。通过软件构件的封装设计，可以规范仿真模型接口，屏蔽软件代码的具体实现。在构件复用技术的支持下，组合仿真的开发过程可以分为两个方面：一方面是雷达电子战仿真构件的开发，就是可组合仿真构件的开发过程；另一方面是基于可组合仿真构件的雷达电子战仿真系统构建，就是仿真构件组合的过程。在具体实施过程中，可以全面综合雷达电子战仿真的领域需求，制定仿真模型设计与开发规范（如构件接口设计、实现结构设计等），再利用软件构件化技术进行仿真模型的封装与组合。

不同雷达电子战仿真系统从结构和功能上分析，具有总体相似、局部差异的特点。因此在开发雷达电子战仿真系统时，一个关键因素是抽象。抽象是对仿真系统中可组合对象的提炼和概括，将可组合对象的基本属性和相应的操作，从具体雷达仿真需求和其他细节中提炼出来。对雷达仿真系统的认识深度和抽象层次，很大程度上决定了仿真系统的可组合性。抽象层次越高，与具体环境和特定细节越无关，则它被未来用于其他仿真组合的可能性也越大。

对雷达电子战仿真系统进行抽象时，实际上是在分离特定的细节，其目的就是将可变部分与不变部分分离开。这个问题的另一种说法是，雷达电子战仿真程序的某一部分由于某种原因可能会变化,但希望这些不会传播给程序代码的其他部分。这么做不仅使程序更容易开发、维护,还让程序更容易理解,这实际上会降低隐性的开发成本。因此,对于能否设计出可组合的雷达电子战仿真模型来说,最关键的就是分离出仿真系统里经常变化的部分。一旦找出了这一系列变化,就可以以它为焦点来进行设计。

不同体制、不同型号的、不同处理方式的雷达电子战实际装备,映射到仿真域上,必然会导致仿真系统的不同。一个良好的构件化设计就是要分别封装变化和不变部分。因此,在设计一个良好的可组合雷达电子战仿真系统之前,应该面向整个仿真领域进行分析,将不同的雷达电子战仿真需求之间的不同点和相同点分析清楚,然后再利用构件化技术将这些相同点和不同点封装起来。

由于雷达电子战涉及的仿真模型数量非常多,限于篇幅,这里并不进行全面的分析。下面主要以雷达系统仿真为例,归纳出不同需求之间的相同点与不同点。其中,不同的需求之间不变的部分主要包括以下几个方面。

(1)相同体制雷达仿真系统的模型类型大都相同。例如制导雷达仿真模型中,均有天线模型、调度模型、信号生成模型、接收机处理模型、信号处理模型和数据处理模型等子系统模型。经过长期实践发现制导雷达模型总是由这些子系统或者其子集构成,这归根结底是由于雷达本身硬件和处理流程也是由这些部分构成,并保持相对不变。

(2)不同雷达仿真系统要维护的信息有相同之处。雷达仿真系统中总是要维护目标信息、电磁环境信息这两类信息。目标信息是产生目标回波的基础,所以必须维护目标信息链表。这里所说的电磁环境是指除正常目标回波之外的其他信号源。它可以分为两类:一类是由自然环境引起的回波,可以称之为自然电磁环境,包括地杂波、海杂波、气象杂波、多径信号。另一类是由人为施放的干扰引起的回波信号,包括各种有源和无源、欺骗和压制干扰。

(3)不同雷达仿真系统所采用的底层算法大部分相同。在雷达仿真系统中用到了很多算法,它们本身总是处于被调用的地位,从而位于仿真系统类结构的最底层。这些底层算法主要包括目标回波生成、叠加热噪声、中频滤波、正交鉴相、匹配滤波、恒虚警率(CFAR)、距离定心、距离测量、角度测量、MTI、MTD、二维 CFAR、二维定心、速度测量、滤波算法($\alpha - \beta - \gamma$ 滤波、Kalman 滤波)。这些算法本身是独立的,跟它们所处的雷达模型没有必然联系,可以保持较为稳定的状态。

另外,通过分析也可以归纳出不同仿真需求之间的不同点,具体包括以下几个方面。

(1)调度模型不同。调度模型的内涵非常丰富,包括调度模板、调度算法、使用的信号样式及参数、信号使用策略、波位编排方法和结果等。事实上,对于不同的雷达建模需求,变化最大的部分就是调度模型。

(2) 天线参数不同。通常在雷达仿真中,对天线建模指的是对天线方向图进行建模。并且特别关注天线方向图中的几个重要参数,包括主瓣 3dB 宽度、天线最大增益、第一副瓣增益、零深等。此外,经常变化的量还有波束扫描范围、天线阵面倾角、天线法向角指向。

(3) 发射机参数不同。发射功率、发射损耗、发射信号的载频等参数不同。

(4) 接收机模型不同。接收损耗、接收机带宽、噪声系数、中频、采样率、大气损耗不同。此外除了这些参数不同之外,还有处理流程的不同,有些时候需要加入旁瓣对消功能,而在其他的建模需求中又不需要此功能。所以会导致接收机处理流程的不同。

(5) 信号处理模型不同。信号处理模型的不同在于信号处理流程和算法的不同。

(6) 数据处理模型不同。包括航迹关联模型、跟踪滤波模型和航迹滤波模型的不同。

(7) 不同模块交互信息的不同。对于信号仿真系统,比较重要的交互信息就是每一步处理的信号,这里不妨将其称为信号流。由于上述的模块中模型不同,这就会导致信号流的数目和种类有所变化,如当需要进行 SLC 处理时,就需要辅阵信号流。

在以上分析中,不同需求中的仿真模型的相同点与不同点实际上不是绝对的,往往只是相对于某一类型的应用而言,但是具有一定的稳定性与适用范围。基于这种设计思想,可以将仿真中的具有相同点的模型都提取出来,将其设计为一种功能更为复杂的构件或组合构架。在实际仿真系统实现时,可以从更大粒度上重用这些构架,进一步提高仿真模型的可重用性,降低仿真组合的难度,减少仿真系统开发的工作量。

第 2 章

构件化组合仿真体系

仿真体系作为雷达电子战构件化组合仿真的总体框架,能够体现全局性的设计思想与实现技术。从最高层次建立仿真体系,作为构件化组合仿真的行为指南,能够为具体的仿真设计开发提供一致的标准规范。也只有在开发过程中遵循统一的仿真规范,才能真正实现仿真模型的可组合。

2.1 概念框架

2.1.1 经典建模仿真框架

建模仿真概念框架描述了建模仿真过程的基本实体及其相互关系。经典建模仿真概念框架如图 2.1 所示,在经典建模仿真概念框架中,基本实体包括源系统、试验框架、模型和仿真器,基本实体之间存在两类主要关系,即建模和仿真。

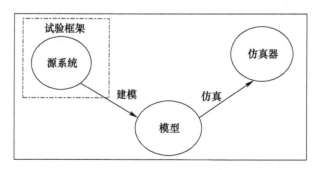

图 2.1　经典建模仿真概念框架

源系统是指建模的对象,即建模兴趣范围内的真实或者虚拟环境。通过采取试验的方式或对源系统进行观测,可以获得基于时间排序的观测数据,即系统的行为。试验框架是对源系统进行观测或试验的条件规范。模型是在试验框架指导和约束下对源系统的抽象描述,模型可看作是用于生成试验框架规定的 I/O 行为的指令、规则、方程及约束等的集合。仿真器是指能够按照模型指令生成源系统在规定条件下行为的任意计算系统,可以是计算机、人脑或者是更抽象的算法。

组合仿真要求可组合仿真模型包含全面、严格、显式的模型描述信息,不仅涉及模型的语法信息如接口方法类型、参数数量等,还要对模型语义、语用等方面进行全面定义,否则进行组合分析时将难以对模型可组合性进行判断,进而有可能导致错误的模型组合和仿真系统的崩溃。但在经典建模仿真框架中,模型实体通常将所有信息封装在一个构件中,模型语义和语用信息通常采用文本注释的形式或分布在模型代码实现的各处,难以进一步分析模型语义和语用方面是否可组合。经典建模仿真框架形成的模型在面临新的仿真应用需求或需求演化时,往往面临难以重用、难以有效互操作的问题,并且除非模型是为了在某个上下文环境中一起工作而设计的,它们不能(难以或需要花费很大代价才能)组合在一起。因此,有必要在组合仿真基本过程约束下,建立组合仿真的概念框架以支持组合仿真开发过程,提高模型的可组合性。

2.1.2　组合仿真概念框架

为了支持模型重用,可以将仿真模型划分为仿真概念模型及仿真实现模型两个层次。仿真模型的可组合性具有层次化的特征,需要从语法、语义、语用和概念四个层次对其进行研究。因此,为了全面、严格、显式地定义不同层次的模型信息,需要在面向重用的仿真模型划分基础上进一步细分仿真模型,使之包含概念、语用、语义和语法四个层次,支持不同层次的模型描述和组合性质分析,形成基于多层次仿真模型描述的组合仿真概念框架,如图 2.2 所示。

组合仿真概念框架的核心思想是仿真模型的层次化描述,不同层次的仿真模型面向不同角色,概念层次的仿真模型主要面向领域人员,语义和语法描述则更多面向仿真系统设计及开发人员。在组合仿真开发过程中,要保证模型组合的正确性,必须要满足不同层次的模型组合要求和约束,如领域人员主要关注模型在组合过程中是否能反映领域约束、能否反映实际过程等问题,至于仿真模型采用什么样的具体语法、利用什么形式体系描述语义则并不关心,在语法层次上,仿真模型能否组合取决于模型在接口、参数、类型等语法要素上是否达成一致。层次化的模型描述是提高模型可组合性、促进模型正确组合的重要保证。

1. 模型实体

相对经典建模仿真概念框架,组合仿真概念框架中增加了新的仿真模型实体,具体包括了以下几个方面。

1)仿真模型的语法层次描述

仿真模型的语法描述(以下简称语法模型)是指仿真模型的具体表示或实现

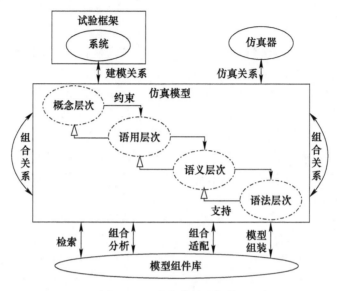

图 2.2 组合仿真概念框架

形式,如统一建模语言(UML)模型、CORBA 模型,或是基于某种具体编程语言的模型实现,如 C ++ 、Java 代码。语法模型通常要求模型接口及其参数采用某种标准格式描述,如 HLA OMT 或 SMDL,通过结构化数据的交互实现组合过程,通常要求建立中间接口转换层,如 HLA RTI 或 SMP2 构件接口规范。

语法模型的结构主要指模型接口的组成,包括各语法元素的定义及类型关系,如接口类型、方法或函数声明、参数类型及数量、继承与扩展关系等。从语法模型的功能看,它主要包括提供功能与需求功能,分别由提供接口和请求接口表示。基于语法模型,可以建立语法层次的仿真模型组合性质分析机制,对语法模型的可组合性进行判断。

2)仿真模型的语义层次描述

由于语法可组合性并不能保证组合双方对交互数据及信息的含义有一致的理解,因此需要进一步对语法模型中各元素的具体含义进行严格的定义,即建立仿真模型的语义层次描述(以下简称语义模型)。语义模型主要是指模型的静态语义描述,即不涉及模型各语法元素在实际使用或被使用过程中的含义,该语义信息是模型自身蕴涵的,与模型是否与外界发生交互、何时发生以及交互序列无关,因此这也是模型静态语义的命名原因,即模型的语义信息具有静态保持作用。以下除非特别标明,在单独使用"语义模型"或"语义描述"时均指静态语义。语义模型主要包含模型各输入、输出接口以及模型状态变量(属性)的语义约束。基于语义模型可以建立语义层次的仿真模型组合性质分析机制,对语义模型的可组合性进行分析。

3）仿真模型的语用层次描述

由于仿真模型具有随时间发生动态行为变化、与外部环境存在动态交互的显著特点，即使模型双方对数据及接口的静态语义理解一致，也无法保证模型动态行为的可组合性，因此需要对模型如何使用、模型同外部环境如何交互等动态行为进行严格界定，明确模型的语用信息，即建立语用层次的仿真模型描述（以下简称语用模型）。

语用模型主要关注对模型动态语义的描述，动态语义是相对于静态语义而言的，主要指模型在一定时间段内表现出的交互行为序列。就离散事件系统来说，动态语义是指带有时间戳的动作序列，本质上反映了系统内部的一系列状态转移，因此可基于标签转移系统建立模型的动态语义描述，如有限自动机、时序自动机、I/O自动机、Petri 网、DEVS 等。动态语义中的动作序列既可以表示模型对外提供的功能，即它承诺在实现该功能的过程中将要发生的外部行为，又可以表示模型对外部功能的请求，即模型在实现自身功能时期望外界提供的行为。因此从模型间交互的角度看，动态语义包含的动作序列也可以视为模型对外交互的协议。基于语用模型可以建立语用层次的组合性质分析机制，对语用模型的可组合性进行分析。

4）仿真模型的概念层次描述

仿真模型的概念层次描述（以下简称模型概念描述）包含了领域专家和仿真开发人员对仿真及其所包含元素的一种概念认知，这些概念认知通常包含领域假设、约束、数据等多方面的领域权威信息，如仿真应用领域的物理定律、工程原则、军事组织结构及作战原则等内容。模型概念描述包含的领域权威信息是对仿真模型的顶层约束，模型组合时必须保证各自的概念描述一致，至少不能相互冲突，并且其他层次的仿真模型描述不能破坏这些约束，否则将导致不正确的仿真模型表示和模型组合结果。概念模型描述可以采用多种形式，如特定格式的文档、图表、数学公式及算法说明等。就目前研究现状来说，精确、形式化、全面的概念模型描述不易得到，概念模型描述更多情况下表现为非形式化或半形式化的文档与图表说明，用于描述领域实体及其关系特性，如对系统构成的要求、运行时间的尺度及使命过程等。

为了便于叙述，将概念层次称为高层，语用和语义层次称为低层，语法层次称为底层。高层模型描述是在低层描述基础上的增强约束，低层描述是高层描述的基础，具有支持作用。模型的语义和语用信息是在语法模型基础上对模型性质的进一步限定，如语法描述可能仅仅规定了各个动作（接口函数或事件）的名称、参数类型等内容，语义描述则在具体动作名称（符号）的基础上增加了假设和保证语义的约束，语用描述则规定了不同动作所对应的迁移以及正确的动作顺序。模型概念描述包含的领域权威信息是对模型的顶层约束,底层模型描述如语用模型包含的行为过程不能违背概念描述中规定的物理定律、领域假设等权威信息和性质。需要指出的是,高层模型描述尽管可以直接建立在底层语法模型的组成元素之上,如语义模型可以直接使用语法描述中出现的元素,并规定该元素的约束语义信息;语用模型也可以直接规定模型各个动作的转移含义和交互约束。但出于分离不同层次模型描述关注点的需要,实际建模过程中可以单独建立不同层次的仿真模型描述,如语用模型和语法模型可以基于不同形式体系,各自组成元素也可以不同,但此时要求存在映射或转换机制,使二者基本组成元素之间具备对应关系。

由于对模型概念描述的机制与内容目前仍没有形成一致的观点,概念描述通常表现为非形式化或半形式化的文档与图表说明,此时难以利用形式化方法对模型在概念层次的组合性质进行精确的分析,在仿真模型多层次描述及组合性质分析的过程中不再针对模型概念描述展开,只面向语用、语义和语法层次。此时要求满足一个前提条件,即组合仿真过程中模型开发与组装人员、仿真集成人员对各模型所蕴含的领域假设、约束、数据等多方面的领域权威信息具有一致的理解。由于将应用背景限定在工程层次的雷达电子战仿真,其中涉及的领域概念、物理规律和假设条件、工程原则等领域信息相对明确,在模型组合过程中容易对仿真模型的概念描述达成一致,并易于发现不一致的概念描述,忽略模型概念描述对模型组合过程的影响是可以接受的,因此并不与上述前提条件相悖。

下面给出组合仿真框架中多层次仿真模型的统一形式描述,并建立模型描述的层间关系。

定义 2.1 多层次可组合仿真模型的统一形式描述(multi-level formal description for composable simulation Models,CSM)表示为五元组:

$$CSM = (A, S, M_s, D, M_d) \tag{2.1}$$

式中:A 为 CSM 的语法层次描述(见定义 2.2);S 为 CSM 的语义层次描述(见定义 2.3);D 为 CSM 的语用层次描述(见定义 2.4);$M_s:A \rightarrow D$ 为将 A 中的概念或构造元素映射到语义描述中的对应元素上,M_s 的作用相当于语义赋值函数,M_s 为可选定义项,即如果 CSM 语义描述直接建立在语法元素之上,则 M_s 可不用定义;$M_d:A \rightarrow D$ 为将 A 中的构造元素映射到语用描述中的对应元素上,M_d 的作用相当于语用指派函数,与 M_s 类似,M_d 同样为可选定义项。

定义 2.2 CSM 的语法层次描述(简称 CSM-A)定义为四元组:

$$CSM-A = (I_p, I_r, Ac, L) \tag{2.2}$$

式中:I_p 为 CSM-A 的对外提供接口集,$I_p = \{It_1, It_2, \cdots, It_n\}$,$It_i$ 为 CSM-A 的提供

给外界环境或其他模型调用的服务接口,它包含一组服务接口方法 $It_i = \{a_1^i,$ $a_2^i, \cdots, a_{ni}^i\}$;$I_r$ 为 $CSM - A$ 的对外请求接口集,对任意 $It_j \in I_r, It_j$ 为 $CSM - A$ 对外部环境或其他模型的请求接口,它包含一组请求接口方法 $It_j = \{a_1^j, a_2^j, \cdots, a_{nj}^j\}$;$Ac$ 为 $CSM - A$ 的有穷接口方法集,其中每个接口方法 a_i 都表示 $CSM - A$ 的一个动作,Ac 包括提供、请求、内部三个接口子方法集:Ac_p、Ac_r 和 Ac_h,并且满足 $Ac_p \cup Ac_r \cup Ac_h = Ac$ 以及 $Ac_p \cap Ac_r = \Phi \wedge Ac_p \cap Ac_h = \Phi \wedge Ac_r \cap Ac_h = \Phi$,$CSM - A$ 提供接口集中的接口方法全部来自 Ac_p,请求接口集中的接口方法全部来自 Ac_r;L 为 $CSM - A$ 的对外连接集合,每一连接 $l_i \in L, l_i = \{RIt_i, PIt_i, Ins_i\}$,$RIt_i \in I_r$ 为自身的一个对外请求接口,PIt_i 为所连接的 $CSM - A$ 实例 Ins_i 的一个提供接口。

需要指出的是,Ac 中每一个接口方法 a_i 都不能以全局(global)函数的形式出现,即 a_i 为内部(local)方法,只能通过 $CSM - A$ 的实例才能使用。另外 $CSM - A$ 中 a_i 是广义上的接口方法,它并不仅仅指编程语言中定义的各类函数,还包括离散事件仿真模型中的事件、端口等其他元素。

定义 2.3 CSM 的语义层次描述(简称 CSM – S)定义为一个四元组:

$$CSM - S = (M_L, M_E, Asm, Gua) \tag{2.3}$$

式中:M_L 为 $CSM - S$ 的提供接口所包含的接口方法集,$M_L = \{a_i | a_i \in Ac_p\}$,$Ac_p$ 为 $CSM - A$ 的对外提供接口集;M_E 为 $CSM - S$ 的请求接口所包含的接口方法集,$M_E = \{a_i | a_i \in Ac_r\}$,$Ac_r$ 为 $CSM - A$ 的对外请求接口集;Asm 为对每个接口方法的假设(Assumption),$Asm = \{P(a) | a \in M\}$,$M = M_L \cup M_E$,$P(a)$ 为使用 a 之前必须满足的条件,可用一阶谓词公式表示;Gua 为对自身提供接口的每个接口方法的保证(Guarantee),$Gua = \{P(a) | a \in M_L\}$,$P(a)$ 为 a 对外部环境或其他 $CSM - S$ 的承诺,即 a 执行后必然具备的性质。

定义 2.4 CSM 的语用层次描述,CSM 的语用层次描述(简称 CSM – D)定义为一个标签转移系统:

$$CSM - D = (Q, q_0, L, T) \tag{2.4}$$

式中:Q 为 $CSM - D$ 的状态(变量)集合,它定义了 $CSM - D$ 包含的所有离散状态和连续状态变量的集合,$CSM - D$ 的状态用于表征仿真模型在特定时刻所处的状况,$CSM - D$ 在某一状态 q 下可触发或执行多个动作(接口方法)a_i,同样某个动作 a_j 也可以在多个状态 q_i 下执行;在给出状态转移集合 T 之后,动作 a_j 与状态 q_i 之间的对应关系就确定下来;q_0 为 $CSM - D$ 的初始状态;L 为可数的动作标签集,包含 CSM 所有可观察动作与内部动作,$L = Ac$,表示不可观察的内部动作;T 为是状态转移集合,$T \subseteq Q \times L \times Q'$,转移 (q, l, q') 通常记为 $q \xrightarrow{l} q'$,它表示在一个原子"动作"l 作用下所引发的状态迁移,由状态 q 转移到状态 $q', l \in L$。

2. 模型实体组合关系

在 CSM 框架中,为有效支持仿真模型的组合过程,需要分析模型之间的依赖关系,主要考虑供应关系(Provide)、需求关系(Request)、扩展关系(Extend)及等价关系(Equal)。

1) 供应关系

供应关系是指两模型之间在结构、行为上的一种委托关系,模型 M 供应 N 当且仅当在 M 与 N 的组合之中,N 要完成自身使命必须依赖于 M 的某些结构及行为特征。因此 M 供应 N 就表明 N 委托 M 完成部分或全部功能,供给关系记为 $\underline{P}$,M 的供应方记为 $M_P = \{x|(x,M) \in \underline{P}\}$,$M$ 的供应方可以存在多个,每个供应方只需要提供 M 委托的部分功能即可。

2) 需求关系

供应关系与需求关系是互逆的两种模型关系,即 M 供应 N 与 N 需求 M 的含义相同。因此,M 需要 N 当且仅当 N 供应 M,需求关系记为 $\underline{R}$,M 的需求方记为 $M_R = \{x|(x,M) \in \underline{R}\}$。

3) 扩展关系

模型 M 扩展 N 当且仅当 N 的结果、行为特征完全包含于 M。扩展关系通常意味着功能的扩充,包括结构特征(如接口)的丰富、行为功能的增强,扩展关系记为 $\leq$。

4) 等价关系

模型 M 与 N 等价当且仅当二者在结构、行为特征上相同,模型等价表示组合过程中 M 和 N 能够互换,而互换前后的系统结构、行为特征保持一致。等价关系记为 $\equiv$。

3. 组合过程

组合仿真基本过程的支持集中体现在几个主要过程实体上,分别是模型检索、组合性质分析、组合适配及模型组装过程。

1) 模型检索

模型检索过程根据对模型的需求,将满足需求目标的模型从模型库中提取出来。模型检索建立在层次化的仿真模型描述之上,主要途径是将需求描述与层次化的模型描述进行语法、语义等层次上的匹配,满足匹配条件或规则就将该模型提取出来,作为组合系统的候选构件。

2) 组合性质分析

组合性质分析过程是针对模型检索过程产生的候选构件,利用不同层次的可组合规则,逐一判断模型之间是否满足相应的可组合性质;若不能满足,则提供相应的组合失配信息,为进一步改造模型提供指示信息。

3）组合适配

模型适配过程是对模型结构或行为的修正过程,通常是根据组合分析过程中提供的组合失配信息,改造模型的接口,修正不可组合的模型的结构以及行为,使之具备可组合性。

4）模型组装

模型组装过程是指可组合的模型构件之间的具体组装、集成过程,一般可视为"黏合"不同构件的过程。该过程通过提供相应的组装、配置工具或环境,提供丰富的组合模式以满足不同的组合需求,最终形成满足用户需求的仿真应用。

4. 组合模式

组合模式的概念类似于软件开发中的设计模式,它的作用主要体现在两点:一是提供公共的组合开发概念视图,促进各方的一致理解;二是针对一类问题提供通用的解决方案。

仿真模型组合的本质特征是在构件之间建立关联,进而协调它们的行为,把它们组织成为一个有机的整体。这种通过组装仿真模型构造仿真系统的方式应提供多种组合模式,方便模型组合过程。本节根据仿真模型在组合过程中的运行交互特点及组合拓扑结构,描述了并发组合模式、顺序组合模式、嵌入组合模式、选择组合模式及混合组合模式,可为模型组装过程提供了多种选择。

并发组合模式是指参与组合的模型各自拥有独立的运行控制线程,组合过程中通过交互协议实现协同工作。A 与 B 并发组合模式如图 2.3 所示,其运行机理为:A 与 B 交错并发执行,同时 A 与 B 产生交互。并发组合模式借鉴了进程代数中并发合成算子的概念,在并发组合过程既可以同步交互,也可以异步交互,这取决于实际需要。

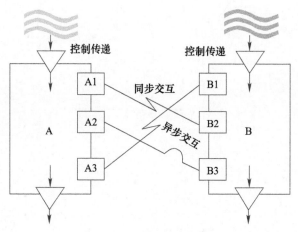

图 2.3　并发组合模式

　　顺序组合模式是指仿真模型之间相互协作的方式类似于流水线上的前后两个加工工序,顺序组合的模型具有先后执行的顺序运行关系。A 与 B 顺序组合模式如图2.4所示,其运行机理为:当输入事件发生时,A 被调用执行,此时外部输入事件同样也可以作为 B 的输入,但 B 此时并不参与运行,A 计算完毕后输出结果作为 B 的输入,同时将运行控制权移交给 B,然后 B 运行直至输出结果,并将运行控制转移出去。顺序组合模式类似于工作流,不同仿真组分用于完成问题领域中不同阶段的任务(如军事使命执行过程),然后通过顺序组合实现完整的任务,此时仿真模型往往具有相近的分辨率。

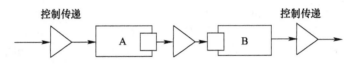

图 2.4　顺序组合模式

　　嵌入组合模式通常用于描述仿真模型之间具有功能或结构上的"外包"或"委托"关系,也可以描述模型之间的"整体—部分"关系。A 与 B 嵌入组合模式如图 2.5所示,其运行机理为:在输入事件发生时 A 被调用执行,A 在运行过程中会将计算任务的一部分委托给 B,此时 A 提供 B 的输入参数,B 在计算完成后输出结果到 A,A 接着进行剩余的计算任务。嵌入组合模式下 B 对 A 的调用方来说是透明的,即 A 的调用者不知晓 B 是否存在,B 只是在 A 提供的上下文中工作,因此从

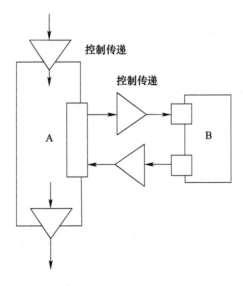

图 2.5　嵌入组合模式

逻辑上看,B就像是A整体中的一部分。嵌入组合模式可以用于处理不同分辨率的仿真组分集成,如平台级实体模型(舰船、飞机等实体)与单元级实体(如导弹、干扰机等)的聚集与解聚过程中会频繁利用嵌入组合模式发生交互。

选择组合模式是指根据上下文环境参数,执行其中一个仿真模型的功能,从而形成功能更多的仿真组分。A与B选择组合模式如图2.6所示,其运行机理为:根据上下文环境参数、输入事件类型等信息,选择A或B执行,将运行控制权完全转移到选择执行的模型中。A与B选择组合模式下,可以提供A和B两个模型的功能,但在同一时刻只能执行其中之一,即在不同的时刻表现出A或B的完整功能。

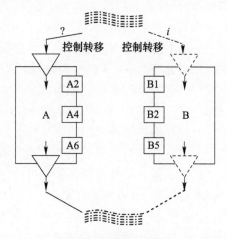

图2.6　选择组合模式

混合组合模式是指将上述不同组合模式混合起来使用,以应对更加复杂的组合需求,进而构造出功能更加强大的仿真组分。混合组合模式存在多种,其中一种典型的混合模式是顺序与嵌入混合组合模式,其混合组合模式如图2.7所示。

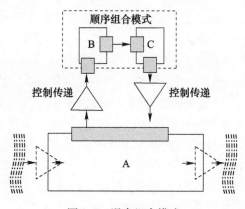

图2.7　混合组合模式

2.2 开发模式

2.2.1 组合仿真生命周期

传统的仿真系统开发存在自顶向下和自底向上两种基本方法,自顶向下方法首先将系统分解成基本的实体与功能单元,并逐层详细定义各功能模块的接口,生成不同分解层次的接口规范,然后按照接口规范开发相应的仿真模型,最后将基本模块的仿真模型集成起来形成最终仿真应用。自顶向下方法注重需求、概念的完整性,系统开发表现为严格的顺序过程,对应于软件工程过程的瀑布模型。自底向上方法则在系统基本需求的约束下,首先从模型库(或第三方构件提供方)寻找已有模型,然后将模型集成以形成快速原型,通过运行或分析原型,发现问题并挖掘更详细的系统需求,然后反馈需求调整与修改意见,继续上述过程,直至形成最终仿真应用。自底向上方法对应于软件工程过程的原型模型。

组合仿真开发的基本思路是从现有仿真构件出发构建仿真系统,它综合了自顶向下和自底向上方法的优势。组合仿真开发过程将目标仿真系统视为仿真模型的组装体(Assembly),各模型构件为可重用的基本实体,通过定制和模型替换实现仿真系统的维护与更新。因此组合仿真系统开发的生命周期过程与传统过程有所不同,主要区别在于将可重用、可组合的模型构件开发过程单独分离出来,形成独立的生命周期过程。本书将组合仿真开发生命周期刻画为面向组合的建模和基于模型的组装两个主要子过程,为了有效连接这两个过程,需要增加一个模型构件评估子过程,包括构件的检索与选取、可组合性分析、适配等活动,组合仿真开发生命周期如图2.8所示。

面向组合的建模子过程关注模型的构建,使之具备基于模型的组装过程所要求的可组合性。系统需求与系统设计阶段完成了仿真模型的构件识别与划分,即建立了仿真模型体系,面向组合的建模子过程按照构件识别与划分的结果,依据一定的建模规范完成模型构件的设计、实现、测试和维护,这一过程独立于其他阶段,因为面向组合的建模阶段形成的仿真模型构件并不一定仅仅用于本仿真系统的构建,而且有可能重用于其他仿真系统中,因此可重用性是面向组合的仿真模型的一个重要特征。为支持基于模型的组装及模型构件评估子过程阶段的检索与组装等活动,面向组合的仿真模型必须在结构、行为方面严格定义,而不能仅仅包含模型接口,忽略语义及动态交互行为上的约束信息,否则将导致在后续阶段中难以分析仿真模型的可组合性,甚至导致错误的模型组合。

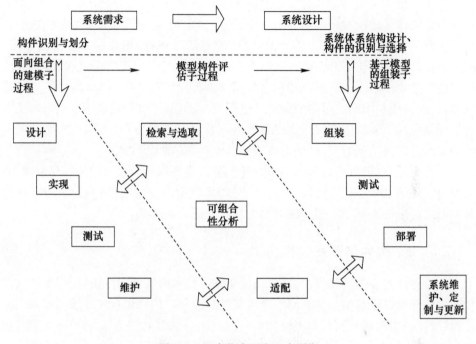

图 2.8　组合仿真开发生命周期

　　基于模型的组装子过程关注如何在系统体系结构的约束下,选择合适的仿真模型(如有需要则可对现有模型加以改造)组装成目标仿真系统。模型构件评估过程提供构件选择、组合性质分析及构件适配的机制,保证基于模型的组装的正确实施。基于模型的组装过程中面向组合的仿真模型的组装需依赖于模型构件评估过程的组合分析机制,以考察模型的相容性质,即分析参与组合的仿真模型能否协调一致地实现系统预期功能。在基于模型的组装子过程的系统定制与更新活动中,通常要用新的仿真模型构件替换已有模型,需要考察新模型能否替换原有模型而不损失原有行为,这同样依赖于组合分析机制。

　　组合仿真的开发过程根据实际需要及所具备条件可以采用两种不同的仿真开发范式:一种称为面向组合的仿真开发范式;另一种是基于可组合模型的仿真开发范式。

　　面向组合的仿真开发范式下包括面向组合的建模、评估、基于模型的组合全部子过程,即系统设计阶段形成模型构件识别和划分后,全部需要在面向组合的建模子过程中开发;然后通过评估、基于构件的组合子过程形成最后仿真系统。面向组合的仿真开发范式的主要关注点是构建面向组合的仿真模型,使之具备可重用和便于组合性质分析的特征。

基于可组合模型的仿真开发范式则主要包含基于模型的组合和评估子过程:首先在系统体系结构设计和构件识别后,构件检索与选取活动从模型库中选取合适的仿真模型构件;然后通过组合分析、适配等活动;最后组装成最终仿真系统。基于可组合模型的仿真开发范式并不是完全将面向组合的建模子过程排除在外,如果现有仿真模型库中确实不存在满足需求的模型构件,或者模型构件的适配难以实现,则需要利用面向组合的建模子过程进行模型开发,但在基于可组合模型的仿真开发范式下面向组合的仿真模型的全新开发只是少数现象,如果需要大规模的面向组合的仿真模型开发,则退变为面向组合的仿真开发范式。

由此可见,基于可组合模型的仿真开发范式需要依赖于大量的可用模型库,而面向组合的仿真开发范式恰好可以为构建仿真模型库提供支持,面向组合的仿真开发范式可以视为基于可组合模型的仿真开发范式的基础。

2.2.2 构件化开发过程

在构件化组合仿真开发中,基于构件化软件技术来实现组合仿真,需要将构件化的软件开发过程与组合仿真的生命周期结合起来。构件化软件开发体现为两个方面的过程:构件的开发和基于构件的开发。构件的开发是为了生产可重用的仿真构件;基于构件的开发则是利用已有构件组装软件系统。

构件化软件开发模型如图2.9所示,主要包括应用需求分析、构件生产、构件测试、构件库、构架设计、软件系统组装、软件系统测试以及软件系统运行等过程。

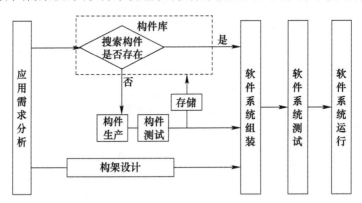

图2.9　构件化软件开发模型

构件化组合仿真开发过程如图2.10所示,以构件化软件开发模型为基础,可以将雷达电子战构件化组合仿真开发的基本流程划分为以下几个过程。

(1)仿真需求分析。对仿真应用系统进行需求分析,结合领域知识,进行仿真架构设计,并分解、识别出仿真系统所需全部构件。

（2）仿真构件生产。可以基于软件再工程的思想从现有的雷达对抗仿真系统中提取仿真构件,也可以针对特定仿真系统开发新的仿真构件。

（3）仿真构件管理。主要包括雷达对抗仿真构件的分类描述、存储,以及仿真应用系统所需构件的检索。

（4）仿真系统组装。对选取的构件进行必要的适应性修改,按照仿真构架描述,组装仿真应用系统。

（5）构件测试与系统测试。包括仿真构件的测试以及仿真应用系统的运行测试。

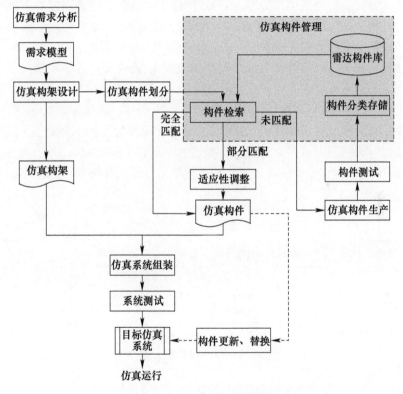

图 2.10 构件化组合仿真开发过程

2.3 体系结构

2.3.1 主流体系结构

体系结构是软件系统的高级抽象,是对系统整体结构的刻画。在构件化软件开发中,体系结构就是从一个较高的层次来考虑组成系统的构件、构件之间的交互,以及由构件与构件交互形成的拓扑结构。软件体系结构是软件系统实现的蓝图,为构件的集成组装提供基础和上下文。在软件工程领域,对于体系结构已经进行了大量深入的研究,形成了多类不同风格的体系结构模式。下面对常见的软件体系结构模式进行描述。

1. 管道和过滤器风格的软件体系结构

在管道和过滤器风格的软件体系结构中,每个构件都要一组输入和输出,构件读取输入的数据流,经过内部处理,然后产生输出数据流。它是数据加工处理的功能模块,并将处理的结果在输出端输出,数据的加工处理通常是对输入流的变换及增量计算,而且在输入被完全消费之前,输出便产生了。因此,这些构件称为过滤器,过滤器之间的连接件就像是数据流传输的管道,将一个过滤器的输出传到另一过滤器的输入。

管道和过滤器风格的软件体系结构如图2.11所示。值得注意的是,管道和过滤器风格的软件体系结构中特别重要的过滤器必须是独立的实体,它不能与其他的过滤器共享数据,而且一个过滤器不知道它上游和下游的标识,一个管道和过滤器网络输出的正确性并不依赖于过滤器进行增量计算过程的顺序。

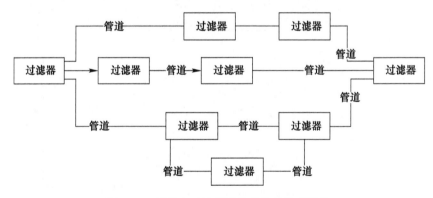

图2.11 管道和过滤器风格的软件体系结构

管道和过滤器风格的软件体系结构具有很多优点。

(1) 由于每个构件的行为不受其他构件的影响,所以整个系统的行为易于理解。

(2) 允许设计师将整个系统的输入/输出行为看成是多个过滤器的行为的简单合成。

(3) 相对独立的过滤器为系统性能的分析提供了方便,如吞吐量分析、死锁分析。

（4）支持软件重用，只要提供适合在两个过滤器之间传送的数据，任何两个过滤器都可被连接起来。

（5）支持并发执行。

（6）由于管道之间和过滤器之间的相对独立性，该风格的体系结构有较强的可维护性和可扩展性。

但是，这样的系统也存在着若干缺点。

（1）容易导致批处理结构。虽然过滤器可增量式地处理数据，但它们是独立的，所以设计师必须将每个过滤器看成一个完整的输入到输出的转换。

（2）由于该风格中数据交换占用大量的空间，且数据传输占用系统的执行时间，所以，不适应大量共享数据的应用设计。

（3）不适合处理交互的应用。当需要增量地显示改变时，这个问题尤为严重。

（4）由于构件不能共享全局状态，错误处理困难。

2. 数据抽象和面向对象风格的软件体系结构

数据抽象和面向对象风格的软件体系结构如图 2.12 所示，这种体系结构建立在数据抽象和面向对象的基础上。数据的表示方法和它们的相应操作被封装在一个抽象数据类型或对象中，抽象数据类型的概念对软件系统有着重要作用。目前，软件界已普遍使用面向对象的方法，这种风格的构件既是对象，也可是抽象数据类型的实例，对象之间通过函数和过程调用进行交互。

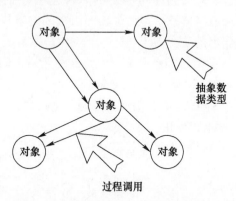

图 2.12　数据抽象和面向对象风格的软件体系结构

数据抽象和面向对象结构有以下优点。

（1）对象之间相对独立，每个对象的功能可以独立封装，可以改变一个对象的功能，而不影响到其他对象。

（2）设计者可将一些数据存取操作的问题分解成一些交互的代理程序的集合。

（3）由于方法的实现和对它的调用请求是分离的，所以，可以在不影响调用者的情况下,完成实现的变更,方便系统升级。

数据抽象和面向对象系体系结构也存在着若干缺点。

(1)为了使一个对象和另一个对象通过过程调用等进行交互,必须知道对象的标识,只要一个对象的标识改变了,就必须修改所有其他明确调用它的对象。

(2)必须修改所有显示调用它的其他对象,并消除由此带来的一些副作用。例如,如果 A 使用了对象 B,C 也使用了对象 B,那么,C 对 B 的使用所造成的对 A 的影响可能是不可预期的。

(3)对大型系统的分析设计,需要总体结构的支持。

3. 分层风格的软件体系结构

分层(layered)风格的软件体系结构适用于可以按照层次结构来组织不同类别的相关服务的应用程序。一个分层风格的系统是分层次组织的,每层为上层提供服务,同时又是它们下层的客户。在一些分层系统中,除了相邻的层或经过挑选用于输出的特定函数以外,一个内部层次对于其他外部层次是隐藏的。对分层风格体系结构的约束包括把系统内的交互限制在邻接层次之间。交互只在相邻的层次间发生,同时,这些交互按照一定协议进行。连接件可以用层次间的交互协议来定义。

这种风格支持基于可增加抽象层的设计。这样,允许将一个复杂问题分解成一个增量步骤序列的实现。由于每一层最多只影响两层,同时只要给相邻层提供相同的接口,允许每层用不同的方法实现,同样为软件重用提供了强大的支持。

某些特殊化的分层风格体系结构允许相邻层次间的直接通信,这往往是出于灵活性方面的考虑而作出的改变。

分层风格的软件体系结构如图 2.13 所示,这种风格常用于通信协议,最著名的例子是开放系统互联/国际标准组织(Open Systems Interconnection/International Standards Organization,OSI/ISO)的分层通信模型。其他的还有操作系统、X 窗口系统、计算机网络协议组,如 TCP/IP 等。

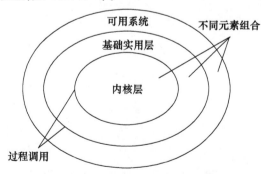

图 2.13　分层风格的软件体系结构

分层风格的体系结构具有以下优点。

（1）支持基于抽象程度递增的系统设计，使设计者可以把一个复杂系统按递增的步骤进行分解。

（2）由于每层只影响邻层，所以系统容易改进和扩展。

（3）层中的软件都易于复用，如果邻层的接口相同，则同一层中可以使用不同的实现。

分层风格的体系结构也存在若干问题。

（1）并不是每个系统都能分层，即使一个系统的逻辑结构是层次化的，但出于性能的考虑，往往要将一些低级和高级的功能综合起来。

（2）系统的分层可能会带来效率方面的问题。

（3）如何界定层次之间的划分是一个复杂的问题。

4. C2 风格的软件体系结构

C2 风格是最常用的一种软件体系结构风格，可以根据它的结构将其概括成，通过连接件绑定在一起，按照一组规则运作的并行构件网络。C2 风格中的系统组织规则如下。

（1）构件和连接件都有一个顶部和一个底部。

（2）构件的顶部应连接在某个连接件的底部，构件的底部应连接在某连接件的顶部，构件之间不能直接连接。

（3）每个构件接口最多只能和一个连接件相连，一个连接件可以与任意数目的构件和其他连接件相连。

（4）两个连接件直接连接时，必须由其中的一个连接件的顶部连接到另外一个连接件的底部。

C2 风格的软件体系结构如图 2.14 所示，图中构件与连接件之间的连接体现了 C2 风格中构建系统的规则。

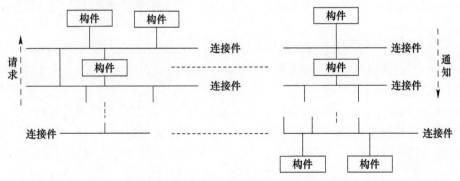

图 2.14　C2 风格的软件体系结构

从 C2 风格的组织规则和结构图中可以看出,C2 风格具有以下特点。

（1）系统中的构件可实现应用需求,并能将任意复杂度的功能封装在一起。

（2）所有构件之间的通信是通过以连接件为中介的异步消息交换机制来实现的。

（3）构件相对独立,构件之间依赖性较少。系统中不存在某些构件将在同一地址空间内执行,或某些构件共享特定控制线之类的相关性假设。

（4）软件体系结构扩展能力强,可以在分布的、异质环境中运行。

（5）软件体系结构适应性较强,可以有多个用户与系统交互,可以同时激发多个对话并用不同的形式表现它们。

5. 正交风格的软件体系结构

正交风格的软件体系结构由组织层和线索组成。层由一组具有相同抽象级别的构件构成,同一层内的构件不能相互调用。线索是子系统的特例,是由完成不同层次功能的构件组成（通过相互关联来调用）,每一条线索完成整个系统中相对独立的一部分功能,每条线索的实现与其他线索的实现无关或关联很少。如果线索之间相互独立,即不同线索中的构件之间没有相互调用,则这个结构称为完全正交。

正交风格的软件体系结构是一种以垂直线索构件组为基础的层次化结构,其基本思想是把应用系统的结构按功能的正交相关性,垂直分割为若干个线索（子系统）,线索又分为几个层次,每个线索由多个具有不同层次功能和不同抽象级别的构件构成。各线索的相同层次的构件具有相同的抽象级别。因此,可以归纳正交风格的软件体系结构的主要特征如下。

（1）正交软件体系结构由完成不同功能的 $n(n>1)$ 个线索（子系统）组成。

（2）系统具有 $m(m>1)$ 个不同抽象级别的层。

（3）线索之间是相互独立的（正交的）。

（4）系统有一个公共驱动层（一般为最高层）和公共数据结构（一般为最低层）。

正交风格的软件体系结构如图 2.15 所示,正交风格的软件体系结构是一个三级线索、五层结构的框架,ABDFK 和 ACEHK 就是两条独立的线索,在系统中代表相对独立的功能。

在软件演化过程中,系统需求会不断发生变化。在正交风格的软件体系结构中,因线索的正交性,每个需求变动仅影响某一条线索,而不会涉及其他线索。这样,就把软件需求的变动局部化了,产生的影响也被限制在一定范围内,因此容易实现。所以,在应用上,正交风格的软件体系结构是目前应用系统功能设计的主流结构。

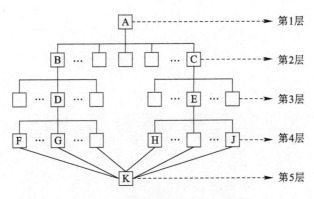

图 2.15　正交风格的软件体系结构

6. 层次消息总线风格的软件体系结构

层次消息总线(hierarchy message bus,HMB)风格的软件体系结构是由北京大学杨芙清院士等提出的一种风格,该体系结构的提出基于以下的实际背景。

(1) 随着计算机网络技术的发展,特别是分布式构件技术的日渐成熟和构件互操作标准的出现,如 CORBA、DCOM 和 EJB 等,加速了基于分布式构件的软件开发趋势,具有分布和并发特点的软件系统已成为一种广泛的应用需求。

(2) 基于事件驱动的编程模式已在图形用户界面程序设计中获得广泛应用。在此之前的程序设计中,通常使用一个大的分支语句控制程序的转移,对不同的输入情况分别进行处理,程序结构不甚清晰。基于事件驱动的编程模式在对多个不同事件响应的情况下,系统自动调用响应的处理函数,程序具有清晰的结构。

(3) 计算机硬件体系结构和总线的概念为软件体系结构的研究提供了很好的借鉴和启发,在同一的体系结构框架下(总线和接口规范),系统具有良好的扩展性和适应性。任何计算机厂商生产的配件,甚至是在设计体系结构时根本没有预料到的配件,只要遵循标准的接口规范,都可以方便地集成到系统中,对系统功能进行扩充,甚至是即插即用(运行时刻的系统演化)。正是标准的总线和接口规范的制定,以及标准化配件的生产,促进了计算机硬件的产业分工和蓬勃发展。

HMB 风格的软件体系结构如图 2.16 所示,HMB 支持构件的分布和并发,构件之间可以通过消息总线进行通信。

消息总线是系统的连接件,负责消息的分派、传递和过滤以及处理结果的返回。各个构件挂接在消息总线上,向总线登记感兴趣的消息类型。构件根据需要发出消息,由消息总线负责把该消息分派到系统中所有对此消息感兴趣的构件,

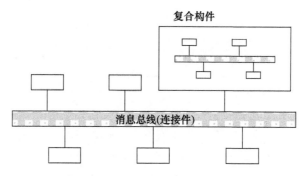

图 2.16　HMB 风格的软件体系结构

消息是构件之间通信的唯一方式。构件接收到消息后,根据自身状态对消息进行响应,并不要求各个构件具有相同的地址空间或局限在一台计算机上。该风格可以较好地刻画分布式并发系统,以及基于 CORBA、DCOM 和 EJB 规范的系统。

如图 2.16 所示,系统中的复杂构件可以分解为比较低层的子构件,这些子构件通过局部消息总线进行连接,这种复杂的构件称为组合类构件。如果子构件仍然比较复杂,可以进一步分解,如此分解下去,整个系统形成了树状的拓扑结构,树状结构的末端节点称为叶节点。它们是系统中的原子类构件,不再包含子构件,原子类构件的内部可以采用不同于 HMB 的风格。例如,前面提到的数据流风格,面向对象风格及管道和过滤器风格等,这些属于构件的内部实现细节。但要集成到 HMB 风格的系统中,必须满足 HMB 风格的构件模型的要求,主要是在接口规约方面的要求。另外,整个系统也可以作为一个构件,通过更高层的消息总线,集成到更大的系统中。于是,可以采用统一的方式刻画整个系统和组成系统的单个构件。

HMB 风格的软件体系结构具有以下特点。

(1) 从接口、结构和行为方面对构件进行刻画,在 HMB 风格中,构件的描述包括接口、静态结构和动态行为。

① 接口,构件可以提供一个或多个接口,每个接口定义了一组发送和接收的消息集合,刻画了构件对外提供的服务以及要求的环境服务,接口之间可以通过集成表达相似性。

② 静态结构,组合类构件是由子构件通过局部消息总线连接而成的,形成该组合类构件的内部结构。

③ 动态行为,构件行为通过带输出的有限状态机刻画,构件接收到外来消息后,不但根据消息类型,而且根据构件当前所处的状态对消息进行响应,并导致状

态的变迁。

（2）基于 HMB，消息总线是系统的连接件，负责消息的传递、过滤和分派，以及处理结果的返回。各个构件挂接在总线上，向系统登记感兴趣的消息，构件根据需要发出消息，由消息总线负责把消息分派到系统中对此消息感兴趣的所有构件，构件接收到消息后，根据自身状态对消息进行响应，并通过总线返回处理结构，由于构件通过总线进行连接，并不要求各个构件具有相同的地址空间或局限在一台计算机上，系统具有并发和分布的特点，系统和组合类构件可以逐层分解，子构件通过（局部）消息总线相连，每条消息总线分别属于系统和各层次的组合类构件，称为层次消息总线，在系统开发方面，由于各层次消息总线局部在相应的组合类构件中，因此可以更好地支持系统的构造性和演化性。

（3）同一描述系统和组成系统的构建，组成系统的构件通过消息总线进行连接，复杂构件又可以分解为比较简单的子构建，通过局部消息总线进行连接，如果子构件仍然比较复杂，可以进一步分解，系统呈现出树状的拓扑结构。另外，整个系统也可以作为一个构件，集成到更大的系统中，于是，就可以对整个系统和组成系统的各层构建采用统一的方式进行描述。

（4）支持运行时刻的系统演化，系统的持续可用性是许多重要的应用系统的一个关键性要求，运行时刻的系统演化可减少因关机和重新启动而带来的瞬时和风险。HMB 风格方便地支持运行时刻的系统演化，主要包括动态增加或删除构件，动态改变构件响应的消息类型和消息过程。

2.3.2　构件化软件体系结构

在构件化软件体系结构研究中，有三类典型的体系结构，即对象连接式体系结构、接口连接式体系结构和插头插座式体系结构。

1. 对象连接式体系结构

在这种类型的体系结构中，构件的接口只定义了其对外提供的服务，而没有定义构件对外要求的服务，其中以面向对象中的对象接口为典型代表，所以称这种类型的体系结构为对象连接式体系结构。这种接口定义的非对称性使得构件在集成时，构件对外要求的服务被隐藏在代码的实现细节中，即构件之间的连接关系无法直接在接口处定义，只能是从一个构件的实现到另一个构件的接口。于是，当一个构件的接口发生改变时，必须检查系统中每个构件的实现细节，才能发现受此改变而影响到的构件；即使符合相同接口的构件也不能相互替换，因为新构件未必保持旧构件对其他构件的使用关系。在这种类型的体系结构中，一个构件同其他构件的集成信息被固定在构件的实现中，构件难以适应环境的变化，因而难以复用。究其原因，对象接口对外隐蔽了太多的有用信息，无法满足接口处集成的要求。

2. 接口连接式体系结构

在这种类型的体系结构中,构件的接口不但定义了其对外提供的功能,而且定义了其要求的外部功能,从而显式地表达了构件对环境的依赖,提高了构件接口规约的表达能力。构件的接口定义了所有对外交互的信息,构件在实现时不是直接使用其他构件提供的功能,而是使用它在接口处定义的对外要求的功能。构件之间的连接是在所要求的功能和所提供的功能之间进行匹配,因此通过接口就可以定义系统中构件之间的所有连接。这样,就把上一种体系结构类型中构件之间的固定连接方式变成灵活的连接方式,降低了构件之间的依赖性,提高了构件的独立性和可复用性。

相对于对象连接而言,在构件实现之前就可以建立构件之间的连接。在系统设计时表达了构件接口和集成信息,使得可以根据规约寻找符合要求的构件,或根据需要对外委托加工构件。于是就形成了专业化的分工,即构件生产和系统集成组装,小到一个软件开发组织内部,大到整个软件产业,可以有效地提高系统开发的效率和质量。

3. 插头插座式体系结构

在接口连接式体系结构中,接口定义满足通信完整性,可以较好地支持接口处的构件集成。但是,当接口定义的功能数量很大时,带来了规模上的问题。在接口处标明构件要求的功能更是加剧了这种严峻的形势,而一个功能又往往同几个构件要求的功能连接起来,所以连接的数目也非常大,如同纠缠在一起的一堆乱麻。简单地说,对象连接式体系结构把复杂的连接关系隐藏在构件实现的内部,而当接口连接式体系结构把连接关系显式地标识出来以后,功能连接的数量就成为一个显著的问题。问题的暴露并不是什么坏事,构件之间复杂的连接关系影响到系统的整体结构,需要在系统设计时尽早识别并加以解决。

插头插座式体系结构是接口连接式体系结构的一个特例。为了解决构件接口中的功能和接口连接的规模问题,考虑构件之间的通信往往涉及构件接口中功能的成组连接,并且在这组功能之间通常存在着一定的语义约束关系。例如,使用顺序和数据流协议等,通过把这样的彼此间关系紧密的功能组织成组,并封装为服务,使得接口中直接包含的内容减少,降低了接口中功能的规模。只有在两个对偶的服务之间才可以连接,对偶的服务是指两个服务所包括的功能完全相同,但其中提供的功能和需要的功能恰好方向相反。这样就进一步降低了接口连接的规模,并且易于检查两个对偶的服务之间的连接的正确性。通过对偶的服务进行连接,是计算机硬件领域中非常普遍的思想,例如串行接口、并行接口等。

2.3.3　组合仿真软件体系结构

前面分析的各种体系结构模式各有优劣之处,对不同领域的不同应用需求有着不一样的适应程度。在雷达电子战的构件化组合仿真中,需要建立一种易于仿真构件组合的体系结构,即体系结构的设计要将仿真模型的可组合作为第一要素进行考虑。现有的体系结构模式均没有面向这一应用需求,即不能完全适用于组合仿真。其中,北京大学杨芙清院士等提出的基于层次消息总线的体系架构,是一种面向可重用的构件化体系结构,可重用虽然不能完全覆盖可组合的要求,但是作为可组合的基础,这种模式的体系结构显然是最接近于可组合仿真需求的。因此,本书在这种体系结构模式的基础之上,结合分层系统模式、管道和过滤器模式等模式的相关特性,设计了一种适用于构件化组合仿真的层次软件总线(hierarchy software bus,HSB)模式的体系架构。

层次软件总线体系结构示意图如图 2.17 所示,HSB 模式基于层次软件总线、支持构件的分布和并发,构件之间通过软件总线实现运行控制与数据通信,软件总线包含了控制总线与数据总线两部分。

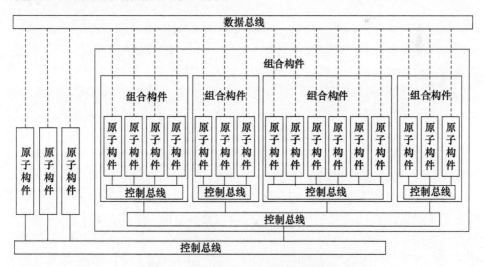

图 2.17　层次软件总线体系结构示意图

HSB 模式借鉴了计算机硬件体系结构和总线的概念,在统一的体系结构框架下(总线和接口规范),系统具有良好的扩展性和适应性。任何计算机厂商生产的配件,甚至是在设计体系结构时根本没有预料到的配件,只要遵循标准的接口规范,都可以方便地集成到系统中,对系统功能进行扩充,甚至是即插即用(运行时刻的系统演化)。正是标准的总线和接口规范的制定,以及标准化配件的生产,促进了计算机硬件的产业分工和蓬勃发展。

在 HSB 体系结构中,基于分层的思想,系统中的复杂构件可以分解为低层次子构件,这些子构件通过局部软件总线进行连接,这种复杂构件可设计为组合类构件。如果子构件仍然比较复杂,可以进一步分解,如此分解下去,整个系统形成了树状的拓扑结构,树结构的末端结点称为叶结点,它们是系统中的原子类构件,不再包含任何其他子构件。原子类构件的内部可以采用不同于 HSB 的模式进行设计,例如管道和过滤器模式、数据流模式及面向对象模式等,这些属于构件的内部实现细节。如果子构件要集成到 HSB 模式的系统中,则必须满足 HSB 模式的构件模型要求,主要是接口规约方面的要求。另外,整个系统也可以作为一个构件,通过更高层的软件总线集成到更大的系统中去。在 HSB 模式下,可以采用统一的方式刻画整个系统和组成系统的单个构件。

层次软件总线实现数据交换和传输控制协议的分离,包括统一数据总线(uniform data bus,UDB)和层次控制总线(hierarchy command bus,HCB)两部分,与当前比较流行的单一消息总线的设计方法相比,这样做的好处是实现数据和控制的分离,使得配置更简单,设计更灵活,复用程度更高,增强了仿真软件系统的开放程度。

在层次软件总线体系结构中,雷达仿真软件的构件间通信由层次控制总线和数据总线配合完成。控制总线负责发送消息和命令,数据总线负责统一数据传输,通过接口和其他构件进行通信。仿真构件之间的所有交互既可以用消息响应的方式实现,也可以用回调的方式实现。

1. 统一数据总线

统一数据总线提供所有仿真数据的定义,构件之间通过数据总线统一数据结构。各个雷达构件向数据总线登记相关的数据类型,数据总线根据需要向构件分发数据。统一数据结构可以很好地统一构件间的接口,而构件接口代表了雷达构件与仿真环境交互的全部内容,正是实现构件通用以及构件互联的关键。数据总线可基于可扩展标记语言(XML)标准进行设计,以 XML 文本的形式对仿真系统的所有数据及其类型进行独立的维护和管理,从而降低了仿真系统的耦合度,易于扩展。而 XML 自身的标准化和广泛应用,也在一定程度上有利于增强仿真系统的通用性和开放性。雷达仿真系统构件数据总线的 XML 描述示意图如图 2.18 所示。

在雷达电子战构件化仿真系统中,雷达仿真系统构件、战场环境构件、雷达干扰构件、显控终端构件等各类仿真构件都需要通过统一数据总线进行交互。在仿真运行期间,各类构件需要频繁地进行大量数据交换和数据共享,而且不同构件间交互所需的数据类型不尽相同,通过 XML 对数据总线进行描述,可以有效解决不

```
<?xml version="1.0" encoding="UTF-8" ?>
- <雷达参数配置>
 - <天线参数 变量名="ANTENNA" 类型="struct">
    <天线增益 变量名="dAnteGain" 类型="float" 单位="dB">25.0</天线增益>
    <水平波束宽度 变量名="dHBeamWidth" 类型="float" 单位="" ">0.95</水平波束宽度>
    <垂直波束宽度 变量名="dVBeamWidth" 类型="float" 单位="" ">1.8</垂直波束宽度>
    <方位第一旁瓣电平 变量名="dHSideLev" 类型="float" 单位="dB">-32.0</方位第一旁瓣电平>
    <俯仰第一旁瓣电平 变量名="dVSideLev" 类型="float" 单位="dB">-28.0</俯仰第一旁瓣电平>
    <天线扫描周期 变量名="dScanCyc" 类型="float" 单位="r/min">4</天线扫描周期>
  </天线参数>
 - <发射机参数 变量名="TRANSMITTER" 类型="struct">
    <峰值功率 变量名="dPeekPower" 类型="float" 单位="KW">10.3</峰值功率>
    <综合损耗 变量名="dTotalLoss" 类型="float" 单位="dB">6.5</综合损耗>
  </发射机参数>
```

图 2.18　雷达仿真系统构件数据总线的 XML 描述示意图

同类型的数据之间的匹配问题。然而,从实现的角度来看,如果只是简单地通过解析 XML 文件实现不同构件间的数据交互,执行效率会比较低。在交互数据数量不是很大的情况下,这也许不是问题,在数据量很大的情况下,则会成为制约仿真系统运行速度的瓶颈,对此,可以采用共享内存的实现方法。

共享内存是通过直接操作内存映射文件来进行的,而内存映射文件又是进行数据共享的底层机制,使用共享内存可以通过较小的开销获取较高的性能,是进行大批量数据快速交换和多类型数据交互的可行方案,共享内存使用的主要过程如下。

(1) 初始化内存区:InitialMemoryC(memoryProcessorC&mp)。

(2) 开辟共享内存区:CreateMemoryC(memoryProcessorC&mp, char * name = "data1", sizetlen)。

(3) 建立通信共享:ShareMemoryC(memoryProcessorC&mp, char * name = "")。

(4) 释放内存:ReleaseMemoryC(memoryProcessorC&mp)。

为了实现共享内存的有效管理,可以建立共享内存服务器,提供共享内存分配与检索功能。

2. 层次控制总线

层次控制总线提供不同层次间仿真构件的通信,按照层次结构实行分层控制,并在通信时提供消息响应时机和控制命令。因为仿真数据传递是通过统一数据总线分发,所以控制总线的实现不必考虑数据的类型,只需要提供交互的时机。层次化的控制设计,使得同一个层次仿真构件交互减少,仿真构件间的通信变得非常简单、易于同步,也使得雷达仿真系统的演化和维护更加简便,进一步增强了仿真系统的可复用程度和开放程度。

层次控制总线提供了仿真控制的逻辑概念,具体功能由仿真环境提供的仿真服务来实现,仿真环境必须提供如下几类仿真服务。

1) 日志服务(Logger)

Logger 服务允许采用一致的形式记录不同种类的日志消息,如信息、事件、警告、错误等。日志服务主要记录用户在软件操作过程中出现的警告、错误和系统运行过程中产生的消息提示信息,包括接口匹配检查结果、构件参数检查结果等。日志服务主要 API 函数包括以下几项。

(1) LoggerOut(信息种类,信息内容):记录日志功能,将信息添加至日志数据类中和日志文件中,信息种类表明了产生信息的源,用户可以根据信息种类确定信息产生的原因,需要信息种类列表支持以及日志文件的支持;

(2) LoggerIn( ):载入日志文件到日志数据类中;

(3) LoggerClear(标志):清空日志数据类和日志或日志文件,标志位提供选择。

2) 调度服务(Scheduler)

调度服务涉及控制每一个构件成员的推进机制,Scheduler 服务支持时间流调度、数据流调度和事件流调度,对于单部雷达系统来讲,运行模式和方法是有限的,通过时间流配合数据流足以解决整个系统的运行;但是目标是否出现、干扰机是否工作、是否释放干扰弹等战术事件,雷达无法预知并进行处理,普通平台往往需要一个独立的控制端来监视这些事件,在这种情况下,事件流调度发挥了较大的优越性,可进行较为复杂的战术仿真。在具体搭建仿真系统时根据具体环境可以选择不同的调度服务,极大地提升了雷达系统建模仿真软件的效率和雷达系统的战术效果。调度服务的主要 API 函数包括:

(1) RunExeList(构件执行列表):运行仿真执行列表中的构件,构件列表执行完成后调用时间服务更新系统时间;

(2) RunModel(构件名称):运行构件,根据不同的构件名称,调用不同的构件运行函数,构件运行完成后调用时间服务更新构件对象的时间。

3) 时间服务(Time Keeper)

Time Keeper 服务提供四种不同的时间类型:一个相对仿真时间、一个绝对公元纪元时间、一个相对的任务时间以及一个相对的计算机时钟时间。时间服务主要应用程序编程接口(API)函数如下:

(1) SystemTimeSetup( ):配置系统仿真相关时间信息,包括步进时间等;

(2) ComponentStepTime(构件名称):更新构件的相关时间信息;

(3) SystemStepTime( ):更新系统仿真时间。

4) 事件管理(Event Manager)

Event Manager 服务支持全局的异步事件排序和管理:可以注册事件句柄,广播事件,也可以定义用户特定的事件类型。事件管理服务函数主要根据要仿真的

各构件的事件相应顺序,动态更新执行列表。时间管理支持的 API 函数如下:

UpdateExeList(构件执行列表):更新构件执行列表。

5) 构件管理(Component Services)

Component Services 服务提供构件注册、配置构件参数、构件初始化、构件添加/删除等功能。构件管理 API 函数如下。

(1) Initialize(构件类型):构件初始化函数,形成构件实例化对象,并将构件实例化对象加入构件列表中,在参数表中形成构件参数,函数返回构件的名称;

(2) Configure(构件类型,构件名称):构件配置函数,从参数配置表(XML 文件)中读取构件参数,修改完成后保存到参数配置表中,函数返回操作是否成功;

(3) Connect(构件接口 1,构件接口 2):构件接口连接函数,进行构件的接口连接操作,在接口连接操作完成后要将连接信息保存到接口连接表中;

(4) Remove(构件名称):删除构件实例化对象,删除实例化列表中数据,删除参数配置表中数据,删除接口配置表中数据,返回值标志函数执行是否成功;

(5) AddModel(构件类型):向构件库中添加某一类型的构件,构件库以 XML 表的形式存在,返回值标志执行是否成功;

(6) RemoveModel(构件类型):从构件库中移除某一类型的构件,构件库以 XML 表的形式存在,返回值标志执行是否成功。

6) 仿真控制(Simulation Control)

Simulation Control 服务为系统仿真过程提供接口操作,包括仿真的运行、暂停、恢复和停止等。仿真控制主要 API 函数如下:

(1) SystemCheck():系统可执行状况检查,包括构件参数完整性检查,构件参数合理性检查,构件接口匹配检查,构件接口完整性检查,系统完整性检查(包括仿真系统参数的合理性、完整性)等,并调用日志服务函数生成日志提示信息,提示用户进行修改操作;

(2) SystemRun():仿真运行,在系统可执行状况满足后运行系统仿真函数,仿真的运行调用调度服务函数、时间服务函数、日志服务函数以及事件管理服务函数共同完成系统仿真;

(3) SystemPause():仿真暂停,调用调度服务函数、时间服务函数、日志服务函数以及事件管理服务函数共同完成暂停操作;

(4) SystemContinue():仿真恢复,调用调度服务函数、时间服务函数、日志服务函数以及事件管理服务函数共同完成恢复操作;

(5) SystemStop():仿真停止,调用调度服务函数、时间服务函数、日志服务函数以及事件管理服务函数共同完成停止操作。

综上所述,层次软件总线通过一种高效、易用的模式实现了仿真构件运行控制以及仿真构件间的数据交互,在层次软件总线支持下,仿真构件组合人员只需简单考虑数据总线中的数据类型的统一设计,而不用考虑复杂的控制逻辑的设计,从而降低了仿真构件组合的难度,为雷达电子战构件化组合仿真的实现提供了良好的体系结构支持。

第3章

仿真构件开发技术

在雷达电子战构件化组合仿真体系中,仿真模型构件是支持整个仿真开发活动的核心资产,是实施组合仿真的基础,仿真构件只有在数量上达到了一定的规模,才能真正满足构件复用和基于构件组合的系统开发要求。仿真构件开发就是为了生产可重用、可组合的仿真模型构件,可以由领域专家和开发人员制作,也可以从已有的软件系统中提取。仿真模型构件是在常规的软件构件(如动态链接库(DLL)构件、COM 构件等)的基础上添加仿真特征,使之成为仿真领域专用构件。仿真构件的可移植性、可理解性、灵活性、有效性及可组合性必须符合一定的规范。

3.1 构件的基本概念

3.1.1 构件定义

构件来源于英文"Component",有的文献中也称之为组件。目前,对构件的定义,软件产业界还未形成统一的认识,其中有代表性的定义包括以下几种。

(1) Rational Software 公司的 Philippe Krutchen 将构件定义为一个非平凡的、几乎独立的和可替换的系统组成部分,它在一个定义完善的体系结构环境下完成一个清晰的功能,构件提供了一组接口的物理实现。

(2) Gartner Group 是这样定义的:运行时构件是一个动态可绑定程序包,内含一个或多个程序作为整体来管理,通过运行时文档化接口存取其中的信息。

(3) Component Software 公司的 Clements Szyperski 将软件构件定义为一个仅带特定契约接口和显式语境依赖的结构单元,软件构件可独立部署,以易于第三方整合。

(4) OMG 的定义是:构件是指系统中可替换的物理部分,该系统封装了实现并提供了一组接口的实现,构件表示系统实现的一个物理片段,包括软件代码(源代码、二进制代码或可执行代码),或者等同体,例如脚本或命令文件。

（5）北京大学的杨芙清教授将构件定义为应用系统中可以明确辨识的构成成分,而可复用构件是具有相对独立功能的和可复用价值的构件。

目前,虽然对构件还没有明确的定义,但是可以借鉴机械零件的定义和属性来理解软件构件。机械零件作为机械的基本单元,对外可以表现为参数、尺寸、型式等标准化的样式;同样构件也需要对外表现标准化的接口。机械零件具有独立性,更重要的是可以被组装成具有一定功用的装备。与之类似,具有可重用性的软件构件在独立存在的基础上,也需要具备能够被组装的特性。

相对于当前广泛应用的面向对象技术,构件是超越对象的一步。构件超越对象的地方在于,一方面,它更好地致力于可替代性需求并且使得更大粒度、更高抽象层次的软件部件的复用成为可能;另一方面,也可以从面向对象的角度去理解构件的概念。构件可以认为是一种包装对象实现的有效方法,并且可以使用它们组装成一个更大的软件系统。构件和对象之间的关系如图3.1所示,构件可以看作是在构件模型环境中的一个或多个对象的封装实现。

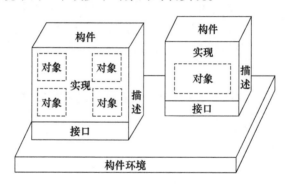

图3.1 构件和对象之间的关系

构件具有以下三大要素:

（1）接口（Interface）。构件提供服务的声明,用户通过接口获取构件功能。

（2）实现（Implementation）。构件如何工作的定义,构件运行代码。

（3）描述（Description）。构件应用环境和约束条件的说明。

一般来说,构件具备以下属性。

（1）重用性（Reusability）。构件是可重用的,这是构件最基本的性质。只有可以被重用的构件才有其存在的价值,同时只有容易被重用的构件才有其应用的需求,重用性包含了可重用和易重用两层含义。

（2）独立性（Independence）。构件是自包含的、独立于具体应用,并且能够独立分布和独立运行。

（3）封装性（Encapsulizability）。构件具有二进制封装的特性,构件对外界隐藏设计和实现的细节,仅通过接口与外界交换信息。

(4)组装性(Compositability)。构件是可组装的,构件通过组装可以形成更大的实体,组装是实施复用的手段。

3.1.2　构件模型

构件模型(component model,CM)是对软件构件本质特征的抽象描述,一般规定了创建和实现构件的指导原则、构件接口的结构、构件与软件构架及构件与构件之间的交互机制,是构件定义、开发、存储和组装的基础。构件模型将构件组装所关心的构件类型、构件形态和表示方法加以标准化,使关心和使用构件的外部环境(如基于构件组装的应用系统、构件组装辅助工具和构件复用者等)能够在一致的概念下浏览和使用构件。

一般而言,建立构件模型需要考虑以下几个因素。

(1)自描述。构件模型要能够充分描述构件自身特征以及构件之间的关系,构件必须能够识别其属性、存取方法和事件,这些信息可以使开发环境将第三方软件构件无缝地结合起来。

(2)简单性。构件模型为构件的创建等提供指导原则,必须易于掌握和理解。

(3)语言无关性。不依赖任何一种特定的构件描述语言及软件开发语言。

(4)一致性。构件作为一个封装体必须有一致的对外接口、一致的组成结构及一致的交互方式。

(5)完备性。构件模型能够对所有的构件进行描述。

(6)扩展性。在保持一致性和完备性的前提下,构件模型可以随着应用需求的增加而演化。

一个好的构件模型有利于降低构件理解的难度、消除构件理解的不一致性。目前在学术界和产业界已经出现了多种构件模型,理论界典型的有 3C(概念(Concept)、内容(Content)、语境(Context))构件模型、REBOOT 构件模型以及青鸟构件模型,在工业界最有代表性的是国际对象管理组织 OMG 的公共对象请求代理结构 CORBA、SUN 公司的 EJB 以及微软公司的 COM/DCOM/COM + 。

1. 3C 构件模型

3C 构件模型是关于构件模型的一个指导性模型,该模型由构件的概念、内容、语境三个不同方面的描述组成。其中,概念是关于构件做什么的抽象描述,可以通过概念去理解构件的功能,包括构件的接口规约和构件的语义描述两部分;内容是概念的具体实现,描述构件如何完成概念所刻画的功能;语境是构件和外围环境在概念层和内容层上的关系描述,用于刻画构件的应用环境,为使用者选择构件或对构件进行适应性修改提供指导。

3C 模型在定义构件和开发构件活动中具有一定的宏观指导意义,但它是非形式化的定义,不够严谨也容易引起误解,因此难于在软件工程中得到广泛应用。

2. REBOOT 构件模型

REBOOT 提供了一个包含各种工具的环境,提供了一个可复用构件的构件库,可以对构件进行产生、认证、插入、提取、评价。其构件分类策略为刻面分类,而且主要针对面向对象的构件。REBOOT 定义的刻面包括抽象、操作、操作于、依赖四种。使用这些刻面对构件进行分类时,抽象刻面一般为类名,操作刻面一般是类的方法,操作于刻面用于描述与该构件合作的其他构件。REBOOT 的刻面分类模式主要对源代码级构件进行描述,没有描述大粒度和复杂结构构件(如模式、框架等)的能力。

3. 青鸟构件模型

青鸟构件模型以三个视角和九个方面来定义构件模型。其三个视角分别为形态、层次和表示。九个方面包括概念、接口、操作规约、类型、实现体、构件性质、视角、构件组合类、构件注释以及构件语境。青鸟模型在 REBOOT 模型基础上做了许多的改进,如加强了构件的易理解性、提高了构件的封装性、加强了构件相互间的关系,给构件提供了更为明确的对外接口,能够实现构件提供者和请求者的适度分离,也能够建立构件与使用者之间的交互。但该模型没有关注语义问题,也不是形式化的定义,最大的问题是缺乏具体的实现技术。

4. CORBA 构件模型

CORBA 构件模型(CORBA component model,CCM)的实质是远程程序调用(remote procedure call,RPC)与面向对象技术的有机综合,它的核心部分是对象请求代理(object request broker,ORB)。在 CORBA 中,每个构件都定义为含有一个基于面向对象的接口的对象,内部的代码可以是面向对象的,也可以是非面向对象的,CORBA 上的对象能够被任何其他对象所使用。CORBA 所建立的规范是一种开放分布式对象的计算结构,为异构的计算环境下的互操作提供了标准。通过 CORBA 规范,可以在不关心各个应用程序所在的位置、所采用的语言以及运行于何种操作系统环境的情况下,实现应用程序之间的相互通信。

CCM 是在支持可移植对象适配器(portable object adapter,POA)的 CORBA 规范的基础上,结合 EJB 规范而建立的一种 CORBA 构件模型,是 OMG 制定的一个服务器端中间件模型规范,用于开发和配置分布式应用。当前关于 CCM 实践的代表包括法国 Lille 大学的 OpenCCM、FPX 开发的 MicoCCM、DOC 和 Washington 大学开发的 CIAO 以及国防科技大学的 StarCCM 等。

5. EJB 构件模型

EJB 是由 SUN 公司提出来的一种基于构件模型的分布式对象标准架构,其全称是 Enterprise Java Bean。制定 EJB 规范的根本意图是提供一个构件的开发平台,让任何一个满足 EJB 规范要求的构件,在不必考虑移植等细节的情况下,都可以灵活、方便地部署到任何一个支持 EJB 的运行平台上,实现类似于硬件"即插即用"的效果。EJB 使得企业的应用程序更加容易开发,由于 EJB 规范了 Java 开发及部署服务器端应用程序的业务逻辑,能够将 EJB 的应用程序部署到任何兼容J2EE 的服务器上,还能够重用每个企业 Bean,大大简化了复杂企业应用程序的构建过程。

6. COM/DCOM/COM +

component object model(COM)是由微软公司提出的一种构件对象模型,运行于 Windows 系列平台上。COM 对构件与客户的交互方式进行了定义,因此 COM中系统不再需要任何的中间件。COM 定义了构件和客户间动态互操作的标准,这对软件的在线升级和异种语言构件的复用极有价值。

distributed component object model(DCOM)是 Microsoft Corporation 与其他厂商合作提出的一种分布式构件对象模型,其将 COM 扩展到了分布式计算的环境下,可以在分布式网络的环境中实现构件的高效、安全、可靠地互操作。DCOM 加强了构件通信的安全保障,并支持许多种通信协议。因为是一个分布式模型,在建立DCOM 时除了使用 COM 对象的方式外,需要加入一个机器名称的参数来定位对象。

COM + 对 COM 构件进行了提升,使其成为了一种满足企业应用要求的构件模型。COM + 的底层结构虽然仍以 COM 为基础,但把操作细节交给了操作系统,使其与操作系统结合得更加紧密,同时 COM + 在应用的方式上继承了 Microsoft Transaction Server(MTS)的对象环境、安全模型、配置管理等处理机制。COM + 有机地统一了 COM、DCOM 和 MTS,并提供了事件模型、内存数据库、负载平衡、队列服务等一些新的服务。

根据现有构件模型的情况,可以总结出如下结论。

(1)现有构件模型没有对构件的语义,特别是构件接口功能及领域特征等方面的语义作出描述,这对理解构件功能形成极大困难,并严重影响到基于领域的构件复用。

(2)现有构件模型基本不涉及有关构件的复用和构件的管理等信息,如构件的复用度、构件可维护特性等,而这些信息对于构件用户在选择构件和维护构件时具有较大的价值。

(3)构件库系统中关于构件模型的应用,既需要考虑构件的描述和分类,又需要考虑构件的规约和组装,但目前极少有构件模型能同时关注这两个方面。

软件构件模型全面定义了构件的基本属性、构件接口结构、构件应用的框架、构件间的交互机制等内容,并提供了创建构件和实现构件的若干指导原则,因此可以认为构件模型是实现基于构件的软件开发标准。

3.1.3 构件分类

从不同的角度出发,我们可以将构件分为以下几类。

(1)根据构件重用的方式,通常可分为白匣子、灰匣子和黑匣子三类。白匣子是指提供构件的同时也提供实现构件的全部源代码。在应用这个构件的时候,开发人员需要对源代码进行某些修改,然后才能将它集成到系统中实现一定的应用目的。灰匣子只提供有关界面部分的源代码,开发人员在应用构件时对构件的内核是不清楚的,只能在接口界面上做一些用户化的工作。黑匣子则完全不提供源代码,只提供构件的二进制可执行形式。构件应是封闭、透明、独立、可互换的,而白匣子的可重用性和可维护性都较差,因此在基于构件的开发过程中,原则上应该尽量不使用白匣子。

(2)根据构件的使用范围,分为通用构件和专用构件。

(3)根据构件粒度的大小,可以分为小粒度构件,即基本数据结构构件,如窗口、菜单、按钮等;中粒度构件,即功能构件,如文本录入、查询及删除功能等;大粒度构件,即子系统级构件,如文本编辑子系统、图形图像处理子系统及网络功能子系统等。

(4)根据构件功能用途,可以分为系统构件,即在整个构件集成环境和运行环境都使用的构件;支撑构件,在构件集成环境及构件管理系统中使用的构件;领域构件,即为专门领域开发的构件。

(5)根据构件的结构,可以分为原子类构件和组合类构件。

(6)根据构件重用时状态,可以分为动态构件,即在软件运行时可以动态嵌入的构件;链接构件,如对象链接和嵌入库(OLE)、动态链接库;静态构件,如源代码、系统分析构件、系统设计构件。

3.1.4 构件构造原则

一个构件系统不只是为某个软件的开发定制的,而是为多个软件的开发所共享。因此需要软件开发人员一开始就把重用性作为初始设计的一个目标,提供能描述软件系统的定义模型及各类构造成分的构件库,通过对系统标准库的访问、扩展来支持部分重用功能。为了使一个构件能在各种应用中重用,需要独立于其应用的设计。因此,从系统分析、设计到构件提取、描述、认证、测试、分类和入库,都必须围绕重用目的而进行,构件的构造应遵循下述的一些原则。

（1）增强构件的可重用性需要提高抽象的级别,应有一套有关名字、异常操作、结构的标准。

（2）可理解性,必须伴随有完整、正确、易读的文档,具有完整的说明,有利重用。

（3）构件代表一个抽象,有很高的内聚力,提供一些所需的特定操作、属性、事件和方法接口。

（4）提高构件的重用程度,分离功能构件,将可变部分数据化、参数化,以适应不同的应用需求。

（5）构件的尺寸大小、复杂度适中。

（6）构件要易于演化,数据与其结构要封装在一起,数据存放在数据构件对象中,能主动解释其结构。

根据上述原则,要求在系统分析与设计中更加强调模块化,不仅设计过程要支持模块化,而且实现过程也要支持模块化,对构成构件的模块更应做到以下几点。

（1）信息隐蔽。支持将规格说明映射到几个不同的实现中,同时对构件的调用者能够隐蔽许多维护活动。

（2）低耦合度与高内聚度。构件间的联系很小,但内部的所有成分及其数据结构都组合在一起以表达一个完整的概念。

（3）抽象。支持规格说明抽象和参数化抽象。

（4）可扩充性与可集成性。构件接口能支持同其他软件成分的结合,而且能几乎不加修改地应用到另一个系统中。

（5）性能和粒度考虑,性能是应用程序开发中的重要因素。而性能指标主要体现在三个方面——响应时间、通过量和伸缩性。响应时间是从方法调用开始到返回结果为止的总时间。通过量是指在一定时间内构件完成的工作量。伸缩性指并发客户增减造成响应时间改变的量。粗粒度的业务对象比细粒度的业务对象更能承受方法调用的开销。但是细粒度对象把大部分工作委托给其他对象,因此细粒度对象更适合设计支持扩展和允许重用框架的开发。因此在模板设计中,对象粒度的考虑要取决于上下文,取决于本地和远程调用的频率,以及设计是否适合于未来的扩展。远程接口被设计成粗粒度的,这样可以减少远程通信的开销,而本地接口被设计成细粒度的,方便系统扩展和重用。

3.2 仿真模型构件设计

相对前面描述的常规软件构件,仿真模型构件(simulation model component,

SMC)特指雷达电子战领域内的仿真构件,与一般构件不同的是,仿真模型构件除了具备一般常规软件构件的特征,还附属了与雷达电子战仿真相关的一些特性,是具备雷达电子战仿真领域特征的特定领域构件。

3.2.1 仿真构件规范

仿真构件规范(simulation component specification,SCS)指在一般常规软件构件规则之上,为了满足雷达电子战仿真的领域应用需求,使得仿真模型更易于重用与组合,特别制定的一系列构件规则。

对于雷达电子战构件化组合仿真,构件的开发者与应用者大都是仿真领域人员,构件的开发与组合大都是雷达电子战仿真领域内的行为。因此,在仿真模型构件的设计过程中,除了考虑通用的软件构件的设计规则,比如独立性、封装性等,还可以引入面向特定应用领域的特定规则,进一步细化构件设计规范。从而可以进一步减少重复劳动,降低仿真模型实现难度,增强仿真模型构件在领域内的可重用性、可组合性及可操作性。

针对雷达电子战仿真的领域特征,本书对仿真构件规范 SCS 进行了设计,制定了一系列的规则,下面对几个主要的方面进行介绍。

1. 区分构件接口与端口,实现控制与数据的分离

对于一般的构件来说,构件接口是构件与外部交互的唯一通道,构件接口由一组函数组成,每个函数表示了构件与外部环境的交互点。从构件接口程序设计角度来看,构件接口是一组接口函数的集合,每个接口函数可以独立设置接口参数,即接口函数与接口参数是紧耦合的。尽管这样的设计便于构件使用者理解单个构件接口具体含义,但是由于运行参数可以由构件开发者自由设置,不同开发者设计的构件可能具有不一样的接口参数,使得构件组装的难度变得比较大,构件集成运行也会难以实现。

对于雷达电子战仿真构件来说,由于所有仿真构件都约束在同一仿真领域,领域内对同一问题的认识相对比较统一,对于构件接口的理解已经不再成为构件使用的难题。因此,可以对一般构件接口进行拆分,将构件接口函数中的接口参数剥离出来,重新进行定义与设计。将构件接口定义为构件接口函数的集合,而此处的构件函数是不传递任何参数的;将构件端口定义为构件接口参数的集合,构件的全部接口参数通过构件端口传递。这样,实现构件接口与接口参数的分离,对于构件的控制操作,只需要关注与构件参数无关的构件接口函数;对于构件间的数据传递,只需要构件端口间的参数关联,而不用考虑具体的实现方式。通过区分构件接口与构件端口,实现控制与数据的分离,从而使得构件的组装与集成运行变得相对比较容易实现。

2. 将构件组成划分为端口、接口、实现、元数据与数据类型五部分

一般的构件对于构件的组成并没有非常明确的定义,只是比较宽泛地描述了构件的构成要素,即构件接口、规格说明、构件实现。应用到雷达电子战仿真领域后,为了增强仿真构件的可组合性,需要进一步规范其结构特征,使其更加适合领域内的批量生产与自由组装。

对此,将构件组成划分为端口、接口、实现、元数据以及数据类型五部分,其中,端口用于定义一组属性相近的参数;接口用于定义一组属性相近的函数;实现是构件仿真模型的具体实现内容;元数据用于构件的自描述;数据类型用于规范构件端口的参数类型。构件组成示意图如图 3.2 所示,其中构件端口又进一步划分为输入端口、输出端口、系统端口、仿真端口;构件接口进一步划分为控制接口、管理接口、查询接口、通信接口以及调试接口。

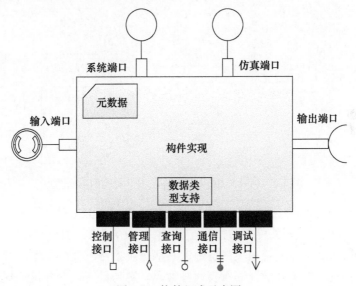

图 3.2　构件组成示意图

3. 区分构件类型、构件实体、构件实例

构件类型,本书直接称其为构件,一般对应构件的类别,例如雷达构件、侦察构件、干扰构件,是领域模型的构件化分解,也是实现构件重用的最基本方式。在实现形式上,构件类型主要与构件基本属性设计、构件接口、构件端口设计相对应。

构件实体,对应构件的具体软件编码实现,是构件模型代码的二进制封装形态,例如编译生成的动态库或者可执行文件。

构件实例,对应构件模型参数的实例化,是构件模型参数的实例化赋值,与构件模型的参数化设计相对应,是一组与构件实体相关的明确的参数值。

构件类型、构件实体与构件实例的关系如图 3.3 所示,一个构件实例可能有多个相对应的构件实体,即同一类接口的不同编码实现;一个构件实体也可以对应多个构件实例,即对同一构件模型赋予不同的参数值使其具备不同功能。通过构件类型、构件实体、构件实例的划分,明确了构件在不同阶段的不同形态,构件类型可以对应到构件设计阶段,构件实体可以对应到构件实现阶段,构件实例可以对应到构件部署阶段;通过这种划分,使得构件具有比较清晰的分类体系,使得构件的分类管理与检索更加清晰明了,也使得构件组装、更新替换更加容易实现。

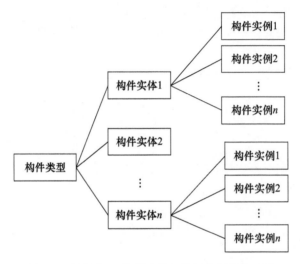

图 3.3　构件类型、构件实体与构件实例的关系图

4. 构件实现划分为接口实现、自描述、控制、交互以及算法五部分

一般软件构件只对构件接口进行了约束,并没有对其构件实现部分进行规格定义,在构件内部操作上有很大的自由度。从仿真应用开发的角度来看,要尽可能重用领域知识,减少重复设计和重复软件编码。对构件实现部分进行规约,建立可重用的框架结构,则能够进一步提高仿真构件在模型设计、编码过程中的可重用度,降低构件组合的难度。构件实现框架如图 3.4 所示,分为接口实现、自描述、控制、交互、算法五个部分。其中,接口实现部分负责构件对外接口的具体实现;自描述部分负责构件元数据描述;控制部分负责构件内部的通信、运行调度与控制;交互部分负责构件的运行界面显示与人机交互;算法部分用于实现构建模型的具体算法。在雷达电子战仿真领域,对于不同的仿真构件,尽管需要实现的功能大相径庭,但是其基本结构是一致的,而且对于不同的仿真构件,接口实现、自描述、控制以及交互都具有相似性,可以创建统一的支持复用的模板,实现自动化设计与代码生成,从而大大降低仿真构件的开发难度,让构件开发者能够专注于仿真构件模型

算法的实现。另外,对于构件使用者来说,由于采用了统一的实现结构,使得构件的组合与装配比较容易实现,从而降低了仿真运行引擎的设计与实现难度。

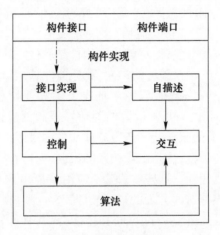

图 3.4　构件实现框架

5. 规范仿真构件支持的数据类型

数据类型用于定义什么类型的值可以用作构件端口的参数。为了增强仿真模型的互操作能力和可重用能力,必须对仿真领域内的所有仿真模型建立一个公共的数据类型系统,所有的仿真模型构件的参数设计必须基于公共的类型系统,这一点可以确保不同的模型对于基本的类型有一个公共的语法和语义的理解,这是不同模型间可组合、可装配集成的基本要求。在本仿真规范中,将雷达电子战仿真构件支持的数据类型归纳为三类。

(1)基本型。这是一般程序语言中都提供的基本类型,如整型、浮点型、布尔型、字符串型,同时还包括结构体类型与枚举类型等。

(2)索引型。索引是指基本型的地址引用,通过索引将其引用的数据对象作为参数传递。

(3)容器型。在基本型数据类型之上,增加容器类封装,提高数据类型可重用的粒度,这些容器包括数组、变长数组、链表、向量等,同时,还支持容器的嵌套使用。

3.2.2　仿真构件模型

仿真构件模型是为了构件的实现、文档化和部署而建立的标准。构件模型标准包括可重用的构件化模型描述规范和构件接口规范,是构件化软件系统必须具备的基本元素,保证系统中构件具有一致的语义和语法描述规范。特别是构件的接口定义,使构件之间和构件与系统之间能够实现良好的互操作性,是构件实现可重用性和互操作性的基础。

在软件工程领域,构件技术已经广为应用,最主流的构件模型有 COM/COM +/. NET、COBAR 以及 EJB。但是,这些构件技术没有指定统一的标准规范,并不是天然适合仿真系统开发的,尽管仿真构件是软件构件中的一种,但它与通常的软件工程构件(如基于 Web 服务的构件、商务构件等)有不同之处。

基于 Web 服务的构件借助 Web 方便地提供和使用服务,通过定义 WSDL (Web 服务描述语言)对在 Web 领域内的通信协议和消息格式进行标准化,提供一个更好、没有语义歧义的服务并支持服务或构件的重用。但是,仿真模型构件只能在特定的仿真环境中运行,这是由于约束的限制,如仿真模型构件的有效性限制了仿真模型构件的应用范围。这些约束并不应用于 Web 服务领域,因此基于 Web 服务的构件的 WSDL 没有这些方面的描述。

商务构件的目的是提高商务过程的支持能力,其软件系统大多是信息系统。但仿真模型构件关注点与之不同,仿真模型构件更关注仿真过程中事件的出现和时间的约束,以及对客观世界功能的简化等。软件工程的构件与仿真模型构件还有一个重要的差别是互操作的接口。软件构件更关注接口的语法层,如接口名、接口的参数定义等。仿真模型构件除了满足一定的语法层接口,还必须要求严格一致的语义层接口,仿真系统之间的互操作必须遵循公共的协议信息接口。

软件构件模型并不天然适合仿真构件模型,但是软件构件模型具有广泛的应用市场和比较成熟的技术支撑,并且相对简单易容,而且单独为仿真应用创建一种仿真模型规范并要获得广泛的应用并不太现实,因此,比较实际的做法就是将仿真系统中与仿真相关部分和与仿真无关部分隔离开,与仿真无关部分完全可以采用软件构件模型进行开发,而与仿真相关部分则可以应用比较成熟的仿真框架技术。

3.2.3 仿真构件元数据

元数据是保证仿真模型构件顺利重用的重要信息,它不仅有助于模型开发者和使用者理解仿真模型构件,而且有助于在资源库中搜索、选择和重用仿真模型构件。元数据描述仿真构件模型的基本特征,包括了用于创建、集成、运行和测试仿真构件的相关信息。构件开发者在仿真构件中附加元数据,使得构件使用者在集成构件时可以获取更多接口信息,从而增强仿真构件的可操作性和可集成性。下面主要列出仿真模型构件几个关键的元数据项。

(1) 名字(Name)。为仿真模型构件赋予一个清晰的描述性名字,有助于模型使用者能够很快理解仿真模型构件的开发意图。

(2) 版本(Version)。定义仿真模型构件的版本,便于管理不同时期开发的仿真模型构件,也有助于维护仿真模型构件的功能升级或更新。

（3）密级程度(Security Classification)。描述仿真模型构件的密级程度,决定构件是否能在给定的环境中使用,确保构件的安全性。

（4）目的(Purpose)。描述仿真模型构件的开发意图,便于模型开发者理解构件的功能和特性,理解构件是否符合模型开发的目标,决定是否在模型中使用该构件。

（5）应用范围(Application Domain)。仿真模型构件只是描述仿真系统的某个侧面,因此任何仿真模型构件都有特定的应用范围,如应用于分析、训练、测试和评估、工程、采办等方面。

（6）使用限制(Use Limitation)。理想上,仿真模型构件的可重用程度越高越好,但是在特定的环境中,构件都有一些基本的假设条件,因此构件都存在一定的使用限制。比如,可以设定仿真模型构件的假设条件:构件不是独立运行的模块,只能通过被动调用,其运行需要搭载在仿真系统的运行框架上。

（7）关键词(Keyword)。有了关键词的元数据,模型开发者能很方便地从构件库或其他的资源库找到满足需求的仿真模型构件,也便于构件管理者分类存储仿真模型构件。

当然,仿真模型构件的元数据不止以上几个,如构件的 VV&A 信息、使用历史、构件的唯一标识符、构件开发者信息等元数据,甚至还可以允许构件开发者扩展自己的元数据定义。有了规范良好的仿真模型构件元数据,模型开发者可以方便地搜索、使用已有的仿真模型构件,同时增加模型开发者对仿真模型构件的信任感,给构件使用者更加透明的构件信息,提高了构件的可重用程度。

对于雷达电子战仿真系统的构件来说,元数据一般应该包括以下几个部分。

（1）仿真构件的基本信息,包括仿真构件 ID、名称、功能、版本、作者、创建时间、修改时间。

（2）仿真构件的开发信息,包括仿真构件的开发语言、开发平台、开发操作系统。

（3）仿真构件的应用信息,包括仿真构件应用领域、应用操作系统。

（4）仿真构件的存储信息,包括仿真构件的文件名、文件属性、存储路径。

（5）仿真构件的接口信息,包括仿真构件接口个数、各个接口的描述信息以及接口方法的详细信息。

在进行雷达电子战仿真系统的构件设计时,如果将元数据信息直接嵌入到仿真构件之中,不但增加了构件开发的工作量,也可能引入错误代码,使用方对元数据的获取也不方便,依赖于开发方提供的文档性说明,不利于集成工作的有效进行。较好的做法是以配置文件的方式提供元数据信息,而且这种配置文件应该以一种标准化的格式提供,这样能使其较好地适用于不同的仿真环境。XML 是当前被广泛应用的标准化文本格式,并有较多工具支持 XML 文件的自动创建和修改。因此,在雷达电子战仿真系统的设计中,以 XML 的格式提供构件的元数据是比较好的一种选择。

信号处理构件的 XML 描述示意图如图 3.5 所示,在该 XML 文件中,描述了雷达电子战仿真系统中信号处理构件的元数据。通过 XML 的解析器(如 VC 下的 MSXML),构件使用方可以很方便地从 XML 中导出元数据,提取出所需要的接口信息进行仿真构件的集成。

图 3.5　信号处理构件的 XML 描述示意图

3.2.4　仿真构件结构组成

在实现上,仿真构件主要包括三大部分:模型描述文件、模型数据文件以及代码执行体,各部分功能如下。

(1) 模型描述文件,主要用来定义构件的静态结构,描述构件的动态行为能力,如元数据。

（2）模型数据文件,主要用来提供仿真构件运行过程中所需的数据,如初始化脚本,根据模型描述文件信息为构件内仿真对象实例提供初始化数据,比如创建的实例个数和该实例相应属性的默认值等。

（3）代码执行体,是仿真模型构件特定于某种平台和编程语言的代码实现,通过编码化实现模型对数据的操作,完成仿真模型具体的服务功能,这是仿真模型设计与开发的最后一步,只有这样才能真正体现仿真模型构件的价值。

仿真模型构件设计结构如图 3.6 所示,模型描述文件定义了模型结构;模型数据文件描述了构件运行中所需要的数据;代码执行体实现了模型操作,即仿真服务的调用。因此,模型结构和模型操作经过设计和开发后,通常不会随意改变,而模型数据在不同的仿真运行中通常发生变化,但必须在模型结构的基础上进行,作为模型操作的输入,这种结构使模型数据的变化不会影响到模型结构和模型操作,提高了数据处理的灵活性和仿真模型的重用性。

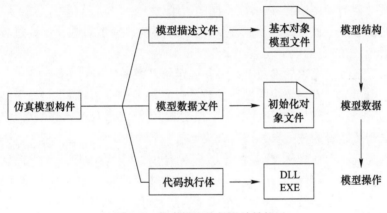

图 3.6　仿真模型构件设计结构

3.2.5　仿真构件参数化设计

参数化设计源于机械制造领域,主要应用于计算机辅助设计(CAD)系统建模之中,其目的是减少形状相近模型的重复建模,核心思想是通过一组设计参数约束模型的几何形状,当赋予不同的参数序列值时,由参数驱动实现不同的目标模型。参数化设计不同于传统的设计,它储存了设计的整个过程,能设计出一族在形状和功能上具有相似性的产品,而非单一功能的模型。近年来,参数化设计逐渐不再被机械制造领域所独占,已有部分研究者将其应用到建筑设计、三维图形设计等领域之中。将其引入到雷达电子战仿真构件的模型设计中,将从仿真模型设计的角度进一步提高仿真构件的可复用程度。

对于不同类型的雷达电子战仿真系统,由于应用需求不同,其组成结构与交互关系往往存在较大的差异,但是从整个雷达电子战仿真领域来看,要素的类型是一定的,只是在不同的应用中各类要素的数量及表现形式不同、要素间的逻辑约束关系存在差异。可以这样理解,不同的雷达电子战仿真系统可以在有限类型的架构下由不同的表现要素及逻辑约束关系来构建。

要实现雷达电子战仿真系统的参数化设计,需要解决两个方面的关键技术:一是参数的提取与描述,规范参数化设计的过程;二是参数约束规则计算,实现模型参数的关联,避免参数间的冲突,简化参数化模型的使用。

1. 参数的提取与描述

参数是参数化设计的核心概念。在雷达电子战仿真中,参数包括两个方面的含义:一方面是提供各仿真模型的附加信息,参数和仿真模型一起存储,用以标明不同仿真模型的属性;另一方面是在参数的约束规则下,通过变更参数的数值可以改变仿真模型的具体功能,以适应不同的应用。

针对雷达电子战仿真的领域特点,制定仿真构件模型参数化设计过程中的参数提取规则,主要包括以下几点。

(1)保证一组完整的参数可以唯一确定仿真模型的定制功能。

(2)电子战仿真系统中的模型参数不仅是抽象的参数,而且与电子战仿真相结合,因此参数的提取与描述要结合工程实际,优先考虑使用电子战领域的术语,尤其是电子战装备的技战参数作为模块参数。

(3)为便于用户操作,参数的个数应尽量少,在不影响模块功能表达的情况下,模块的某些部分可以简化,或者与其他参数建立关联,从而省去一些参数。

(4)为了便于参数输入操作,在程序编制时可以采取不同的输入方式。

为了完整地描述参数,必须先确定参数的组成结构,在雷达电子战仿真系统中,可以将参数分成名称、类型、数值、访问、单位和说明等几个组成部分,如表 3.1 所列。

表 3.1 参数的主要组成

组成部分	描述
名称	参数的标识,用于区分不同的参数,是引用参数的依据
类型	指定参数的类型,包括整数、浮点型、字符型、布尔型等
数值	为参数设置一个初始值,该值可以在随后的设计中修改
访问	为参数设置访问权限
单位	为参数指定单位
说明	关于参数含义和用途的注释文字

2. 参数约束规则计算

在参数化雷达电子战构件模型设计中,根据应用需求指定设计要求,要满足这些设计要求,不仅需要考虑工程参数的初值,而且要在每次改变这些设计参数时维护其相关参数。参数化设计的本质就是在可变参数的作用下,系统能够自动维护参数之间的约束关系,能够对相关参数进行动态修改,以保持功能模块的完整性。参数约束是为了确保参数设置的合理。可以这样理解,参数化模型建立好了之后,参数的意义是可以确定一系列的产品,通过更改参数可以实现不同的模块,而参数约束则确保在更改参数的过程,该模块能满足基本的功能要求,不会变成其他的模块,同时确保与之关联的模块能够一起被修改。

在雷达电子战仿真构件的设计中,基于约束规则的参数化建模过程如图 3.7 所示,将用户通过人机界面输入的参数称为设计参数,构建仿真模块的参数称为建模参数。设计参数表达为 $DParam = (dpName\_i, dpValue\_i, i = 1, 2, \cdots, N)$,$dpName\_i$ 表示设计参数名称,$dpValue\_i$ 表示设计参数数值,N 表示设计参数个数;建模参数表示为 $MParam = (mpName\_i, mpValue\_i, i = 1, 2, \cdots, M)$,$mpName\_i$ 表示建模参数名称,$mpValue\_i$ 表示建模参数值,M 表示建模参数个数。设计参数和建模参数之间存在关联关系,通过约束规则建立关联模型,可简化用户输入,用户只需要输入设计参数,系统根据关联模型,自动将其转换成建模参数,最后实现模块生成。

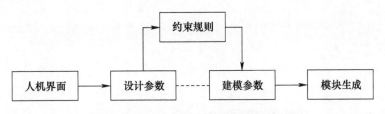

图 3.7　基于约束规则的参数化建模过程

在参数化设计思想的指导下,仿真模型构件可以设计为抽象构件与具体构件两类。抽象构件是适应雷达电子战仿真领域需求,对同一个领域一族具有共性和变化性的构件进行抽象,在抽象构件的接口中具有描述领域变化性的成分。具体构件是相对抽象构件而言的,具体构件描述应用系统固定的构成成分,其接口不具有描述变化性的成分。抽象构件可以看成是对领域若干应用系统的一族具体构件的抽象,抽象其共性和变化性,并加以表达。在归约级,这样的一个抽象构件可以表达,并对应一族具体构件。当抽象构件的接口中的变化性成分被选定和固定下来后,抽象构件便成为了具体构件,可以称这个过程为具体化过程。

3.3 仿真模型构件实现

3.3.1 模型开发规范

仿真构件模型开发的主要工作就是,基于构件设计的结果进行编码实现,只有通过编码实现,仿真构件才能成为真正有使用价值的构件。在构件的编码实现阶段,建立一个编码标准,指导编码实践,可以在很大程度上提高代码的可移植性与可重用性,具有十分重要的意义。对此,本书结合大量工程编码实践经验,整理了一个一般原则列表,作为仿真模型的开发指南。

1. 统一编码风格

为了实现仿真构件代码的复用,建立统一的编码风格是十分重要的。好的风格可以增加代码可读性,降低维护代价。一个好的编码风格至少应该包括完整的说明注释和清楚明了的程序结构表达。说明注释的内容包括程序的名字及其汉语描述、作者及版权申明、程序总体综述、复用构件的名字及其关系说明、属性或变量的名字及其汉语描述、方法或函数的名字及其汉语描述、方法或函数的功能以及关键算法的结构化自然语言描述;程序结构应用结构化语言书写;程序结构内部的语句应该嵌套缩进、错落有致;属性或变量、方法或函数的名字避免使用汉语拼音而用英文单词或开头字母大写的英文单词的组合,缩写要使读者可以辨认。

2. 提供模型文档

良好的文档是影响软件重用的最重要因素之一。文档有助于使用人员或维护人员对软件的理解。易于理解的软件比不易理解的软件更可能进行重用。因此,建议每个模型附加一个描述说明文档。

3. 采用标准语言

采用标准语言的好处就是可以最大限度地选择可用的编译器,并且在其他平台上重用,扩大仿真构件的可重用范围。

4. 避免编译器相关的语言扩展

仅限制使用标准语言集合还不足以保证成功的跨平台重新编译。不同的编译器一般都对语言进行了扩展以增强语言的功能。尽管这些特征经常是有用的功能,但它们一般与编译器相关,因而减少了代码的可移植性。因此,应该使用特定语言的标准语言特点和功能,仅将代码限制在标准语言特征部分,尽可能提高在不同编译器下重新编译成功的可能性,使用非标准语言的编译选项进行编译将视为错误。

5. 使用标准库

将代码开发限制于标准语言特征,可以尽可能提高采用不同编译器进行编译成功的可能性。然而,任何实际的代码开发都需要使用标准库来完成基本的软件任务。使用标准库应该确保其在任意平台的可用性。

6. 限制基本的非标准库的使用

有时,在模型开发过程中完全不使用非标准库是不切实际的。那么使用非标准库时,该非标准库本身应该同样易于移植或广泛可用,这样就确保了模型可移植性不会受到非标准库应用的限制。

7. 使用接口与仿真环境交互

模型需要与仿真环境进行交互来接收仿真环境所提供的服务。仿真构件提供了模型使用的标准化接口,以便模型可以以一种固定的方式与环境交互,这也是仿真模型构件可以移植、组合的前提条件。

8. 避免直接的输入/输出操作

即使在标准语言中,输入/输出操作仍然会引起可移植性问题。例如,即使在标准语言中,打开文件操作也允许指定操作系统的特定模式。由于很难生成可靠且移植性良好的代码来处理输入/输出问题,虽然不能避免输入/输出操作,但应该尽量避免输入/输出操作。

当不能避免输入/输出操作时,应该在模型外部使用文件输入,从文件中获取数据并将其输入模型。在输出方面应该仅通过设置发布字段值或使用日志服务完成输出操作。

9. 不要依赖于数据的内部表示

即使使用了标准语言和标准库,依然有可能生成不具有可移植性的代码,主要原因之一是可移植性依赖于数据项在内存中的表示。一个常见的例子是将不同的变量映射到同一内存位置进行类型转换。

10. 避免全局变量声明

当将模型进行集成时,如果模型在全局命名空间中声明数据名称,就会经常出现命名冲突现象,因为很可能两个不同的模型拥有相同名称的数据项,所以模型数据项不应该出现于全局数据命名空间中。

11. 避免公共全局命名

在某些语言中,必须将模型操作名称在全局命名空间中进行声明,否则这些操作将变为完全不可见。当命名的项目必须置入全局命名空间中时,必须在名称前加上唯一的前缀以区分与该模型相关的服务。

12. 支持多实例

在仿真时,模型用户经常需要同一个模型的多个实例。而模型开始可能是针对一个系统开发的,仅需要一个模型实例。结果,很可能以后的用户就不能在仿真中使用该模型的多个实例。

3.3.2 自动代码生成

在仿真构件模型的编码实现过程中,经验丰富的开发人员会发现,尽管各个仿真构件所实现的功能相差很大,但是需要编写的代码有很大一部分是相同或相似的,例如底层驱动、外部交互、图形界面等。重复代码的编写工作对于开发人员来说是一件非常繁琐的体力劳动,这部分代码的编写往往占据了整个开发的大部分时间。

代码自动生成技术就是要减少软件开发中枯燥且重复的编码工作,完成系统底层的、重复性代码的自动生成,使程序员可以将更多的时间花在专业模型算法设计等方面。代码自动生成的好处是非常明显的,首先,能避免重复编码,减少软件开发的代码量、缩短软件开发周期;其次,能尽可能重用经过验证的、高质量的已有代码和设计,减少编码错误、提高软件系统的健壮性,也便于维护和扩展。

自动代码生成基本过程如图3.8所示,为了实现仿真构件模型的自动代码生成,首先要从整个仿真领域的构件建模、组装及应用需求出发,系统分析确定仿真软件开发中那些重复的代码部分,这部分代码可以采用模板(设计模式)的形式进行保存,然后再通过代码生成器按照一定的规则进行模板匹配、替换以及适应性的调整,最终实现自动代码的输出。代码模板是代码自动生成中的不变关系或模式,数据字典中的数据用于生成代码中模型化的元数据,生成用来约束模板与数据解析的行为,它通常被代码自动生成引擎封装。

代码模板和数据字典文件的生成可以通过文本编辑的方式,也可以通过可视化的方式完成。在代码生成过程中,生成器的两个关键活动是数据解析和模板文件的解析。

1. 代码模板

代码模板是仿真构件模型代码中的不变部分或相似部分,是构件软件中可重用部分,也是构件代码自动生成中的不变关系或模式。代码模板是代码的雏形,是对代码的抽象表达,它固化代码的共性部分,标记特性部分,在代码生成时,通过替换将特性部分转化成实际需要的代码。

在面向对象的程序开发中,就有模板的概念。模板是 C++ 中泛型编程的基础,也正是因为泛型的强大,Java 和 C#等后来者也纷纷采用了模板。其实,C++的模板和这里的构件代码模板并没有本质的区别。在 C++的模板中,模板是编写的模板代码,而数据模型是在使用模板时传入的参数,担当模板引擎角色的是语言

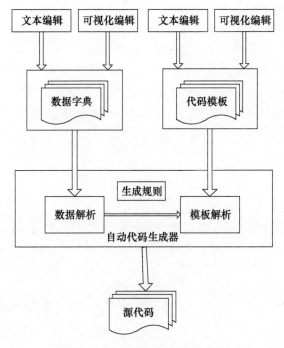

图 3.8 自动代码生成基本过程

的编译器,由模板引擎负责产生实际的代码。

在早期的自动代码生成系统中,模板代码往往以源代码的方式固化在生成系统中,这种做法简单直接,但是其缺点也非常明显,主要有以下几个方面特征。

(1) 只能生成单一类型的源码。

(2) 模板在代码生成系统内部作为某些功能隐含编码。改变模板意味着代码生成系统内部的这些功能代码的改变,在这种情况下,改变模板代价昂贵,最终用户不可能改变模板。

(3) 生成的代码通常质量比较低,因为改变或改进模板比较麻烦,一个代码生成系统只能针对一个特定的应用,具有很大的局限性。

为了克服这类自动代码生成方法的不足,可以把模板移到一个外部文件中(模板描述文件),将模板与生成系统相互隔离,自动代码生成系统就变成了模板文件的解析器。用户可以单独对模板进行修改、定制和调整,以适应不同类型代码生成的需求。这样,代码生成系统与生成的目标源代码没有任何关系,问题描述的过程从自动代码生成系统完全转移到模板,使得代码生成过程变得更易于理解、更加灵活,也更容易实现功能扩展。

在代码生成开发过程中,模板一般由经验丰富的高级编程人员进行设计,质量比一般的程序员编写的代码质量要高。当然,只要知道如何设置模板,任何人均可以对模板进行编辑。模板跟特定语言和数据结构类型没有任何关系,也就是说,用户完全可以根据实际应用需求任意设定模板内容。

模板描述文件可以理解为一种解释型文件,需要模板引擎解析执行。模板描述文件实现了代码框架、数据和流程分离,而且支持模板块嵌套。模板描述文件一般包含了三个组成部分,即静态对象、动态对象、嵌套对象,如图3.9所示。

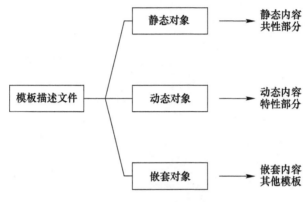

图3.9 模板描述文件结构

(1)静态对象。静态对象表示静态内容,模板解析时只是简单地将静态内容输出到目标文件中。该对象是经过严格测试的目标源代码,是所有使用该模板生成源代码公共的代码。

(2)动态对象。动态对象描述模板中的数据内容和流程控制部分,由特殊的模板标签进行引入,在模板解析时需要借助 XML 定义文件中的数据来完成动态对象到源代码的转化。

(3)嵌套对象。嵌套对象指在一个模板文件中包含的其他模板文件,嵌套对象包含两类,一类是需要解析的嵌套对象,另一类是不需要解析的嵌套对象。

为了实现动态对象与嵌套对象的解析,需要在模板描述文件中添加模板标签,建立模板标签库。模板中所有的标签都定义在制定的特殊符号(如"$")后面,在模板解析时通过这个标志进行判断。模板标签库主要由以下系统标签、控制标签以及自定义标签组成。系统标签为系统内部定义的预置标签;控制标签用来实现参数替换;自定义标签是为满足系统扩展所需,用户自定义的标签。下面列出几类常用的标签。

1)$标签

格式:< $ ParamName >

说明:$ 之后直接跟参数名,实现参数的替换功能。

2）#foreach – end 标签

格式:`#foreach < $ variable > in < $ VariableList >`

`//相关的语句或函数;`

`#end`

说明:根据 VariableList 类型,可以遍历访问其中的各种对象,每遍历一次,都将遍历的对象 variable 与下面的相关语句或函数互相替换,生成一个语句或函数,并将其输出。

3）% include 标签

格式:`< % include(TemplateName) >`

说明:可以实现在一个模板文件中嵌套其他的模板文件。通常情况是在框架模板文件中嵌套业务模板,这样在业务更改之后,只要将嵌套的模板文件名进行修改即可。

下面给出一个类模板文件定义实例:

```
public class < $ className >{
#foreach < $ variable > in < $ VariableList >
 < $ varAccess > < $ varType > < $ varName >;
#end
 < % include(method.tm)% >
}
```

然后是方法模板文件的定义:

```
/*
* 方法注释
* /
< $ AccessType > < $ ReturnType > < $ MethodName >(){
//要做的事
}
```

在方法和类中,"＄"后的都是动态对象,在经过模板引擎后,将被取代,然后引擎将输出结果代码。"% include"后面的标签,将在目录中找出源模板,嵌套到其中。

2. 数据字典

数据字典是自动代码生成器中的数据来源,用于存储管理自动代码生成设计中的仿真构件信息。数据字典中存储的数据与特定应用环境相关,这些信息可以由用户通过一定的界面或工具输入,或者从需求分析和系统设计中抽取,它们将被用于生成与特定环境相关的应用程序代码。数据字典可以采用 XML 文件的格式进行描述,之所以采用 XML 文件的格式保存用户输入的信息,是由 XML 文件的特点决定的。XML 是被设计用来存储数据、携带数据和交换数据，并且 XML 可以从多种类型的数据存储方式中分离数据。通过 XML，用户可以在不兼容的系统之间交换数据。并且当前各大公司在其主要产品中都提供了对 XML 的支持，如 Sybase、Microsoft、Oracle 等。

数据字典文件中的标签名为待替换的参数，也是模板文件中的模板标签，标签值为用户输入的信息，用于代替模板中的待替换的参数。数据字典文件中包含了两部分信息，即模板文件等替换参数信息和用户输入的数据信息。一份详尽而规范的数据字典文件，不仅提供了生成较为完备（不可能做到全部具备）的源代码所必需的信息，而且也是今后升级与维护的一套完整文档，当用户需要修改程序时，只需要读取数据字典文件内容，将修改后的数据字典文件作为输入重新生成源代码就可以了，而不需要在源代码的基础上进行修改。

数据字典文件在自动代码生成系统中有以下几点作用。

(1) 用户输入信息归档。

(2) 代替模板中的动态部分，从而生成源代码。

(3) 修改源代码。

在系统设计中，采用 XML 文件来描述数据字典，定义格式如下：

```
<? xml version = "1.0"encoding = "UTF -8"? >
<table >
  <TableName >userinfo </TableName >
  <UserId >userid </UserId >
  <UserName >username </UserName >
  <Password >password </Password >
  <PrimaryKey >userid </PrimaryKey >
</table >
```

上面的 XML 文件是建立一个数据库表所需要的相关数据信息，其中，标签名，如 TableName、UserId、UserName、Password、PrimaryKey 是模板中待替换的参数，而标签值，如 userinfo、userid、username、password、userid 则用于代替模板中待替换的参数。

同样，如果是类的数据信息定义文件，则定义如下：

```
<? xml version = "1.0"encoding = "UTF -8"? >
<class >
    <ClassName >drawshape </ClassName >
    <Property >
        <PropertyName >Size </PropertyName >
        <ReturnType >int </ReturnType >
```

74

```
    </Property>
    <Method>
        <MethodName>draw</MethodName>
        <ReturnType>void</ReturnType>
        <AccessType>public</AccessType>
    </Method>
</class>
```

标签名与标签值在模板中的含义与上面的数据库表中的类似。

待替换参数在 XML 数据定义文件中以标签名的形式存在,在模板中,这些特殊的标签将被数据定义文件中的与标签名对应的标签值所替换。针对通常采用的模板的生成代码的类型不同,标签名也是数目众多。例如,类模板中含有类名标签 ClassName,函数模板中含有函数名 MethodName,函数返回值 ReturnType,函数参数名 ParamName 等。

3. 代码生成器

代码生成器读取制定的代码模板文件解析 XML 定义的数据字典文件,并将数据字典文件中解析得来的数据信息,在代码生成引擎中进行保存,然后对模板文件中的标记及变量进行匹配及替换,最终生成输出源代码输出。基于代码生成过程,代码生成器的设计可以分为三个部分:第一部分是解析 XML 数据字典文件,读取其中相关的信息;第二部分是解析模板文件,读取相关的替换信息,然后将从 XML 数据字典中读取的信息对模板中的标签符号进行相关的替换,实现代码生成;第三部分是根据需要,对已生成的代码进行适应性的调整。

1) 解析 XML 字典文件

解析 XML 字典文件主要就是从字典文件中读取相关的信息,并以一定的方式存储管理这些信息,以便在模板解析的时候替换使用。根据前面 XML 数据字典文件的定义,XML 数据字典文档中的主要节点有标签名和标签值两部分,读取数据字典文件,就是需要解析其中的标签名和标签值。由于标签值中也可能嵌套其他的标签名和标签值,所以这里可以采用在哈希表来对相关的数据进行保存。

HashtablemyHT = new Hashtable( );//创建及初始化哈希表

创建一个 XmlTextReader 对象的实例,并使用输入的 XML 数据定义文件填充该实例:

XmlTextReader reader = new XmlTextReader("input. xml")

读取全部 XML 数据。这里使用了一个外部 while 循环,并在下两个步骤中使用该循环来读取 XML。在创建 XmlTextReader 对象后,使用 Read 方法读取 XML 数据。Read 方法继续顺序读取 XML 文件直至到达文件结尾,此时 Read 方法返回

False 值。此循环结束。

```
while(reader.Read())
{
    //在此对读取的数据进行处理.
}
```

检查节点。若要处理 XML 数据,每个记录都有一个可通过 NodeType 属性进行确定的节点类型。Name 属性和 Value 属性返回当前节点(或记录)的节点名(标签名)和节点值(标签值)。NodeType 枚举确定节点类型。下面的代码示例显示了元素的名称和文档类型:

```
while(reader.Read())
{
    switch(reader.NodeType)
    {
    case XmlNodeType.Element;//这个节点是一个元素。
        myHT.Add(reader.Name,reader.Value);//将 XML 中的节点存入哈希表
    break;
    case XmlNodeType.EndElement;//显示最后的元素.
        Console.Write(reader.Name+"是最后的节点!");
    break;
    }
}
```

这种方式可能最终会把不需要或者不符合要求的一些节点也存入哈希表中,但问题并不大,因为需要的数据都在里面了,这对最终的结果不会产生影响。

2)解析模板文件

这部分的主要功能是,解析模板定义文件,找到标签名,并从上面解析 XML 定义文件中找到相关的数据将以某种方式进行保存,当需要时则从中取出数据进行相应的替换,从而得到相应的代码。

解析模板流程如图 3.10 所示,解析模板文件的过程主要如下:

(1)引擎初始化;

(2)创建上下文对象;

(3)将数据对象添加入上下文;

(4)选择模板;

(5)将模板与上下文结合产生代码输出。

模板引擎初始化做的工作主要有设置系统相关属性,模板保存路径,接收对应 XML 数据定义文件解析后的数据,初始化对象池。引擎初始化包括以下内容。

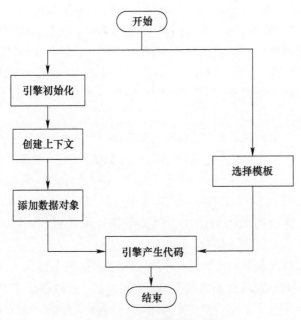

图 3.10　解析模板流程图

（1）获取系统相关属性设置。系统设置的主要内容有，包含当前执行的代码的程序集、默认应用程序域中的进程可执行文件、返回调用当前正在执行的方法的应用程序构造块等。

（2）对象池的处理。对象的生命周期大致包括三个阶段：对象的创建、对象的使用、对象的清除。因此，对象的生命周期长度可表示为 $T = T_1 + T_2 + T_3$，其中，T_1 表示对象的创建时间，T_2 表示对象的使用时间，T_3 表示其清除时间。因此，只有 T_1 是真正有效的时间，而 T_2、T_3 则是对象本身的开销。对象是通过构造函数来创建的，在这一过程中，自动调用该构造函数链中的所有构造函数。而用 new 关键字来新建一个对象的时间开销很大。

清除对象的过程，不需要显式地释放对象，而由称为垃圾收集器（garbag collector）的自动内存管理系统，自动回收垃圾对象所占用的内存。这虽然为程序设计提供了极大的方便，但同时也带来了较大的性能开销。这种开销包括两方面：首先，是对象管理开销，垃圾收集器为了能够正确释放对象，必须监控每一个对象的运行状态，包括对象的申请、引用、被引用、赋值等；其次，在垃圾收集器开始回收垃圾对象时，系统会暂停应用程序的执行，而独自占用 CPU。

如果要改善应用程序的性能，一方面应尽量减少创建新对象的次数；另一方面应尽量减少对象创建、对象清除的时间，而这些均可以通过对象池技术来实现。

对象池的核心内容有两点:缓存和共享,即对于那些频繁使用的对象,在使用完后,不立即将它们释放,而是将它们缓存起来,以供后续的应用程序重复使用,从而减少创建对象和释放对象的次数,进而改善应用程序的性能。事实上,由于对象池将对象限制在一定的数量,也有效地减少了应用程序内存上的开销。在这里,因为需要同一类型的大量对象,为了避免在程序生命周期创建和删除大量对象,故而采用了对象池技术。

(3) 创建上下文对象。在这里,为了在模板引擎内部访问,引入了模板引擎上下文(Context),用于在系统不同部分之间传递数据。通过创建 Context 类的实例可以获得模板引擎上下文,然后使用上下文的 Put(key,value)函数,把前面从 XML 定义文档中生成的供模板使用的数据对象附加到上下文中,要从中取数据则用Get(key)函数。即这些数据对象以上下文的属性形式存在。key 是一个字符串名,将在模板中作为可用的引用出现。

(4) 将数据对象添加入上下文。将上面解析 XML 数据定义文件得到的数据以上下文的形式进行保存,具体实施在创建上下文对象中已经涉及,在此不再介绍。

(5) 将模板与上下文结合产生代码输出。调用模板的 MergeTemplate( )方法结合上下文信息和模板生成输出流,模板读取流程如图 3.11 所示。

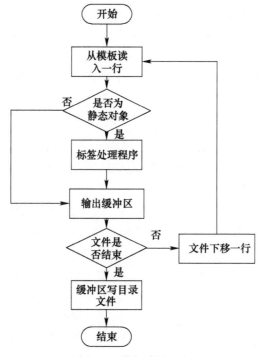

图 3.11　模板读取流程

在该流程中,读取变量就是从模板中读取特殊的标签,然后在前面读取的上下文中搜索,如果在上下文中没有找到与其对应的标签,则出现异常报告错误,如果找到了相应的标签,则取其值进行动态变量替换,再继续进行模板中变量名的查找,进行下一轮的模板解析,动态变量替换流程如图 3.12 所示。

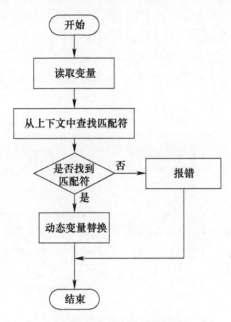

图 3.12   动态变量替换流程

3) 代码调整

通过上述方式生成的代码一般来说并不能完全满足系统功能的需要,同样需要代码调整工具进行人工添加和修正。从本质上讲,任何的自动生成工具都只是一种辅助工具,其作用之一就是降低人工编码的强度,人的素质永远是软件开发的关键因素。因此,代码调整是必要的。

代码调整的过程主要是针对两种情况:一种情况是补充添加代码中未实现的部分,这部分代码涉及的业务功能在模板库中还没有可复用的模板存在,需要开发者手动添加;另一种情况是代码已经生成,但是和实际的业务不完全相同,需要进行代码的修改。

3.3.3   代码模板制作

代码模板在构件仿真模型代码自动生成中起着非常重要的作用,从根本上决定了生成代码的风格与质量。代码模板作为仿真构件模型代码中的不变部分或相似部分,是构件软件中可重用部分,也是构件代码自动生成中的不变关系或模式。代码模板的组成可以分为静态对象、动态对象以及嵌套对象三部分,从模板解析的角度来看,动态对象及嵌套对象是关注点,已经在 3.3.2 节详细分析;从模板制作的角度来看,则需要重点关注静态对象。静态对象标识代码模板中的静态内容,不仅包括了不变的代码,还包括了整体性的代码框架及结构组成。下面结合雷达电子战仿真模型构件规范,以 C++ 作为编码语言,对代码模板进行总体设计。

仿真构件代码模板文件结构如图 3.13 所示,按照标准的 C++ 编码结构,建立了一组代码文件。

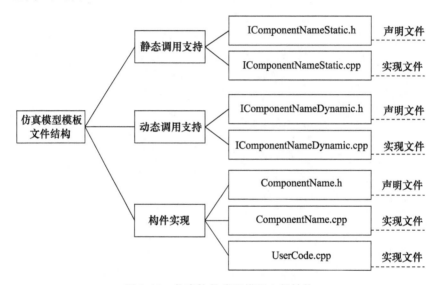

图 3.13　仿真构件代码模板文件结构

在仿真模板的组织结构上,包含了三个方面的内容,即静态调用支持、动态调用支持以及构件实现。

1. 静态调用支持

静态调用支持包括接口声明文件(IComponentNameStatic. h)与接口实现文件(IComponentNameStatic. cpp)两个模板文件。静态调用支持实现的是类似于静态链接库的调用功能,支持接口类形式的构件调用。

IComponentNameStatic 声明文件的基本结构如图 3.14 所示,在声明文件 IComponentNameStatic. h 文件中,主要是接口的定义与声明。

对于管理接口,预定义方法如图 3.15 所示。

对于控制接口,预定义方法如图 3.16 所示。

```
class IMetaComponentName
{
public:
    /************************端口定义************************/
    //输入端口
    struct PInput
    //输出端口
    struct POutput
    //系统端口
    struct PSystem
    //仿真端口
    struct PSimulation
public:
    /************************接口定义************************/
    //管理接口
    class IManager
    //控制接口
    class IController
    //查询接口
    class IQuery
    //通信接口
    class ICommunicate
    //调试接口
    class IDebugger
private:
    /************************参数定义************************/
};
```

图 3.14　IComponentNameStatic 声明文件的基本结构

```
static void CreateEntity(uint unID); //创建实体，unID为实体标识号
static void DestroyEntity(uint unID); //销毁实体
static void DestroyEntityAll(); //销毁所有实体
static IMetaComponentName* FindEntity(uint unID);//查询实体
static QMap<int,IMetaComponentName*> FindEntityAll();//查询所有实体
```

图 3.15　管理接口预定义方法

```
virtual void Initilize() = 0; //初始化
virtual void Execute() = 0; //执行
virtual void Pause() = 0; //冻结
virtual void Resume() = 0; //解冻
virtual void SetPInputValue(const PInput &sPInput) = 0; //设置输入端口参数值
virtual PInput GetPInputValue() = 0; //获取输入端口参数值
virtual void SetPOutputValue(const POutput &sPOutput) = 0; //设置输出端口参数值
virtual POutput GetPOutputValue() = 0; //获取输出端口参数值
virtual void SetPSystemValue(const PSystem &sPSystem) = 0; //设置系统端口参数值
virtual PSystem GetPSystemValue()=0; //获取系统端口参数值
virtual void SetPSimulationValue(const PSimulation &sPSimulation) = 0; //设置仿真端口参数值
virtual PSimulation GetPSimulationValue() = 0; //获取仿真端口参数值
```

图 3.16　控制接口预定义方法

81

对于查询接口,预定义方法如图 3.17 所示。

```
static QString GetName();  //构件名称
static QString GetDate();  //构件开发日期
static QString GetAuthor();  //构件开发者
static QString GetVersion();  //构件版本号
static QString GetDevelopEnv();  //构件开发环境
static QString GetUseSuggest();  //构件使用建议
static QString GetDescription();  //构件描述
static QStringList GetIManagerFunc();  //管理接口函数
static QStringList GetIControllerFunc();  //控制接口函数
static QStringList GetIQueryFunc();  //查询接口函数
static QStringList GetICommunicateFunc();  //通信接口函数
static QStringList GetIDebuggerFunc();  //调试接口函数
static QStringList GetPInputParam();  //输入端口参数
static QStringList GetPOutputParam();  //输出端口参数
static QStringList GetPSystemParam();  //系统端口参数
static QStringList GetPSimulationParam();  //仿真端口参数
```

图 3.17 查询接口预定义方法

对于调试接口,预定义方法如图 3.18 所示。

```
virtual QStringList GetWarning() = 0;  //获取单个实体的警告信息
static QStringList GetWarningAll();  //获取全部警告信息
virtual void ClearWarning() = 0;  //清除单个实体的警告信息
static void ClearWarningAll();  //清除全部警告信息
static void AppendWarning(const QString &strInfo);  //增加警告信息
virtual QStringList GetError() = 0;  //获取单个实体错误信息
static QStringList GetErrorAll();  //获取全部错误信息
virtual void ClearError() = 0;  //清除单个实体错误信息
static void ClearErrorAll();  //清除全部错误信息
static void AppendError(const QString &strInfo);  //增加错误信息
```

图 3.18 调试接口预定义方法

2. 动态调用支持

动态调用支持包括声明(IComponentNameDynamic. h)、实现(ComponentName – Dynamic. cpp)两个模板文件。动态调用支持实现的是类似于动态链接库的调用功能,支持接口类形式的构件调用。动态调用支持预定义方法如图 3.19 所示。

3. 构件实现

构件实现包括声明(ComponentName. h)与实现(ComponentName. cpp、User-Code. cpp)三个模板文件。其中 UserCode. cpp 主要是用于用户代码编辑。这种设计的目的是尽量将自动生成代码与用户代码隔离开。图 3.20 为构件实现声明文件基本结构。

```
extern "C" QMETACOMPONENTNAME_EXPORT void CreateEntity(uint unID); //创建实体 1
extern "C" QMETACOMPONENTNAME_EXPORT void DestroyEntity(uint unID); //销毁实体 1
extern "C" QMETACOMPONENTNAME_EXPORT void DestroyEntityAll(); //销毁所有实体 2
extern "C" QMETACOMPONENTNAME_EXPORT void FindEntity(uint unID, bool &isFvd); //查询实体 3
extern "C" QMETACOMPONENTNAME_EXPORT void FindEntityAll(QStringList &strlistID); //查询所有实体 4
extern "C" QMETACOMPONENTNAME_EXPORT void Initialize(uint unID); //初始化 1
extern "C" QMETACOMPONENTNAME_EXPORT void Execute(uint unID); //执行 1
extern "C" QMETACOMPONENTNAME_EXPORT void Pause(uint unID); //冻结 1
extern "C" QMETACOMPONENTNAME_EXPORT void Resume(uint unID); //解冻 1
extern "C" QMETACOMPONENTNAME_EXPORT void GetName(QString &strName); //构件名称 10
extern "C" QMETACOMPONENTNAME_EXPORT void GetDate(QString &strDate); //构件开发日期 10
extern "C" QMETACOMPONENTNAME_EXPORT void GetAuthor(QString &strAuthor); //构件开发者 10
extern "C" QMETACOMPONENTNAME_EXPORT void GetVersion(QString &strVersion); //构件版本号 10
extern "C" QMETACOMPONENTNAME_EXPORT void GetDevelopEnv(QString &strDevelopEnv); //构件开发环境 10
extern "C" QMETACOMPONENTNAME_EXPORT void GetUseSuggest(QString &strUseSuggest); //构件使用建议 10
extern "C" QMETACOMPONENTNAME_EXPORT void GetDescription(QString &strDescription); //构件描述 10
extern "C" QMETACOMPONENTNAME_EXPORT void GetIManagerFunc(QStringList &strlistFunc); //管理接口函数 4
extern "C" QMETACOMPONENTNAME_EXPORT void GetIControllerFunc(QStringList &strlistFunc); //控制接口函数 4
extern "C" QMETACOMPONENTNAME_EXPORT void GetIQueryFunc(QStringList &strlistFunc); //查询接口函数 4
extern "C" QMETACOMPONENTNAME_EXPORT void GetICommunicateFunc(QStringList &strlistFunc); //通信接口函数 4
extern "C" QMETACOMPONENTNAME_EXPORT void GetIDebuggerFunc(QStringList &strlistFunc); //调试接口函数 4
extern "C" QMETACOMPONENTNAME_EXPORT void GetPInputParam(QStringList &strlistParam); //输入端口参数 4
extern "C" QMETACOMPONENTNAME_EXPORT void GetPOutputParam(QStringList &strlistParam); //输出端口参数 4
extern "C" QMETACOMPONENTNAME_EXPORT void GetPSystemParam(QStringList &strlistParam); //系统端口参数 4
extern "C" QMETACOMPONENTNAME_EXPORT void GetPSimulationParam(QStringList &strlistParam); //仿真端口参数 4
extern "C" QMETACOMPONENTNAME_EXPORT void GetShareMemoryParam(QStringList &strlistParam); //共享内存参数 4
```

图 3.19 动态调用支持预定义方法

```
class MetaComponentName : public IMetaComponentName
{
public:
        MetaComponentName();
        ~MetaComponentName();

public:
        //运行控制
        virtual void Initilize(); //初始化
        virtual void Execute(); //执行
        virtual void Pause(); //冻结
        virtual void Resume(); //解冻
        //端口控制
        virtual void SetPInputValue(const PInput &sPInput); //设置输入端口
        virtual PInput GetPInputValue(); //获取输入端口
        virtual void SetPOutputValue(const POutput &sPOutput); //设置输出端口
        virtual POutput GetPOutputValue(); //获取输出端口
        virtual void SetPSystemValue(const PSystem &sPSystem); //设置系统端口
        virtual PSystem GetPSystemValue(); //获取系统端口
        virtual void SetPSimulationValue(const PSimulation &sPSimulation); //设置仿真端口
        virtual PSimulation GetPSimulationValue(); //获取仿真端口

        .....

        /*******************用户自定义函数*******************/

private:
        /*******************端口参数*******************/
        IMetaComponentName::PSystem m_sPSystem; //工作参数
        IMetaComponentName::PSimulation m_sPSimulation; //管理参数
        IMetaComponentName::PInput m_sPInput; //输入参数
        IMetaComponentName::POutput m_sPOutput; //输出参数

        .....

        /*******************用户自定义参数*******************/
};
```

图 3.20 构件实现声明文件基本结构

3.4 构件开发工具设计与实现

构件开发工具支持雷达电子战仿真模型构件的图形化设计与生成,为仿真构件开发人员提供构件接口设计、端口设计、自动代码生成以及二进制封装等功能,减少仿真构件开发过程中的重复性设计与软件编码,实现仿真构件的半自动化开发。在构件开发工具的支持下,仿真构件开发人员可以从繁琐的重复性编码工作中解放出来,专注于雷达电子战领域专业模型的建模与仿真实现,从而能够快速地开发出高质量的仿真模型软件构件,也使得研制生产的仿真构件具有较好的一致性,降低仿真构件可复用的难度。

3.4.1 需求分析及设计

1. 总体需求

系统的需求描述相当于系统设计与开发的规格说明书,它定义了软件系统需要实现的功能指标,对构件开发工具软件进行设计之前,需要对软件的功能需求进行详细分析设计。UML 中的用例图可以很好地定义软件系统的功能需求,并以软件开发人员和用户都容易理解的规范化的图形元素进行描述和表现。因此,下面将用例图的方式进行构件开发工具的需求分析和功能设计。

对构件开发工具的总体功能进行概括,形成系统总体需求。本构件开发工具的总体功能可以归纳为以下几个方面。

(1) 仿真构件设计,包括构件接口、构件端口、构件元数据以及数据类型的设计。

(2) 构件设计校验,对用户输入的设计结果进行有效性检验,提示不合理设计项。

(3) 代码自动生成,根据用户的设计结果生成构件代码。

(4) 代码编辑,为用户提供构件代码浏览、编辑、存储等功能。

(5) 仿真构件封装,可以编译生成构件文件,并以动态链接库的形式输出。

(6) 文件管理,能够以 XML 文件的方式存储管理用户设计结果。

上面所述的用户专指仿真构件开发人员,这也是本构件开发工具在需求分析中唯一需要考虑的角色。

基于上述分析,建立构件开发工具用例图,如图 3.21 所示。

2. 详细需求

按照系统功能总体分类,下面从仿真构件设计、构件设计校验、代码自动生成、代码编辑、仿真构件封装以及文件管理等几个方面对构件开发工具进行详细功能

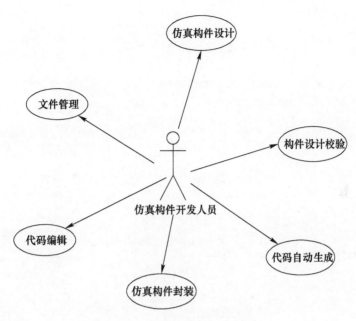

图 3.21　构件开发工具用例图

用例分析设计。

1）仿真构件设计

基于仿真构件规范可以知道,仿真构件组成划分为端口、接口、实现、元数据与数据类型五部分。仿真构件设计用例图如图 3.22 所示,仿真构件设计的内容应该包括除构件实现以外的全部内容,即包括了构件端口设计、构件接口设计、元数据设计以及数据类型设计。其中,数据类型设计是构件端口设计与构件接口设计的基础,因为其需要为后两类设计提供数据类型支持服务;构件端口设计与构件接口设计是仿真构件设计的核心,为了降低用户设计难度,使得设计过程更加直观形象,采用全图形化的设计模型,用户根据图形用户界面的提示,进行相应的输入即可;元数据设计为了提供仿真构件的自描述信息,为仿真构件的测试、管理及组合提供自描述支持。

2）构件设计校验

用户在通过图形界面进行构件设计的过程中,难免会由于设计缺陷或操作疏漏而引入错误的设计项,如果不在设计阶段及早发现并处理,则会将这些错误带入构件代码之中,不但会增加用户的代码调试难度,还可能会引入在构件生成过程难以发现的功能缺陷,从而降低仿真构件的生成质量。针对这种情况,在用户设计结束之后,进行设计校验是十分有必要的。构件设计校验用例图如图 3.23 所示,与构件设计相对应,构件设计校验包括数据类型校验、端口校验、接口校验以及元数

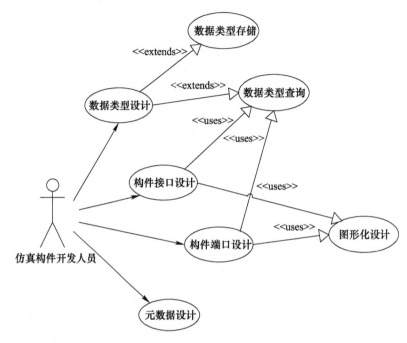

图 3.22   仿真构件设计用例图

据校验。校验之后发现的不合理项,需要反馈给设计者。

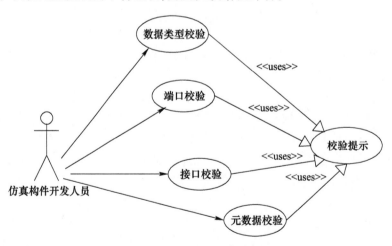

图 3.23   构件设计校验用例图

3) 代码自动生成

代码自动生成功能是构件开发工具的核心功能,其主要作用就是,依据用户图形化的设计结果,无须用户编码,自动生成仿真构件实现代码。代码自动生成用例图如图 3.24 所示,基于前面所述的自动代码生成技术,这部分的功能主要包括代码模板生成、模板解析、数据解析以及代码生成四个部分的子功能。

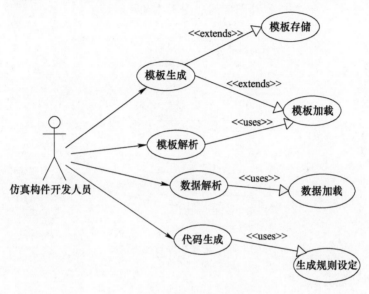

图 3.24　代码自动生成用例图

4) 代码编辑

代码自动生成能够生成的代码是有限的,一般只能实现框架性的代码以及部分逻辑关系相对固定的代码。复杂的专业仿真模型算法和复杂的逻辑控制功能,仍然需要人工编码实现。因此,在代码自动生成之后,为用户提供代码浏览、编辑、存储等功能,也是非常有必要的,代码编辑用例图如图 3.25 所示。

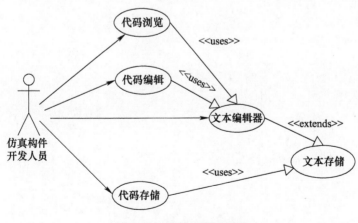

图 3.25　代码编辑用例图

5）仿真构件封装

在用户编辑完构件代码之后,可以编译代码生成构件文件,并以动态链接库dll 的形式输出,仿真构件封装用例图如图 3.26 所示。

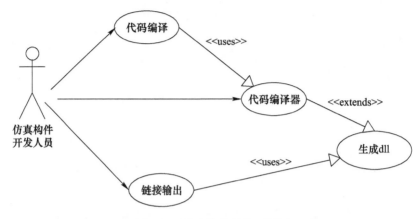

图 3.26　仿真构件封装用例图

6）文件管理

文件管理功能是构件开发工具的基本软件功能,文件管理用例图如图 3.27 所示,包括主要内容如下:

（1）新建一个构件设计,并生成对应的设计维护描述,该描述一般以结构化的XML 格式数据存在;

（2）在构件设计过程中,可以以 XML 文件的形式将其存储到用户硬盘中;

（3）对于已经存在的设计描述文件,用户可以将其加载到开发工具中,进行再设计,重用已有的设计结果。

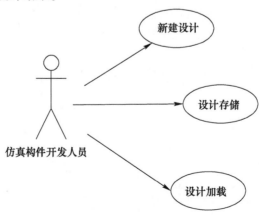

图 3.27　文件管理用例图

3.4.2　功能模块设计

1. 总体设计

确定了系统的总体需求之后,通过对需求分析的抽取,得到了功能需求,然后依据这些需求进行系统的总体设计。在总体设计时按照需求进行相应的功能模块划分,具体包括了仿真构件设计模块、构件设计校验模块、代码自动生成模块、代码编辑模块、仿真构件封装模块以及文件管理模块。构件开发工具的总体框图如图 3.28 所示。框架中的各个模块与上面分析的用例图——对应,均为各个用例的功能封装,因此,对各个模块的具体功能下面不再进行赘述。

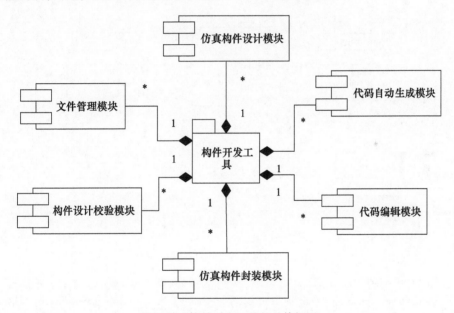

图 3.28　构件开发工具的总体框图

2. 详细设计

用例图详细地描述了系统的功能需求及设计用例。在总体设计的基础上,将各个用例中所需要用到的数据实体及各种逻辑控制实体抽取出来,形成类图。类图(class diagram)显示了模型的静态结构,特别是模型中存在的类、类的内部结构及它们与其他类之间的关系等,是从静态的角度详细描述系统。

本构件开发工具涉及的类比较多,限于篇幅,本书没有列出所有类的详细描述,仅列出几个核心的类进行详细描述。

仿真构件设计模块是本构件开发工具的主要模块,为了实现仿真构件的设计,需要从构件端口设计、构件接口设计、元数据设计以及数据类型设计四个方面进行考虑;其中,数据类型设计用于生成统一的数据结构定义,为端口设计和接口设计提供数据类型支持服务;构件端口设计与构件接口设计是仿真构件设计的核心,采用全图形化的设计模型;元数据设计在用户界面上提供元数据编辑表格,用户可以在对应表格区域内编辑相关的元数据项。基于上述分析,进行仿真构件设计模块的类设计,图 3.29 给出了开发工具中的仿真构件设计模块类图。

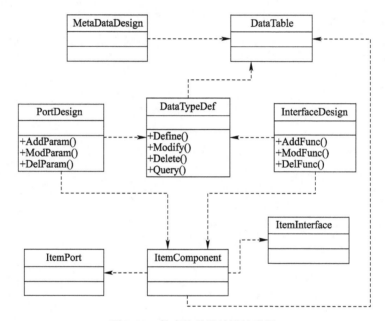

图 3.29　仿真构件设计模块类图

图 3.29 中给出了仿真构件设计模块的主要实现类,其中,DataTypeDef 类负责实现数据类型设计功能,包括了定义新数据类型 Define、删除数据类型 Delete、修改数据类型 Modify 以及查询数据类型 Query 等方法;PortDesign 类负责实现端口设计功能,包括了添加端口参数 AddParam、修改端口参数 ModParam、删除端口参数 DelParam 等方法;InterfaceDesign 类负责实现构件接口设计功能,包括了添加接口函数 AddFunc、修改接口函数 ModFunc、删除接口函数 DelFunc 等功能;ItemComponent 类、ItemPort 类以及 ItemInterface 类为构件图形化设计实现类,分别用于绘制构件图形、构件端口图形以及构件接口图形;MetaDataDesign 类为负责实现元数据编辑功能;DataTable 类负责绘制数据表格,为数据类型、端口、接口以及元数据设计提供表格编辑的功能。

在本构件开发工具中,代码自动生成模块也是非常重要的功能模块。为了实现代码自动生成:首先,需要有代码模板的支持,即要能够生成代码模板并提供模板检索的功能;其次,需要能够在代码生成器中解释模板;再次,需要能够接收用户的设计数据,并能够对用户数据进行解析;最后,需要能够按照预置的代码生成规则,结合模板与用户数据实现代码的生成。依据其功能实现分析,可以进行代码自动生成模块的类设计。开发工具中的代码自动生成模块类图如图 3.30 所示,其中,TemplateCreate 类用于实现代码模板的创建;TemplateMgr 类用于实现代码模板的存储与维护;TemplateQuery 类用于实现代码模板的检索功能;TemplateParse 类用于实现代码模板的解析;UserDateImport 用于实现用户设计数据的输入;Data-Parse 类用于实现用户数据的解析;CodeRuleMake 类用于制定代码生成规则;Code-Generate 按照代码生成规则,利用模板解析结果与用户数据解析结果,生成构件代码。

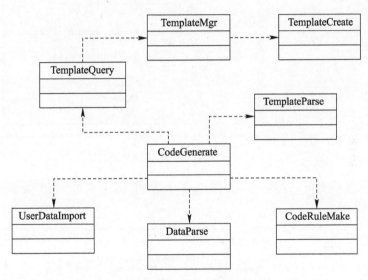

图 3.30　代码自动生成模块类图

3.4.3　软件实现

完成对构件开发工具的需求分析、总体设计、模块划分与详细设计之后,就可以按照设计进行系统的软件开发。下面针对系统核心功能的实现,分别进行介绍。

1. 仿真构件设计

构件开发工具的图形化设计运行界面如图 3.31 所示,工作区域可以分为三个部分,即图形区、导航区、编辑区。图形区用于显示构件图标和构件可视化表示图形,在构件可视化表示图形中,与构件、端口、接口等对应的图形单元都可选中编辑,正如图 3.31 所示,构件输入端口高亮显示,表示用户已经选中该端口,则可以在编辑区对该端口进行编辑;导航区以树结构的方式显示了构件的所有端口与接口信息,可以选择其中的条目(与图形化选择相对应),对其进行相关编辑;编辑区为用户提供编辑输入与信息提示功能。

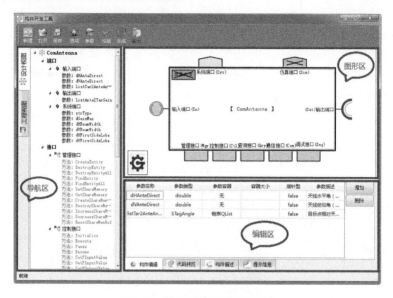

图 3.31　图形化设计运行界面

单击工具栏上的"参数"按钮,可以进行数据类设计与查看,数据类型设计界面如图 3.32 所示。

图 3.32　数据类型设计界面

选中构件任意端口,单击编辑区的"增加"按钮,可以进行构件端口参数编辑,构件端口参数编辑界面如图 3.33 所示。

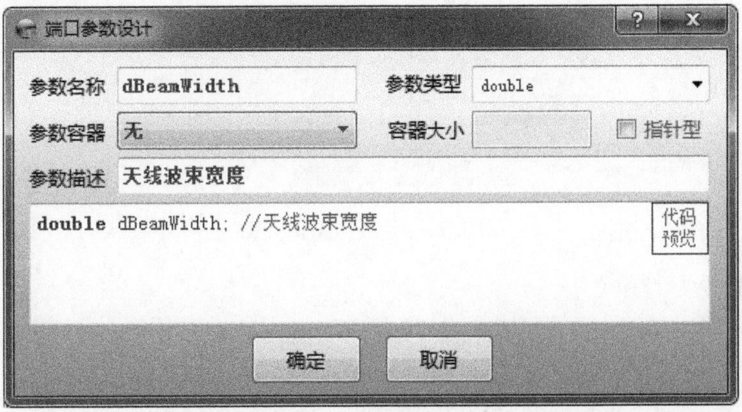

图 3.33　构件端口参数编辑界面

选中构件任意接口,单击编辑区的"增加"按钮,可以进行构件接口函数编辑,构件接口函数编辑界面如图 3.34 所示。

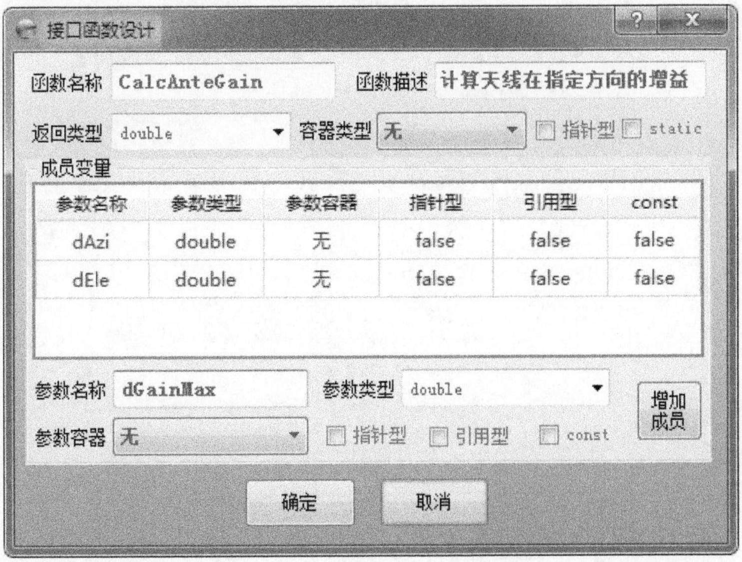

图 3.34　构件接口函数编辑界面

选择编辑区中的"构件描述"标签页,可以进行构件元数据的编辑,元数据编辑界面如图 3.35 所示。

构件名称	ComAntenna
开发人员	GJL
开发日期	2016-10-21
构件版本	V1.0
功能描述	雷达天线（方向图）模拟，计算在目标点处的天线增益
开发环境	Visual Stuidio 2010; Qt4
使用建议	

　构件编辑　　代码预览　　构件描述　　提示信息

图 3.35　元数据编辑界面

2. 构件设计校验

构件设计校验运行界面如图 3.36 所示，在用户的构件设计编辑全部完成之后，单击工具栏"校验"按钮，则会自动弹出构件设计校验界面，并自动进行数据类型、端口、接口以及元数据的合理性校验，提示不合理设计项。

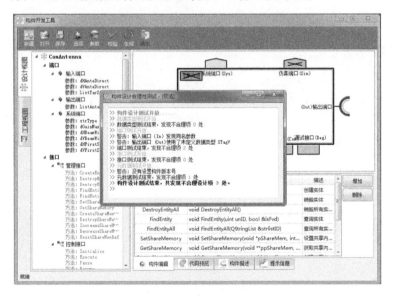

图 3.36　构件设计校验运行界面

3. 代码生成、浏览、编辑与编译

在构件设计合理性校验全部通过之后，单击工具栏"生成"按钮，则会根据用户设计与代码生成模板（在新建设计的时候，可以选择模板），代码生成完成之后，切换导航栏至"工程视图"，可以浏览已经生成的全部代码，也可以对生成代码进行编辑。代码编辑完成之后，可以单击"输出"按钮，将代码导入到外部编译器中（如 Visual Studio、Qt Creator 等）进行代码编译，生成构件的输出文件（dll）。代码浏览与编辑界面如图 3.37 所示。

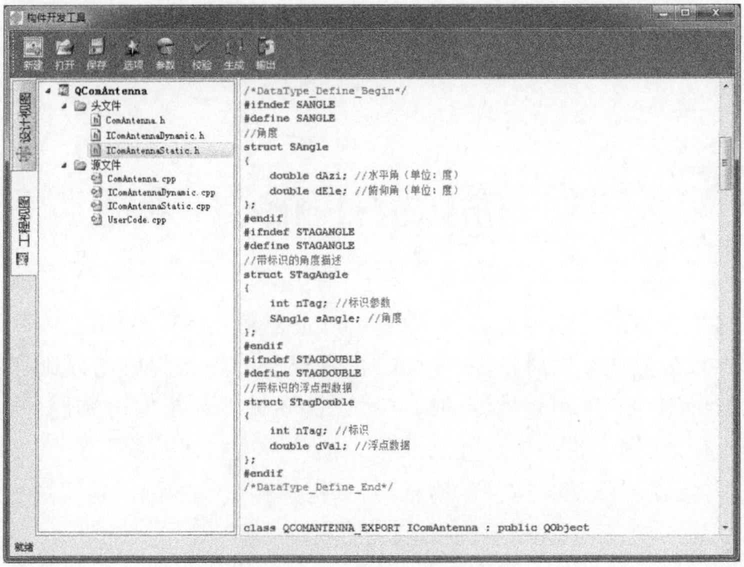

图 3.37　代码浏览与编辑界面

第4章

仿真构件测试技术

构件化组合仿真的基础是建立可组合、可重复利用的仿真模型构件,要实现仿真模型构件真正意义上的可复用,一个非常重要的前提条件就是要确保仿真构件的有效性与可用性。采用高质量的构件可以提高软件系统的可靠性,降低软件维护的代价。反之,则会带来灾难性的后果。构件开发技术解决了仿真模型构件生产的问题,却无法保证仿真构件的质量,仿真构件测试技术则正是解决这一问题的关键技术。

软件测试是软件开发中一个极为关键的过程,软件测试的目的是尽可能多地发现软件中存在的问题,以提高软件的质量。研究发现,软件测试在整个软件项目开发中所占的比例为40%以上,占整个项目费用的50%以上。仿真构件测试类似于传统的软件单元测试,是揭露构件错误、验证构件质量的测试过程。相对于一般的软件,仿真构件软件作为可复用资产需要被重复利用,更难以容忍运行过程中的各类错误与缺陷,一个难以稳定、正确运行的仿真构件,是难以被构件使用人员接受的,从而也就丧失了其可复用的价值。另外,从构件使用的角度来看,在重用已有构件进行仿真系统组装之前,对仿真构件进行全面的测试也是非常有必要的,这样可以尽早发现仿真构件存在的缺陷,避免将其引入到仿真系统之中,降低仿真组合的风险。因此,对于雷达电子战构件化组合仿真来说,仿真构件的测试是必不可缺的,必须贯穿构件化组合仿真生命周期的全过程。

4.1 构件测试理论

4.1.1 构件测试基本概念

基于构件的软件开发方法极大地提高了软件系统开发的速度,在构件的应用或集成环境下对构件充分测试的需求也随之产生。为了保证大规模软件系统的质量,对构件测试充分性的要求也越来越高。由于构件的特殊性,如封装、信息隐蔽等,构件的测试与传统的软件测试有所不同,传统软件测试技术并不能完全适用于构件测试。

构件测试的最终目的是检查构件是否达到规范和满足功能需求的要求,设计规范中的结构关系是否得到正确体现。当构件失效产生的后果大于测试的费用时,就要进行测试,各种构件都需要充分测试。对于构件的测试,应从接口、信息和实现三个方面加以实施,可分为接口测试、状态测试和实现测试。

接口测试实际上是为了验证构件对外需求的接口与提供服务的接口是否符合构件规范说明,功能是否正确,是否通过接口实现与其他构件的交互。状态测试是测试构件内部状态正确性,各种条件下的属性、变量值等是否准确描述了构件的当前状态。实现测试是测试构件功能实现的正确性、稳健性。大多数情况下,对一个构件的测试,仅测试其接口、状态或实现是不够的,因为每一种测试都与另外两种测试相辅相成,往往三者需要同时进行测试。构件通过接口对外提供的功能是否正确由其状态和实现决定,而状态常常取决于接口,实现建立在构件接口规范的基础上,并且能改变构件的状态。这三种测试其实是出发点不同的三种方向,实际测试中,这三种测试是整合在一起的。

黑盒测试或白盒测试对任何工程产品的测试都有帮助。构件的黑盒测试通过构件的接口进行,把待测构件作为一个黑盒,测试时完全不考虑构件内部的特性和逻辑结构,只按照需求规格说明书来检查构件的功能与其功能说明是否一致。构件的白盒测试是深入构件内部,对过程性细节进行全面检查。白盒测试把待测构件看作未封闭的盒子,测试人员可利用待测构件提供的关于构件的内部技术细节,如逻辑结构和设计等,来选择测试用例,对构件的逻辑路径进行全面测试,通过检查不同位置的构件状态,检查构件的实际状态是否与预期状态一致。

对于构件的接口测试,往往采用黑盒测试,通过接口调用事先设计好的测试用例等输入数据并得到相应的结果,再与待测构件的接口规范比较,从而得到测试结果。在设计接口测试用例时,可运用等价类划分、边界值分析等传统方法,同时要考虑接口的前置条件、后置条件等约束。

构件状态测试和实现测试,通常采用白盒测试,分析构件的结构和实现细节,并以此产生测试用例加以测试。

构件测试与软件测试中的单元测试类似,主要包括验证构件的功能、实现与构件的规格说明书的描述是否一致。单元测试是在软件开发时由开发人员或专门的测试人员完成,常用的单元测试方法包括前置条件、后置条件设计测试用例及根据程序运行的状态转换图来构建测试用例等方法。现有的构件测试方法大多源于传统软件的单元测试方法,并针对构件的特点进行了一定的改造。

4.1.2　构件测试特点与挑战

构件测试技术是从传统软件测试发展而来的,其测试过程与方法与传统软件测试大致相似。从测试过程来说可分为单元测试、集成测试、系统测试和回归测试等阶段;从测试的方法来说可分为黑盒测试、白盒测试和灰盒测试。绝大部分的传统软件测试的方法均可应用于构件测试的相应阶段,但构件测试具有特殊性。

(1) 构件测试的语言无关性、跨平台。构件是与语言无关的,一旦构件发布后,复用它的客户端的代码语言是不应该受限的。因此,构件测试时,应考虑语言无关性。尽量用多种语言编写测试的驱动模块,将构件置于不同的语言环境中测试。跨平台也是构件测试有别于其他软件测试的特点之一,跨平台的调用是容易产生错误的一个方面,由于个人对于不同平台的环境理解不同,会产生一些歧义。例如,当构件的接口函数的实现部分是从其他基类继承来且还有开发者的部分代码时,进行跨平台测试,当返回错误结果时,无法确定是继承关系错误还是开发的代码错误。

(2) 构件的严格封装性。封装带来测试的障碍,与面向对象和结构化软件的测试不同,接口是构件测试的首要任务。因为构件的全局数据是不允许直接访问的,构件内的数据访问一般用 Get 和 Set 方法。构件的接口对客户是可见的,但由于接口的说明没有强制性要求,因此并非所有的接口都有详细说明。构件测试要求有一种途径能访问到所有的属性和方法,以便测试到所有的构件状态。

(3) 构件的二进制代码级的测试。构件二进制代码级的测试不同于结构化模块和面向对象软件的测试,可以按测试的需要,将构件分块组合,测试可在不同的平台和语言环境下进行。而结构化软件和面向对象软件是无法将模块分割的。若没有源代码,结构化软件和面向对象软件是无法通过开发驱动模块来进行二进制级模块测试的。这给构件的二进制代码级测试带来方便,测试者可不需要源代码,仅凭二进制代码就可进行软件测试。现在构件开发,虽然没有强制要求给出测试构件的说明和接口,但逐渐形成共识:构件的发布,要把必要的、客户可测试的接口留在构件体内,以便客户的功能测试。有的构件开发商还会发布构件的测试包,以方便用户测试。

(4) 构件测试要求更严格。构件的目的是代码重用,这一目标决定了构件的健壮性和稳定性要求比其他软件更高,构件程序的错误,不但会影响构件的开发者,还会影响更多构件的使用者,必须对构件进行更加充分的测试,减少构件程序的错误,使得构件能够更好地得到有价值复用。

构件测试的关键问题是构件开发人员和使用者很可能不同,这导致了以下问题。

（1）构件开发人员对构件做的测试可能不充分，而构件使用人员对此难以确定。

（2）构件开发人员和构件使用人员使用构件的环境很可能不同，包括编程语言、操作系统、硬件平台的不同。

（3）对于构件使用人员来说，源代码很可能是未知的。

因此，应该从构件开发人员和构件使用人员两个不同的角度来看待构件软件的测试问题。构件的开发者认为构件相对于构件的使用环境是独立的，所以要用与上下文独立的方式测试构件的所有功能。相反，构件使用人员开发的应用程序提供了构件的运行环境，所以构件使用人员不把构件看成独立的单元，而仅仅考虑与应用程序相关的构件功能。另一个重要的区别是构件开发人员拥有构件的源代码，而构件使用人员则通常不能获得构件的源代码，这些问题都给构件的开发者和使用者带来了挑战。

构件开发人员面临的测试挑战包括以下几方面。

（1）测试充分性判据的可扩展性。由于复杂性问题和组合爆炸问题，对小规模程序适用的判据对大规模程序不一定适用。

（2）测试数据的产生。同样由于复杂性问题和组合爆炸问题，难以产生合适的测试输入，对低层次元素（需求功能可看作是高层元素）难以达到较高的覆盖率。

（3）如何配置构件的测试环境。对单个构件进行测试的环境，与构件在实际系统中运行的环境可能不同。所以在测试构件时应该考虑模拟其真实环境，如构件的竞争、死锁和多线程等。但是由于构件广泛用于复用，难以完全模拟所有的构件使用时的真实环境。

（4）构造测试驱动器和打桩技术。传统的测试驱动器和打桩技术面向特定的工程。但构件的多样性及其功能的专用化使得传统的技术达不到应有的效果。

（5）构件测试的可重用性。对构件的测试应该是可重用的，但是由于构件的实现语言、功能等不同因此，对某个构件的测试方法不一定适合其他构件。

构件使用人员面临的测试挑战包括以下三方面。

（1）测试充分性判据的可扩展性问题依然存在。

（2）构件的测试顺序。如果软件采用分层结构，则首先测试底层构件，因为它们不需要其他构件提供服务；然后再测试高层构件，其所调用到的其他构件都经过了测试，如果不是分层结构，可能就难以确定测试的顺序。

（3）冗余测试问题。通常先对构件进行单独测试，然后使用相同的充分性判据进行集成测试，这导致有些测试是重复的。

4.1.3 主流构件测试技术

针对构件开发者和构件使用者面临的测试挑战,国内外学者对构件测试方法进行了研究,并提出了一些面向构件的测试方法。其中,大部分的构件测试方法都是为了增强构件可测性。构件可测试性增强的目的是在不增加或者少增加构件复杂性的基础上,将易于测试的原则融合到设计和编码之中,提高测试时对构件的可控制性和观察性。可测试性体现了软件测试的发展趋势,测试向软件开发阶段的前期迁移,与软件开发的设计和编码相融合。目前,比较主流的构件测试技术包括以下几类。

1. 构件测试规约方法(component test bench,CTB)

该方法首先由构件开发者给出一个测试规约说明,描述构件的行为、接口和相应的测试集,用户在实际系统中可以使用这个规范进行测试。CTB 方法的特点是集成了测试生成和测试执行的过程,将构件和相关的测试耦合在一起,所有测试信息都是以标准的 XML 格式存储,不受操作系统限制,并提供了一系列构件测试工具,可以把 XML 形式的规范转化为 C 或 Java 执行。

该测试规约可以以三种方式生成测试,分别为手工的、计算机辅助的和自动化的方式,比较灵活;使用 XML 语言描述测试规格,可移植性好;支持符号浏览,可以通过符号执行得到测试输出而无须实际运行测试。缺点是符号执行速度慢。

2. 构件验证方法(certification of component,CC)

构件验证方法首先对构件进行基于系统剖面的黑盒测试,验证构件是否能完成应有的功能,如果不能就不使用它;然后把构件放进应用系统中,进行系统级的错误注入,以提示特定构件失效会对系统造成多大危害。如果系统能应付这些错误就认定可以使用该构件,否则要对构件进行封装(wrap),限制部分功能的使用,再重新进行验证。

构件验证方法的缺点是仅对构件本身进行黑盒测试不足以保证其可靠性,某些安全性问题也难以检测出来。此外,如何提供足够的测试用例进行系统测试也是个大问题。

3. 构件集成测试(component integration testing,CIT)

构件集成测试方法首先建立构件相互作用的形式化数学模型和每个构件的形式化测试需求,用来描述构件相互作用的可能顺序,也可用来处理并发和同步通信。然后由测试需求生成单元测试用例,进行单元测试。再选择构件进行集成,生成复合测试需求和集成测试用例。以此类推不断集成新构件,直到整个系统测试完成。

这种方法考虑了测试的顺序,可以避免重复测试。理论上模型可以从单元升级到系统,但实际上可能很复杂、难以处理。

4. 内置测试法(built – in tests in components,BIT)

该方法其实是一种新的构件规范,要求构件支持正常模式和维护/测试模式。要求在构件源代码中增加用于内建测试的成员函数,在维护模式下可以调用该函数,在正常模式下该函数不会激活。

这种内建测试的思想不局限于构件,对类和对象也适用,用处也很广泛,可以不局限于测试。但这种方法需要在获得源代码的情况下使用。

5. 回溯测试方法(restrospectors)

该办法能实现双向信息交互。除了向构件使用人员提供已测试的历史记录和进一步测试的推荐信息外,构件使用人员的测试信息可以反馈给构件开发方,帮助其进一步改善构件质量。

这种方法的优点是即使没有构件源代码,构件测试者也可以使用源码覆盖分析的方法。但由于不是构件标准,构件开发商不一定提供这个功能。

6. 构件软件流图方法(component – based software flow graph,CBSFG)

构件软件流图方法:首先把从软件需求和源代码中得到的信息(如数据流和控制流)进行可视化处理,生成 flow graph;然后借助结构测试技术生成测试用例。使用 component state machine 强调了构件的特征。第一步把变换 t = (source, target, event, guard, action)转化为嵌套的 if – then – else 结构,并把具有相同 event 的变换结合到一起;然后据此构造控制流图,并与依据构件源代码构造的数据流图相结合;第二步把所有的子图用控制流边和数据流边连接起来,把变量的定义和使用联系起来,然后用 alluse 判据产生测试用例。该方法的本质是使用数据流和控制流方法,加了一个全定义判据。

7. 基于 UML 的构件集成测试方法(UML based Test Model for component integration testing)

该方法利用 UML 顺序图和协作图来捕获系统接口相互作用产生的错误。这种方法把基于 UML 的开发过程与测试过程结合起来。首先从顺序图中得到正常和非正常事件流,从协作图中得到并发事件的事件流;然后根据构件的信息传递模式把时序图和协作图划分为 ASF(automatic system function)单元,据此得到完整的测试模型;最后根据 all – edge 选择判据选择测试用例。这种方法假设每个构件都经过了充分的单元测试,不再包含错误,把构件看作黑箱。另外,测试用例的选择判据还有待探讨,以保证测试的充分性。该方法有可能实现自动化测试,但目前还没有做到。

8. 构件元数据方法(component metadata way,CMW)

该方法是利用构件的开发者提供的构件元数据 meta – data 来分析和测试构

件,这些数据包含不同种类的信息并且有明确的上下文环境,由构件提供者在开发构件时嵌入这些信息,构件提供者还可以根据构件使用者的需要,增加相应的信息。构件元数据既可以描述构件的静态特性,也可以描述其动态特性,可以看作是大多数构件模型中的内省机制的一般形式。构件使用者在测试构件时,可以通过访问构件元数据获得相应的信息。该方法增加了程序分析的精确度,为构件使用者测试构件提供了方便。目前的构件标准 DCOM 和 EJB 已经提供了通过元数据来为构件使用者提供附加信息的机制,但是制定相应独立于构件开发者的构件元数据的标准比较困难,缺乏第三方构件提供者的支持,目前该方法还只能用来测试小型程序。

最后,对各类构件测试方法进行一个比较,如表4.1所列。

表 4.1 构件测试方法比较

序号	测试方法	测试的角度	单元测试或继承测试	自动化工具支持	容易使用
1	构件测试规约方法	提供者	单元测试	有	是
2	构件验证方法	使用者	两者都是	有	是
3	构件集成测试	使用者	集成测试	无	否
4	内置测试法	使用者	两者都是	有	是
5	回溯测试方法	两者皆可	两者都是	有	是
6	构件软件流图方法	使用者	集成测试	无	是
7	基于 UML 测试	使用者	集成测试	有	是
8	构件元数据法	提供者	集成测试	待开发	是

4.1.4　构件测试成熟度

美国卡内基·梅隆大学软件工程研究所提出的软件能力成熟度模型(capability maturity model,CMM)是一个广为接受的用于软件过程评估和软件能力评价的标准,分为初始级、可重复级、已定义级、已定量管理级和优化级五个成熟度等级。由于 CMM 的成功应用,Jeny Goa 提出了用于衡量构件测试过程成熟度模型(muaturity mdoel for a component testing process,MMCTP),该模型注重构件测试标准,测试的管理和衡量,如图4.1所示。

1. 特定的构件测试

构件测试过程被认为是一种特别的测试过程,具有以下特点:特定的测试信息形式,包括测试用例、测试过程、测试数据及脚本;特定的设计测试用例方法及测试标准;特定的质量保障及控制方法;特定的构建构件测试环境,如测试驱动程序和测试桩;不一致的构件需求及构件追踪机制。特定的构件测试过程效率低下而且

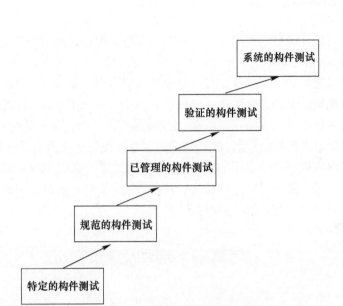

图 4.1　构件测试过程成熟度模型

代价很大,因为该方法只能复用少量的测试信息和测试驱动程序。此外,没有定义良好的测试标准,管理者很难控制该测试过程。

2. 规范的构件测试

构件测试过程是规范的,具备良好的测试管理过程和测试充分性衡量标准,定义了测试计划、测试用例、测试报告、运行追踪计划及错误报告。测试管理过程指的是构件质量控制过程、构件测试流程、配置管理过程及问题跟踪过程;测试充分性衡量标准包括黑盒测试及白盒测试标准、接受测试标准以及质量控制标准。已定义的机制包括支持构件状态跟踪、问题跟踪和配置管理方案。

3. 已管理的构件测试

如果构件测试过程能够收集到详细的衡量测试过程和构件质量的信息,这些信息包括构件测试代价、测试度量、构件质量度量以及测试过程,则该测试过程是可管理级的测试过程。

4. 验证的构件测试

构件测试过程是已经验证的测试过程,该过程定义并实现了验证构件的标准和过程。验证构件的标准包括验证测试过程、测试计划、测试工具、测试平台环境、测试标准、测试度量及测试报告。测试计划中包括验证测试这一过程,验证测试主要集中在测试构件使用者能够访问构件的方面,构件的安装和部署,构件定制或者配置功能。此外,该过程也有定义良好的验证程序和流程。构件验证测试人员根据指定的标准对构件进行验证测试,经过验证测试后,会根据测试报告为构件产品提供一份经过验证测试的证书。该过程包括规范的测试过程中的所有特征。

5. 系统的构件测试

如果测试过程定义并实现了将测试过程自动化的一系列系统的方法和机制,构件测试过程被认为是系统的构件测试过程。为了实现这一目标,工程人员需要定义规范的系统方法来支持测试活动,主要包括四个方面:测试集的设计及构造、构件测试设计、构件测试环境及配置管理。尽管该模型已经提出了有几年时间,但是目前该成熟度模型仍是适用的,尚未有其他的关于测试成熟度模型的研究。为了达到高的成熟度模型或者经过验证的构件,构件开发者必须采用持续测试构件的策略,把不同阶段的测试标准结合起来。

4.2　仿真构件自动化测试方法

目前,在构件测试方面有大量的深入的研究,也取得了一些成功的应用。但大部分的研究仍然集中在理论研究层面,可操作性、可实现性比较差。尤其是在自动化测试方面,离构件测试所要求的目标还相差甚远。雷达电子战仿真构件是专有领域的仿真构件,构件开发人员和构件使用(测试)人员都是领域内专业人员。如果将其领域特征与仿真构件测试结合在一起进行考虑,则能够降低构件测试的难度,使得仿真构件的自动化测试能够得以实现。

4.2.1　仿真构件测试方法分析

由前面的分析可知,相对于传统软件的测试来说,构件化软件测试所面临的难题主要在于构件的生产方和使用方是分离的,即构件生产方不提供源代码,使用方对构件信息的缺乏使得构件不易被理解,可测试性不强。针对构件测试的这一难题,现有构件测试技术中一个非常实用的思想就是增强构件的可测性,将构件测试向构件开发阶段的前期迁移,与软件开发的设计和编码融合。即在不增加或者少增加构件复杂性的基础上,将易于测试的原则融合到设计和编码之中,提高测试时对构件的可控制性和观察性。在这方面,最具代表性的测试技术主要有内置测试方法和构件元数据方法。

内置测试方法的基本思想是构件生产方在构件中预置测试方法并设置相应接口,支持正常模式和维护模式,在维护模式下可以调用其测试方法。但是,这种方法需要源代码,在信息封装和信息公开之间如何平衡是一个难点。过多公开细节违背了软构件的封装和组装的目的,而过少则可能对使用者帮助不大。

构件元数据方法则由构件生产方提供构件的元数据,使用方不需要源代码就可以通过这些元数据获取构件的基本信息,从而完成相关的测试。元数据可以针对不同的用户需求进行提取,十分灵活,便于测试的进行。与内置测试方法相比,构件元数据方法更加灵活实用,也更易于扩展,也是本书比较推荐的一种构件测试方法。

在传统的构件元数据方法中,构件元数据包含不同种类的信息并且有明确的上下文环境,由构件开发人员在生产构件时嵌入这些信息。构件使用人员在测试构件时,可以通过访问构件元数据获得相应的信息。该方法增加了程序分析的精确度,为构件使用者测试构件提供了方便性。这种方法存在的最主要的问题是缺乏元数据的设计标准,元数据是由开发者独立制定的,并不能直接面向构件测试,构件测试人员只能被动地从构件元数据中提取可用于测试的相关信息,再生成测试用例进行构件测试。由于元数据的构建是面向开发,而不是面向测试的,所以并不能保证元数据描述信息对于构件测试支持的完备性,即不能够保证构件测试人员能够根据元数据信息设计出全部的测试用例。因此,传统的元数据测试方法一般只能用来测试小型程序,并没有得到广泛的应用。

在前面仿真模型构件的设计阶段,本书已经阐述了元数据的基本概念,也从增强构件可操作性的角度,对仿真构件的基本元数据的构成进行了分析,这里不再赘述。下面主要针对构件测试的应用需求,针对元数据的作用与特点进行分析,并对传统元数据测试方法进行改进,设计一种适合雷达电子战仿真构件的元数据测试方法。

仿真构件的封装性屏蔽了构件开发人员与构件使用人员之间的信息传递,这种信息封装使得两类人员被分割到不同的信息"孤岛"上,元数据作为构件信息的基本描述语言,成为了连接"孤岛"的桥梁,使得构件开发人员和构件使用人员可以独立于源代码,而通过这种描述信息交互建立联系。但是,由于相同的构件可能会应用于不同的应用环境,构件使用方对信息的需求并不相同,因此构件开发方所提供的元数据并不能满足所有构件使用方的要求。特别是有些信息,如数据相依性或复杂性度量计算起来代价高昂,还有一些信息,如文档或与新版本对以前版本所作的修改就必须在代码外提供。

从构件提供方的角度来看,元数据系统必须满足如下基本需求。

(1)在构件编译和连接时、构件导入时、构件执行期间以及在构件开发期间的任何时候可创建、访问或修改与该构件相关的元数据。

(2)系统必须能进行扩展,使其能增加新的元数据。

(3)系统必须与程序语言、硬件结构和中间具体实现无关。

(4)当构件版本发生变化,从而修改元数据值时,必须通知相关的应用程序,这就需要建立合适的通知机制。

（5）应用程序必须能通过适当的方式访问当前的元数据值。

（6）必须建立适当的查询机制，满足不同构件使用方对构件信息的需求。

（7）必须提供标准的方法记录和存储不同的元数据。根据不同的构件类型可能还有其他的具体需求。

从构件使用方的角度来看，元数据必须具有如下功能。

（1）方便的元数据访问机制。由于源代码对于构件使用方来说是未知的，因此在集成应用程序时所需的一些分析和测试数据必须能从元数据中获取，如构件提供方提供的数据流分析结果以及代码依赖和控制关系计算等。

（2）给出构件提供方对构件的测试结果。由于构件和用户应用程序是以不同的语言实现的，因此基于用户应用程序的实现语言的分析工具不能对所集成的构件进行测试和分析。

（3）元数据系统应提供特定的配置项，使得不同的应用程序可以根据元数据的信息来选择构件的功能项。

通过上面的分析可以知道，构件开发方构建元数据的目的是要为构建使用（测试）人员提供足够丰富的描述信息，以方便构件的使用与测试，如果构件开发方与构件使用方对于构件元数据的认识不一致，则会导致元数据传递信息的功能降级甚至失效。目前现有的构件开发框架如 CORBA、COM +、ActiveX 以及 Java Beans 都提供了元数据功能，但是所提供的功能缺乏通用性，仅仅提供了一维信息，如属性列表。但是随着构件复杂度的提高，以及构件使用方对构件软件质量要求的提高，这样的元数据模式显然无法满足复杂度不断增加的构件开发需求。因此，针对构件元数据测试方法的改进，主要在于如何利用领域模型特征，制定元数据的领域标准，增强元数据在领域内的通用性与可理解性。

4.2.2　仿真构件元数据设计

针对雷达电子战仿真领域的具体特征以及元数据的一般功能和要求，参照本书定义的仿真构件概念模型，将元数据进行结构化分块处理。结构化分块元数据如图 4.2 所示，分为基本元数据块、端口元数据块、接口元数据块、实现元数据块以及数据类型元数据块，并参照面向对象的设计思想，将这几种元数据封装在一起，构成一个元数据对象，具体使用时可以对该对象进行操作，直接进行应用。

图 4.2 说明了元数据对象的框架，基本元数据包括对构件属性的一般性描述，包含构件使用方在集成到应用环境中所需的静态信息，描述或标识构件内容和外观特征。本书根据构件所具有的特性，将描述构件静态特性的描述性元数据按照标识、应用、成熟性、变更和质量保证五个方面进行划分，每一层次包含若干属性。

图 4.2　结构化分块元数据

数据类型元数据块用于描述构件与外部进行交互数据类型,用于刻画构件组合时,需要外部提供的数据类型支持,参照前文统一数据类型的描述,数据类型元数据块包括基本型、索引型以及容器型三种类型,每一种类型下又包含若干子类型,其具体内容要根据构件的端口与接口设计而定。

端口元数据块用于描述构件端口及端口参数,构件端口分为输入、输出、系统以及仿真四种类型,每种类型下面包含若干参数,其具体内容决定于构件的设计。

接口元数据块用于描述构件接口及接口函数(或方法),构件接口分为控制、管理、查询、通信及调试五种类型,每种类型下面包含若干函数。其中,函数又分为预定义函数与自定义函数,预定义函数为仿真构件设计中的不变部分,自定义函数为仿真构件设计中的可变部分,决定于构件的具体设计。

实现元数据模块用于描述构件实现的相关内容,包括实现的关键技术、关键模型以及一些相关的实现方法描述,该部分内容决定于仿真构件开发者,可由仿真开发者决定暴露仿真实现细节的程度来决定,为可选实现部分。如果仿真构件开发者不愿意暴露任何实现细节,则可以忽略这部分的元数据。同时,对于测试来说,这部分也不是必需的,但是会有助于构件测试者设计出更合理的测试用例。

1. 仿真元数据形式化定义

基于上面的描述,可以对结构化分块元数据进行形式化的定义,结构化分块元数据对象(structured block metadata object,SBMO)为一个五元组(M_B,M_D,M_P, M_I,M_R)。

1)M_B表示基本元数据块

$M_B = \{P_{id} \cup P_{app} \cup P_{mat} \cup P_{cha} \cup P_{qua}\}$,其中的五个元素分别表示基本元数据块的五个方面,即标识、应用、成熟性、变更和质量保证,对于 $\forall i, i \in \{id, app, mat, cha, qua\}$,有 $P_i = \bigcup\limits_{i=1}^{n} A_i$,其中,$A_i$ 为每个方面的若干属性之一,$A_i (1 \leqslant i \leqslant n) \neq \varnothing$,且 $\bigcap\limits_{i=1}^{n} A_i \neq \varnothing$。

2)M_D表示端口元数据块

$M_D = \{DP_{bsc} \cup DP_{idx} \cup DP_{con}\}$,其中的三个元素分别表示数据类型的三大类,即

基本型、索引型和容器型，对于 $\forall i, i \in \{\mathrm{bsc}, \mathrm{idx}, \mathrm{con}\}$，有 $DP_i = \bigcup\limits_{i=1}^{n} D_i$，其中，$D_i$ 为每个方面的若干参数之一，$D_i (1 \leqslant i \leqslant n) \neq \varnothing$，且 $\bigcap\limits_{i=1}^{n} D_i \neq \varnothing$。

3）M_{P} 表示端口元数据块

$M_{\mathrm{P}} = \{PP_{\mathrm{in}} \cup PP_{\mathrm{out}} \cup PP_{\mathrm{sys}} \cup PP_{\mathrm{simu}}\}$，其中的四个元素分别表示端口元数据块的四个类型，即输入、输出、系统和仿真端口，对于 $\forall i, i \in \{\mathrm{in}, \mathrm{out}, \mathrm{sys}, \mathrm{simu}\}$，有 $PP_i = \bigcup\limits_{i=1}^{n} B_i$，其中，$B_i$ 为每个方面的若干参数之一，$B_i (1 \leqslant i \leqslant n) \neq \varnothing$，且 $\bigcap\limits_{i=1}^{n} B_i \neq \varnothing$。

4）M_{I} 表示接口元数据块

$M_{\mathrm{I}} = \{IP_{\mathrm{ctrl}} \cup IP_{\mathrm{mgr}} \cup IP_{\mathrm{qry}} \cup IP_{\mathrm{comm}} \cup IP_{\mathrm{deg}}\}$，其中的五个元素分别表示端口元数据块的五个类型，即控制、管理、查询、通信与调试接口，对于 $\forall i, i \in \{\mathrm{ctrl}, \mathrm{mgr}, \mathrm{qry}, \mathrm{comm}, \mathrm{deg}\}$，有 $IP_i = \bigcup\limits_{i=1}^{n} C_i$，其中，$C_i$ 为每个方面的若干函数之一，$C_i (1 \leqslant i \leqslant n) \neq \varnothing$，且 $\bigcap\limits_{i=1}^{n} C_i \neq \varnothing$。

5）M_{R} 表示实现元数据块

对于实现元数据块，一般仅作为参考，非必需项，开发者可以任意定制，不需要进行形式化描述与定义。

2. 仿真元数据的 XML 表示

为了在不同的仿真构件开发人员与测试人员之间传递元数据描述的信息，在对元数据进行了定义，确定了元数据的内容之后，还需要一种标准的元数据表示方法来表示这些内容。

这里提出的构件元数据表示方法不依赖任何特定的构件模型，其目的是既可以让构件开发人员以规范的形式为构件添加附加信息，又可以让构件测试人员以通用的方法获取所需信息，实现构件开发人员与构件测试人员之间的信息交流。要达到上述目的，设计的元数据格式需要具有通用性，而且需要有一种标准的形式来描述这种元数据。同时，这种表示方法应能描述构件元数据信息，且便于计算机工具和构件测试人员处理构件元数据。

XML 是由 W3C 定义的一种结构化的可扩展标记语言。XML 提供良好的数据存储格式，其扩展性好、结构化程度高、数据搜索准确，是一种基于文本格式、与平台无关、开放共享的数据存储格式，能有效降低数据交换的复杂性。除此之外，XML 由独立于商业公司的组织研发，其优越性已被业界广泛接受，成为数据描述的标准。因此选择 XML 作为元数据描述语言，可避免相关人员的重复学习。另外，XML 的特定语法描述有利于构件自动化测试。

根据结构化分块元数据对象框架及其定义，可以建立仿真构件元数据的 XML

模型视图。仿真构件元数据 XML 模型视图如图 4.3 所示。

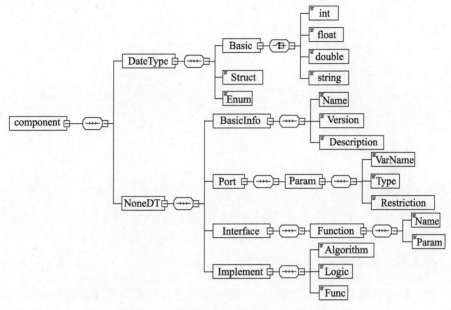

图 4.3　仿真构件元数据 XML 模型视图

图 4.3 描述了构件元数据对象基本内容,包括构件基本信息、数据类型信息、端口信息、接口信息以及实现相关信息。

其中,构件元数据数据类型信息的 XML 表示如图 4.4 所示,构件元数据非数据类型信息的 XML 表示如图 4.5 所示,包括基本信息、端口信息、接口信息以及实现相关信息。

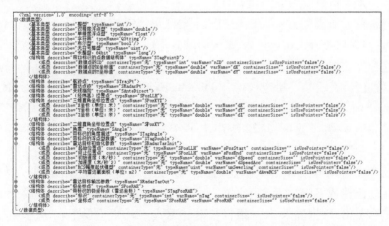

图 4.4　构件元数据数据类型信息的 XML 表示

图 4.5　构件元数据非数据类型信息的 XML 表示

4.2.3　仿真构件元数据查询

构件复用者使用构件元数据时:首先根据需求确定需要哪些元数据;然后再对构件元数据进行查询。如果构件开发者提供了相应的元数据,构件复用者即可取得所需的元数据。构件复用者的需求包括:检验给定构件是否满足可靠性和安全性要求,了解新版本构件代替旧版本构件对系统的影响,跟踪特定的执行路径等。为了能满足不同使用者的各种需求,构件开发者必须提供一种通用的方法便于构件复用者获取构件元数据。

为了达到上述目的,构件元数据应与构件本身分开存储,查询和获取构件元数据的方法必须与构件封装在一起。

查询构件元数据的方法可以使用如下语法形式来实现:

String[ ]component – name. getMetadataTags( )

在这个方法中,String[ ]表明该方法的返回值是一个字符串数组,component – name 是对象名,表示某一特定构件,getMetadataTags( )是为了查询构件元数据调用的方法。

为了获取构件元数据,这里使用 DOM(document object model)接口来访问 XML 文档。DOM 是以层次结构组织的节点或信息片断的集合,这个层次结构允许开发人员在树中导航以寻找特定信息。由于它是基于信息层次的,因此 DOM 被认为是基于树或基于对象的,它是一个基于树的 API。DOM 又是设计为创建、读取和编辑 XML 数据的 API,与语言和平台无关。DOM 提供了丰富的功能来解析和操作 XML 文档。DOM 解析 XML 文档后得到一个树模型,其根节点是 Document

对象,XML 文档中所有的节点都以一定的顺序包含在 Document 对象中,呈树形结构。使用 DOM 提供的方法对 Document 对象进行操作,可实现对 XML 文档的访问。

String[ ] component – name. getMetadataTags( )输入的是描述构件元数据的 XML 文档,输出是构件元数据的标签列表。首先通过解析描述构件元数据的 XML 文档,获得该文档模型的 Document 对象;然后遍历此对象的第一层节点,得到子节点列表,再输出。

这个方法首先对构件元数据建立了一张标签列表,用来存储构件开发者提供的各项构件元数据。构件复用者对选定构件进行测试时,通过调用 getMetadataTags( )方法可查询构件元数据信息。若构件开发者提供了构件复用者所需的元数据,构件复用者就可以使用此方法进一步获得相关信息。

获取构件元数据的方法可以使用如下语法形式来实现:

Metadata component – name. getMetadata(String tag, String[ ] params)

其中,Metadata 表示该方法的返回值是元数据类型的数据。component – name 是构件名,表示某一特定构件。getMetadata(String tag, String[ ] params)表示调用获取元数据的方法,这个方法有两个参数,String 类型的参数 tag 表示特定的元数据标签,params 表示 tag 元数据标签下包含的 params 元数据内容,这个方法返回的是元数据标签 tag 下包含的 params 元数据的具体内容。

这个方法的执行步骤如下:

(1) 读入描述构件元数据的 XML 文件和相应的参数 tag,params 的值;

(2) 使用 DOM 解析这个 XML 文档,得到相应文档的树模型 Document 对象;

(3) 用 getElementByTagsName(params)方法生成 Document 对象中的所有 params[i]($i = 0, 1, \cdots, n - 1$)节点的列表 Nodelist,对 Nodelist 调用 getLength 方法得到其长度 n;

(4) 设 $i = 0$,遍历 params[i]的子节点,生成 params[i]的子节点列表,并输出元数据 tag 所包含的 params 元数据的具体信息;

(5) $i + +$,若 $i < n$,跳转至(3),否则执行结束。

4.2.4　分层自动化测试框架

基于元数据的分层构件测试主要从两个方面进行考虑:一是构件生产方,主要是仿真构件元数据的提取和描述,这部分在前面已讨论;二是构件的使用方,主要是如何利用构件的元数据信息进行构件的测试,主要包括建立分层测试体系结构以及实现构件测试,下面主要对这部分进行研究。

在分层的雷达电子战仿真体系结构中,各层次的仿真构件的功能和模型粒度不同,构件基本结构却是一致的,都是通过封装接口来提供构件功能,构件的测试也都是通过操作接口来进行的。因此,可以搭建一个通用的测试平台以适用于各类构件的测试。如上所述,建立基于元数据的分层自动化测试架构,如图 4.6所示。

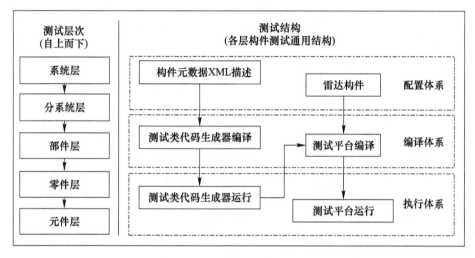

图 4.6 分层自动化测试架构

该分层测试体系结构由配置体系、编译体系和执行体系三部分组成。

(1)配置体系用来提供基本的测试信息,包括了测试构件元数据的 XML 描述,以及待测试构件的文件(如 dll 文件)配置。

(2)编译体系包括 XML 解析器、测试类代码生成器的编译以及仿真构件测试平台的编译,它负责将配置体系包含的测试配置信息解析为特定语言相关的源代码,进而编译成可执行文件,同时负责将构件集成到测试平台生成可执行的测试程序。

(3)执行体系负责执行编译体系生成的编译结果,生成测试类提供给仿真构件测试平台,并执行测试,将测试结果返回给用户,按照预定格式生成测试报告。

4.3 构件测试工具设计与实现

构件测试工具是实现仿真构件有效测试的基础软件,提供了仿真构件动态加载以及运行测试环境,无须编写任何测试代码即可实现仿真构件的静态测试与动态测试,并能够以可视化的方式或文本文件的方式将测试信息反馈给用户,从而降低仿真构件测试的难度,避免大量重复的测试用例或测试代码编写,减少仿真构件测试人员的工作量,提高仿真构件测试效率。

4.3.1　需求分析及设计

1. 总体需求

系统的需求描述相当于系统设计与开发的规格说明书,它定义了软件系统需要实现的功能指标,对构件测试工具软件进行设计之前需要对软件的功能需求进行详细分析设计。UML 中的用例图可以很好地定义软件系统的功能需求,并以软件开发人员和用户都容易理解的规范化的图形元素进行描述和表现。因此,下面将以用例图的方式进行构件测试工具的需求分析和功能设计。

通过对构件测试工具的总体功能进行概括,形成系统总体需求。本构件测试工具的总体功能主要包括以下几个方面。

(1)仿真构件加载。能够实现各类仿真构件的动态加载和重复加载。

(2)构件信息显示。自动读取加载后的构件信息,包括元数据信息、端口信息以及接口信息等,并显示于图形界面。

(3)静态测试。能够对构件执行静态测试,对构件端口数据类型的有效性及构件接口的可执行性进行测试。

(4)动态测试。能够对构件执行动态测试,可输入仿真构件测试参数动态执行构件(可多次执行)并输出测试结果。

(5)测试显示与存储。能够显示测试的过程信息以及测试结果,也能输出到指定的文件进行存储。

构件测试工具可以提供给构件开发人员、构件测试人员、构件管理人员以及构件使用人员使用,对各类用户,软件工具提供的功能是没有区别的。因此,在软件功能需求分析部分,没有必要加以区分,可以将用例图对应的角色唯一设定为仿真构件测试人员。

基于上述分析,建立仿真构件测试工具的用例图,如图 4.7 所示。

2. 详细需求

按照系统功能总体分类,下面从仿真构件加载、构件信息显示、静态测试、动态测试、测试信息显示与存储等几个方面对构件测试工具的进行详细分析设计。

1)仿真构件加载

仿真构件加载用例图如图 4.8 所示,能够动态加载构件到测试工具中,并调用执行构件提供的全部功能接口,是进行构件测试的前提条件。为了实现构件的动态加载和重复加载,必须实现三个方面的功能:读取构件文件、动态加载动态库、重置测试环境(包括卸载已加载的构件动态库)。

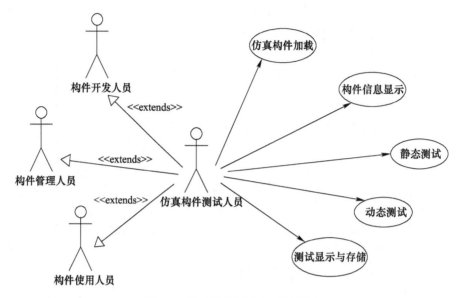

图 4.7   仿真构件测试工具用例图

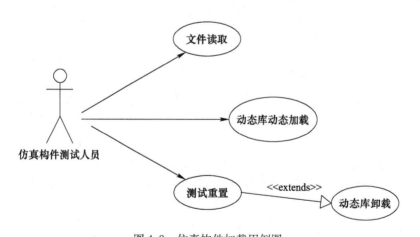

图 4.8   仿真构件加载用例图

2）构件信息显示

构件信息显示用例图如图 4.9 所示,仿真构件动态库加载完毕之后,构件测试工具要能够自动读取加载后的构件信息,包括构件描述信息、端口信息以及接口信息等,并显示于图形界面,以便测试人员查看构件的基本信息并开展后续测试。

3）静态测试

静态测试的用例图如图 4.10 所示,将构件测试分为静态测试与动态测试两部

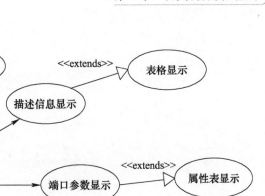

图4.9 构件信息显示用例图

分,静态测试的内容包括构件加载测试(测试能否读取到正确的元数据)、构件端口测试(测试能否读取到正确的构件端口参数)、构件接口测试(测试能否正确加载/执行全部的构件接口)。

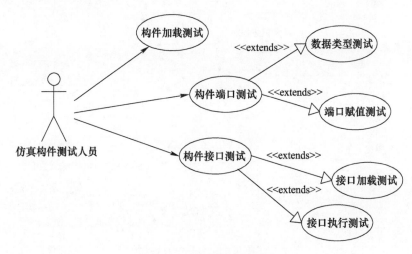

图4.10 静态测试用例图

4)动态测试

动态测试用例图如图4.11所示,动态测试是构件的运行功能测试,为了实现动态测试,需要实现以下三方面的功能:能够输出测试参数、能够执行运行控制(包括开始、暂停、继续、停止等)、判断运行输出结果是否与预期的一致。

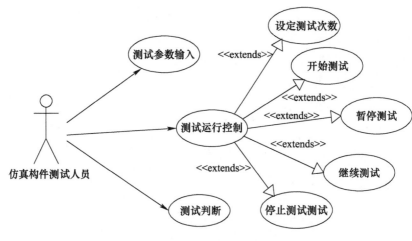

图 4.11　动态测试用例图

5）测试信息显示与存储

测试信息显示与存储用例图如图 4.12 所示，能够显示测试的过程信息以及测试结果，也能输出到指定的文件进行存储，这些信息包括构件加载信息、静态测试信息以及动态测试信息。

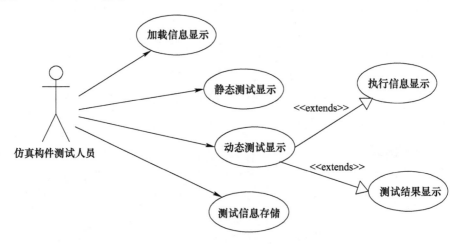

图 4.12　测试信息显示与存储用例图

4.3.2　功能模块设计

1. 总体设计

确定了系统的总体需求之后，通过对需求分析的抽取，得到功能需求，然后依据功能需求进行系统的总体设计。构件测试工具的总体框图如图 4.13 所示,总体设计时按照需求进行相应的功能模块划分,具体包括了仿真构架加载模块、构件信息显示模块、静态测试模块、动态测试模块、测试显示与存储模块。

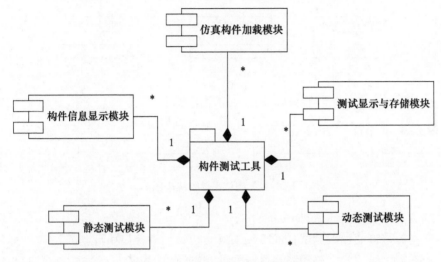

图 4.13　构件测试工具的总体框图

2. 详细设计

用例图详细地描述了系统的功能需求及设计用例。在总体设计的基础上,将各个用例中所需要用到的数据实体及各种逻辑控制实体抽取出来,形成类图。类图显示了模型的静态结构,特别是模型中存在的类、类的内部结构及它们与其他类之间的关系等,是从静态的角度详细描述系统。

本构件测试工具涉及的类比较多,限于篇幅,本书没有列出所有类的详细描述,仅列出静态测试模块与动态测试模块这两个模块相关的核心类。

静态测试模块的主要功能是执行构件静态测试,为了实现仿真构件的静态测试,需要从元数据读取测试、构件端口测试、构件接口测试三方面进行考虑。其中,元数据读取测试主要就是需要判断能否正确加载构件,读取到构件的元数据描述;构件端口测试需要判断端口参数类型是否正确,端口能否正确赋值与取值;构件接口测试首先需要判断能否正确加载所有的构件接口,然后再逐个执行接口功能,判断能否执行。基于上述分析,进行静态测试模块的类设计。图 4.14 给出了构件设计模块类图。

图 4.14 给出了构件设计模块的主要实现类,其中,ComLoader 类实现构件加载的功能;MetaDataTestor 类负责元数据读取与测试的实现;StaticTestor 类实现静态测试功能;PortSetGetTest 类负责构件端口赋值/取值测试;DataTypeTest 类负责

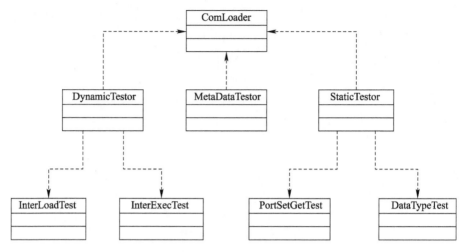

图 4. 14　构件设计模块类图

构件端口数据类型的测试;DynamicTestor 类实现构件动态测试功能;InterLoadTest
类负责构件接口的加载测试;InterExecTest 类负责构件接口执行测试。

　　动态测试模块的主要功能是执行构件动态测试,为了实现仿真构件的动态测
试,需要实现测试参数输入、测试运行控制以及测试判断三方面的功能。其中,测
试参数输入需要提供人机输入界面,进行输入参数的编辑。测试运行控制的实现
有两个方面功能:一是提供测试运行引擎,二是能够对测试运行进行开始、暂停、继
续、停止等控制操作;测试判断是判断运行结果是否符合预期指标。基于上述分
析,进行动态测试模块的类设计,图 4. 15 给出了动态测试模块类图。

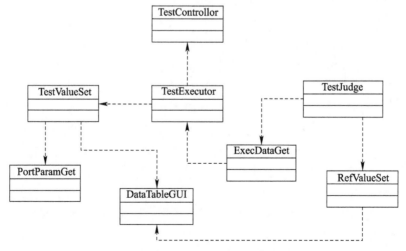

图 4. 15　动态测试模块类图

图 4.15 中给出了动态测试模块的主要实现类,其中,TestControllor 类用于实现测试运行控制,提供测试运行次数设定,测试开始、暂停、继续与停止等功能;TestExecutor 类为测试运行引擎,实现仿真构件的测试驱动;TestValueSet 类用于实现测试参数值的输入;PortParamGet 类用于读取构件的端口参数类型;DataTable-GUI 类用于显示端口参数类型,并提供参数值编辑功能;ExecDataGet 类用于获取测试运行的输出结果数据;RefValueSet 类用于设置预期的输出值,用于判断;TestJudge 类用于生成动态测试的测试结果。

4.3.3　软件实现

完成对构件测试工具的需求分析、总体设计、模块划分与详细设计之后,就可以按照设计进行系统的软件开发。下面针对系统核心功能的实现,分别进行介绍。

1. 仿真构件加载功能

启动构件测试工具之后,单击工具栏"加载构件"按钮之后,会弹出加载构件文件的对话框,可以选择构件文件(dll)加载到测试工具中,构件动态加载界面如图 4.16 所示。

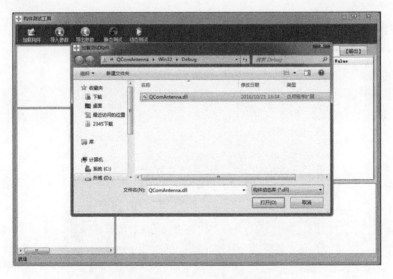

图 4.16　构件动态加载界面

2. 构件信息显示功能

测试构件成功加载之后,会在运行界面上显示构件的相关信息,包括元数据信息、端口信息以及接口信息等,构件信息显示界面如图 4.17 所示。测试工具会自动通过构件元数据和构件端口参数属性表,给用户提供参数值的读取与写入等操作。

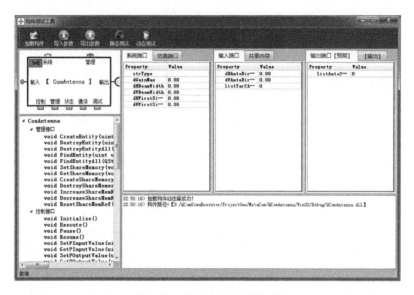

图 4.17　构件信息显示界面

3. 静态测试功能

构件成功加载完毕之后,单击工具栏"静态测试"按钮,会自动进行构件的静态测试,测试结果会在弹出的测试界面上显示,静态测试运行界面如图 4.18 所示。

图 4.18　静态测试运行界面

4. 动态测试功能

　　静态测试完成之后,用户通过端口参数表输入相关测试参数值,单击工具栏"动态测试"按钮,会调用测试运行引擎进行动态测试,测试结果会以弹窗的方式显示出来,动态测试运行界面如图 4.19 所示。

图 4.19　动态测试运行界面

第 5 章

仿真构件管理技术

构件化组合仿真有一个很明显的优势即能够重复利用已有的仿真模型构件组合成新的仿真应用系统,是一种仿真模型构件数量持续增多、仿真系统功能日益丰富的积累式的仿真开发模式。在这种模式下,随着建模仿真研究和复用实践的不断深入,仿真系统研究组织内部必然会积累包括自主开发、商业购买或其他组织开发的大量仿真构件。如何有效地管理仿真构件,减少获取可复用构件的代价,保持较好的复用效果,保证仿真软件构件被准确地描述、妥善地存储以及能够方便地检索到就成为一个非常关键的问题。为实现仿真构件的管理,需要一种作为基础设施的系统软件来完成所有管理功能,仿真构件库正是这种有效管理构件的工具。

仿真构件库是组织、收集、访问与管理可复用仿真构件的基础设施,也是仿真构件开发和仿真构件组合应用之间的一个桥梁,为快速开发、快速部署仿真应用系统提供了管理维护工具。仿真构件库不仅是一个只能进行插入、删除操作的仿真构件存储器,也必须能够有效地组织和管理大量的可复用仿真构件,能够支持对仿真构件的描述、存储、管理,提供良好的检索手段,支持仿真开发者在开发过程中方便地查询、理解和选取所需构件,使得基于构件复用的仿真软件开发成为现实。仿真构件库一般由仿真构件数据和构件库系统组成,仿真构件库数据包括仿真构件本身及其描述性信息和组织性信息,构件库系统则由构件库框架和构件库工具组成。

5.1 构件库基本概念

5.1.1 构件库技术

构件库是可重用软构件的集合,是一个包括人员、工具和过程的组织,主要目的是提供软件生存周期产品的重用机制以满足特定的软件代价——效益和生产率,并作为开发可重用软构件和基于可重用构件开发这两个生存周期的联系体系。

构件库类似于用来存储、检索和管理构件的数据库,是开发可重用构件和使用可重用构件的中间媒介。

在构件库系统的发展过程中,出现了多种不同形式的构件库,主要包括以下四类。

1. 子程序库和类库

高级程序语言编译器提供的开发工具中一般都带有若干子程序库,如 C 语言的库函数。类库是面向对象编程语言(object – oriented programming language,OOPL)中不可缺少的组成部分,如微软公司的 MFC、SLTN 的 Java 类库等。一些面向某个领域的通用子程序库也发挥了很大的作用,如数学程序库就是非常成功的子程序库,它们都是最早出现的构件库形式。

2. 领域专用构建库

领域专用构件库是用于存储和管理某一特定领域构件的构件库,如军事领域构件库,商业领域构件库。

3. 软件资产库

20 世纪 80 年代末 90 年代初,研究人员认为在过程分析、设计、编码、测试等阶段中一切有重用价值的软件成分都可以称为构件,这是广义范围的软件构件,这些构件也称为软件资产。软件资产库主要用于存储管理这些广义范围的软件构件,也是构件库领域研究的对象。

4. 具有完备构件检索系统的构件库

构件的检索和获取是构件库的重要功能,构件检索系统是支持可重用构件分类和检索的自动化工具。例如,软件搜索引擎是近年来 CMU/SEI 的 Seacord 等研究和开发的一种构件检索系统,能够在互联网上自动查找和搜集 Java Beans、ActiveX、CORBA、EJB 构件,获得构件的 URL 等相关信息,并为之建立索引。

5.1.2 构件库基本功能

构件库管理系统主要负责构件库的建立、使用和维护。它建立在操作系统支持的基础上,对构件库进行统一的管理和控制,提供各种构件库管理工具,方便用户对构件库进行管理、配置和维护,保证构件库数据的一致性和完整性。构件管理系统首先必须对各种使用构件库的人员进行管理,以区分不同用户角色,通过赋予不同权限,从而保证构件库数据的安全性和一致性。构件库管理系统主要是对构件进行管理,因此,构件库管理系统必须提供以下构件管理模块,包括构件新建、构件入库、构件修改、构件删除等,从而完成对单个构件的管理。为了支持构件组装,构件库管理系统还必须提供构件浏览、构件检索等功能来支持构件集成。因此,一般的构件库管理系统相关功能如下。

1. 用户管理功能

通过为不同用户提供不同的权限,来维持构件库数据的安全性,当用户使用系统时,先输入用户信息,经过验证后才能使用该系统。通过赋予用户不同角色,对不同用户身份进行管理,对构件的增加、更新、删除等权限分别赋予不同的角色。

一般构件库管理系统将使用构件库的人员分为三种角色。

(1)系统管理员。负责整个系统的日常维护以及故障维护,向构件库系统增加用户,授予其他类别用户不同权限,拥有对整个构件库进行修改、访问的权限。

(2)构件开发人员。对构件库中的构件进行增加、更改、删除、维护,方便复用人员使用。

(3)构件复用人员。使用构件库,访问构件库中的构件,对构件只有访问的权限,不能对构件进行修改。

当某类角色使用构件库时,管理系统一般会对其身份进行验证,防止非法使用构件库。

2. 数据库支持功能

构件库通过一些数据库标准接口来完成对构件描述信息进行读取和存储,既可以保证应用和数据管理的独立性,又可以保证应用和数据库的独立性,还可以保证系统的移植性。

3. 构件管理功能

该功能包括构件入库、构件修改、构件删除、构件浏览以及构件检索等几个部分。

1)构件入库

由构件管理员对构件进行操作,将对构件的描述信息存储到数据库中,将构件存储在相应的文件系统中,构件入库流程如图5.1所示,主要包括如下几个步骤。

(1)制定构件入库准则。主要是方便构件库管理人员从各种不同渠道提取构件。一般来说,构件的可复用性是入库的重要准则,另一个准则是构件应该高内聚、低耦合,即要求构件应该有相对独立的功能,构件间应尽量避免直接操作对方的数据。构件入库还有一条重要准则是构件粒度、规模应该适中。构件粒度反映了一个构件提供功能的多少。当软件系统由大粒度构件构成时,系统框架简单,但大粒度构件功能结构复杂,其复用的机会少,不够灵活,可复用性低。当软件系统由小粒度构件构成时,构件可复用性较好,但构件部分变得复杂,难以理解。而且,利用小粒度构件创建应用的工作量较大,因此必须合理地规划构件的粒度。当构

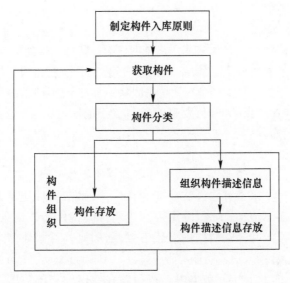

图 5.1　构件入库流程

件粒度过大或非常复杂时,应适当分解,将其分离成多个构件,以减轻构件复用人员理解构件的负担。

（2）获取构件。获取构件的途径包括,从现有系统中提取符合要求的构件,直接使用或适当修改,从而得到可复用的构件;通过对遗留系统进行再工程,将具有潜在复用价值的构件从遗留系统中提取出来;从市场上购买的货架构件;开发的符合要求的构件。

（3）构件分类。获取大量的构件之后,一个非常重要的工作就是构件分类,这是实现分类存储与分类检索的基础。

（4）构件组织。构件入库的最后一个步骤是对构件信息进行组织,包括构件本身的组织和构件描述信息的组织。一般来说,构件库中的构件,不管是其抽象层次如何,一般采用文件的形式存放在文件系统中。文件系统通过建立目录及子目录的形式组织构件的存储。在提取构件时,通过文件路径的定位就可以得到所需构件。因此,在构件描述信息中必须保存构件本身的存储信息。构件信息给用户了解构件、认识构件提供了一种途径,一般包括构件的基本属性、开发环境属性、相关描述信息等。软件复用人员通过对构件描述信息进行检索来完成对构件的检索。

2）构件修改

修改构件库中构件或构件类信息时,在构件库中选中需要修改的构件或构件类节点,系统提供修改其相关功能。实际上是修改数据库构件实体表或构件类表中对应字段的对应值。

3）构件删除

删除构件和构件类的具体实现方式有所不同,删除构件比较简单,在构件库系统中选中需要删除的构件进行删除,同时从数据库实体表和构件层次表中删除相应记录。如果是删除构件类时,必须考虑删除隶属于该构件类的所有构件和构件类,即在删除构件类节点的同时,要删除该节点下的所有节点,包括子节点下的下级节点,可以采用递归删除的方法。

4）构件浏览

为了增加构件的可理解性,一般构件管理系统提供几种浏览方式,让软件复用人员可以从不同角度来了解构件的功能和特性。通常,构件浏览的内容包括构件实体信息和构件描述信息。如果复用人员想要访问构件实体信息时,构件库系统应当通过访问有关构件存储的构件描述信息,从而将构件实体信息显示给复用人员。一般情况下,复用人员不会直接访问构件实体信息。构件描述信息存储在数据库中,构件库系统只要访问数据库。将存储在数据库中的数据返回给复用人员能够完成对构件描述信息的浏览。

构件库系统在提供构件浏览功能的同时,也是对构件库中的构件进行分类的过程,复用人员往往只对构件描述信息的某些部分内容感兴趣,不可能为了寻找某个构件而完成对构件库系统中所有构件的浏览。通过引入一定的分类机制,复用人员可以直接找到自己感兴趣的内容,从而大量减少软件人员不必要浏览的数量,提高浏览质量。

5）构件检索

一般构件库管理系统提供多种检索机制,包括关键词检索、不同刻面检索等方法来支持构件的检索。

5.1.3 构件库设计原则

为了更好地对构件库中的构件进行管理,提高构件的复用价值,围绕构件库基本功能进行仿真构件库设计时,应该满足以下几点要求。

1. 定位和主题要明确

在建立构件库时,必须明确该构件库的定位和主题。定位和主题不同的构件库,目标领域、组织模式和管理模式也不同。例如,前面讲到的构件库有面向项目的、面向领域的、面向构件共享和面向构件市场的,各个组织的规模、目标领域、组织模式不同,因此构件库在组织中的角色和作用也不相同。

2. 拥有不同形式的、大量的、能够复用的构件

这是建立构件库的基础,也保证了构件共享的实现。因此,构件库系统需要提

供收集和操作构件的功能。

3. 具有较强的实用性

实用性是构件库系统必须考虑的主要因素之一,因此构件库系统要能够提供方便的构件检索功能,以便使用者检索使用。

4. 具有复用跟踪能力,可以提供辅助决策支持

构件库系统要能够对构件复用情况进行历史记录,并通过分析用户的反馈信息,给用户复用构件提供决策支持,以协助构件使用者更好地识别和选取构件。

5. 具有较强的适应性和扩展性

构件库本身应该符合 Open Souce 概念,这样构件库才能具有良好的发展,不断被改善。另外,在保证构件库系统一致性和完备性的前提下,构件库要适应应用需求的增长而演化、扩展。

6. 具有良好的可集成性

构件库系统应该能够提供封装良好的应用程序编程接口,实现与其他平台系统的无缝连接。

7. 能够与其他构件库互操作

构件库系统应该能与其他异质构件系统相互访问,实现构件共享和构件互操作。

8. 提供开放的系统技术

该技术为软件复用提供良好支持。其原则是在系统的开放中使用接口标准,同时使用接口标准的实现。这些为系统的演化提供了稳定的基础,也为异构环境下构件库系统间的互操作提供了保证。

5.1.4　构件库体系结构

构件库的体系结构是构件库的框架和支柱,它决定着构件库的内部结构和各子系统的功能,构件库体系结构的合理性会影响构件库各方面的性能,如构件库的可扩展性、可维护性等。构件库的体系结构设计在构件库整个系统设计中占有非常重要的地位。

构件库从功能上讲,其总体结构已经被众多研究者所共识。通常,构件库总体结构按功能可分为三层,即表示层、应用层与数据层,如图 5.2 所示。

(1) 表示层。接收外部发出的申请,将申请处理后,把相应的内容传递给申请者,完成表现逻辑。在构件库中表示层主要表现为界面部分,不同的表现逻辑有不同的表现形式。

(2) 应用层。将表现层提出的请求转换为对数据服务层的请求,并将数据服务层返回的结果提交表现层,完成应用逻辑。在构件库中,应用逻辑层体现为构件

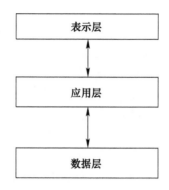

图 5.2　构件库总体结构图

库系统的主要功能和其实现。应用逻辑层完成界面传来数据的处理后,将处理结果返回界面。

（3）数据层。包括数据库及其服务与管理系统,负责对从功能层传来的数据进行处理,并且对功能层屏蔽处理细节。

用户对数据的访问请求是通过表现层的客户端提供的用户界面输入,经过应用逻辑层中应用逻辑转换为对数据层的数据请求,数据层的服务器处理完请求后,将结果通过应用逻辑层返回给表现逻辑层,由表现层输出显示给用户。

这种三层逻辑结构将其任意一层改变不影响其他层的内容,有利于功能的独立与扩展,为构件库体系结构设计明确地指出一个方向,它已被广泛认同,在许多实践中已被证明是较好的。

传统的可重用构件库的体系结构主要有仓储型和层次型两种。

1. 仓储型

传统仓储型构件库体系结构如图 5.3 所示,在这种体系结构下,只能通过查询子系统和检索子系统返回检索结果。用户需要根据经验以及领域知识,对提取的可重构软件做出决策。这样就会对用户的选择带来不便。在这种架构下会有两种不同的构件:一是表示当前状态的中央数据结构构件;二是在中央数据存储上运行的一组独立构件。仓储型与外部构件的交互随着系统的不同有着很大变化。

2. 层次型

层次型体系结构如图 5.4 所示,这种体系结构是分层次组织,每一层为上层提供服务,并且相对于下一层而言是一个客户。内层实现与其相邻的外层的信息隐藏,只提供一些输出结果。各层之间通过协议进行交互。层次型体系结构对用户的查询进行了过滤和筛选,提高了系统的查准率和查询速度。它支持逐步细化的设计,可帮助实现者将复杂问题分解成一种渐进步骤的序列。层次型体系结构扩

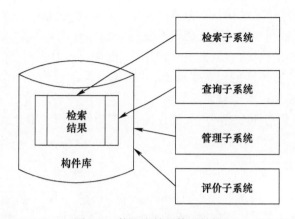

图 5.3　传统仓储型体系结构

展性较好,每一层只与相邻层发生作用,对其修改至多影响两层。但是采用层次型架构时,找到合适的抽象层次比较困难,另外还要考虑高层设计和低层实现之间的紧密耦合,因为这种耦合将会对系统性能产生影响。

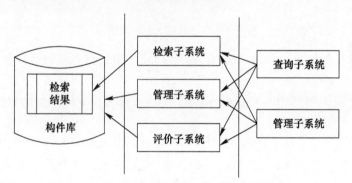

图 5.4　层次型体系结构

这两种体系结构的主要区别在于各子系统边缘功能的划分及连接的通信机制。总体来说,整个体系结构主要包括一个构件库和查询、检索、管理、评价等多个子系统。构件库中每个构件的存储数据主要包括:构件、构建描述文档和有关的规格说明文档、测试与演示实例等几个主要部分。在这些构件数据中可通过自动化析取或专家经验分析提取相应构件的特征轮廓,进而构筑分类方案和索引库。查询子系统和检索子系统主要负责给用户提供个性友好的查询手段以及快速正确的检索技术。管理子系统主要负责构件库日常的检索、查询的情况与领域专家的打分,并结合构件评价的定量模型适时地统计各构件的评价因数,以协助构件库的管理与查询。

传统的构件库体系结构基本上是建立在一种静态的组织、调度体系上的,虽然管理子系统可以定期地通过手工配置对复用库的内容进行调整,但这种调整往往是盲目的、滞后的。例如,当删去一个构件后,也许并没有更适合的构件可以适时地填补上,从而使复用库的覆盖率降低,有时填补上的也许是可复用性更低的构件,从而降低了复用库的检索率。

为了实现多个构件库之间的无缝连接,很多构件库引入中介服务器,改进的层次型体系结构如图 5.5 所示。

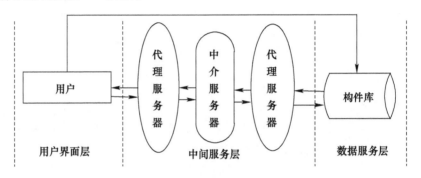

图 5.5　改进的层次型体系结构

这种体系结构大致分为三层,即用户界面层、中间服务层以及数据服务层,各个层次之间物理上通过 Internet 连接。其中,用户与各个构件库,中介服务器与各个构件库之间采用 ORB 中间件技术,用户与中介服务器之间采用远程数据库访问技术。

中介服务层存在两个数据库,即客户数据库(Client)和服务器数据库(Server)。其中,客户数据库存储了客户机的一些信息,当客户机上线并发出上线信息时,中介服务器可决定是否对该客户机提供服务,也可以平衡网络中服务器和客户机的比例,以保证客户每次请求调用都可流畅地完成。服务器数据库包括各个库的构件的公共信息、各个库的具体信息、各个库的数据模型信息,主要用来为用户提供如何定位构件的具体信息,绑定用户要访问构件所在的库,从而获取构件的全部信息。

数据服务层由物理上独立的多个构件库组成,可以与中介服务器直接交互,也可以通过由中介服务器直接提供给用户信息与用户间接进行分布式交互。

5.1.5　构件的分类方法

为了支持大规模的复用,构件库中必须拥有大量的构件供选用,当构件数量达到成百上千后,人力对构件库信息的掌握将无法满足要求,构件库必须具备高效的搜索功能,使用者可以通过检索来获得构件。因此,构件库必须建立一定的机制对其中的构件进行合理、高效的组织,合理地组织构件库的关键就需要合理地对构件进行分类。构件分类就是采用某种方法把这些特征类似的对象归并到一起,将构件共同组成的集合分成若干个子集,每个子集的元素具有相似的特征,通过其所具有的特征来检索和定位构件。构件的分类对构件的查询至关重要,良好的分类模式可以改善用户对复用构件的理解。

较好的分类模式应该满足以下几点要求。

(1) 分类信息能从复用者角度反映构件之间的关系。

(2) 分类模式要能应用于不同粒度的复用构件,并能应用于软件开发生命周期的各个阶段。

(3) 分类模式不能太复杂,否则会增加理解的难度,阻碍复用。

现有的构件分类方法很多,一般分为基于信息科学的方法、基于人工智能的方法、基于超文本浏览的方法、基于规约说明的方法。常用的是信息科学分类法,即根据一定的分类模式将构件集合划分为许多范畴。分类模式很多,从不同角度对分类模式进行划分,H. Mih 根据索引检索方法的不同,分为基于文本、基于词法描述字和基于规约三类;W. FrakeS 从构件表示出发,将现有方法分为人工智能方法、超文本方法和信息科学方法三类,其中信息科学方法在实际构件库的项目中应用较为成功。信息科学方法又分为基于受控词汇表(如枚举、刻面)分类和基于不受控词汇表分类两种形式。实际应用中使用较多的是枚举分类、正文检索、属性/值分类、刻面分类和关键词分类等。

1. 枚举分类

枚举分类又称为层次分类,它是将一个被关注的领域划分为若干不相交的子领域,构件按照某些性质分为若干大类,每个大类又划分为若干小类,经过若干次的分解就形成了构件的层次结构,实际的构件位于层次结构的最底层,其他层次则表示所属的父类或祖先类。

这种分类方法的优点在于对领域进行清晰、高度结构化的划分,概念清晰,容易理解和使用。首先,在构件检索时,用户可以沿着树形结构遍历,效率较高。但是,这种方法过于严格,分类模式难以随着领域的演变而变化,能够表示的关系具有局限性。其次,该分类模式需要大量的领域知识,要求枚举结构的创建者具有完备的知识体系。在建立层次结构之前,必须进行领域分析,寻找合适的供分类的性质,因此建立适当的枚举结构需要花费相当的代价。另外,对枚举值的描述存在二义性,各子集之间存在概念重叠,较难建立合适的枚举结构。

2. 正文检索

正文检索是从构件文档中自动提取分类信息,可以实现自动编码分类,也可以自动语言查询。此方法依赖每个构件的文本信息,这些信息可以是源程序、文档或专门为正文检索编写的描述。正文检索基于文中特定模式的识别。

正文检索法与形式化的分类法相比是全自动的,因此成本较低,但是精度较低,存在检索出较多无用信息的缺点,只有与成熟的语言处理系统结合才能从复杂的正文中准确抽取语法和语义信息。

3. 刻面分类

刻面就是某个领域的基本描述特征,是特定的反映构件本质特性的视角。刻面分类的主要思想来源于图书馆学。这种方法是将关键词(术语)放在一定的语境中,从不同视角进行精确分类。每个刻面由一组关键词(术语)构成,这些术语仅限于给定的刻面(受控的词汇表)中取值。关键词之间具有一般或特殊关系而形成结构化的术语空间,在术语空间游历可以帮助复用者理解相关领域,术语之间可以具有同义词关系。一个构件可以用多个刻面以及每个刻面中的多个术语描述,不同的刻面反映的角度不同。

刻面选择和术语空间的建立,依赖不同构件库的角色和复用组织的需求。例如,有关文献提出刻面有功能、对象、介质、系统类型、功能领域和应用领域;有的构件库定义的刻面为抽象、操作、操作对象和依赖;还有的构件库定义的刻面分别为使用环境、应用领域、功能、层次和表示方法。

描述字由不同刻面中的不同术语构成,用来描述构件库中的特定构件。通过用户构造描述子形成查询条件,在构件库中检索符合条件的构件,即

$$D = (T_{1m}, T_{2n}, \cdots, T_{ij}) \tag{5.1}$$

式中:D 为描述字;T 为术语。

刻面分类中,刻面下的术语通过一般/特殊关系的层次结构进行组织,并采用"术语层次"的形式进行显示,采用树状的层次结构有利于对术语空间的浏览和对术语的理解,有利于用户精化和定位术语,从而更快地查询到所需构件。对每一个术语又可附带有不定数目的同义词,使术语通过"同义"的关系组织。术语空间"同义"关系的建立,可以使构件库管理系统建立相似检索机制,这样用户可以在构件库现有的构件中找到所需改动最少的构件,提高复用效率。

刻面分类方法支持人们从多个角度对构件进行分类,灵活性较好,刻面和刻面描述方法中的术语可以方便地增加,术语空间易于修改和维护。但是,术语空间的确定是一个较为艰巨的知识工程。在构件库建立初期,术语空间会迅速增大,对于描述构件的术语要求具备一定的精确度。

4. 属性/值分类

该方法为所有构件定义一组属性,每个构件都用一组属性/值进行描述,使用人员通过指定一组属性/值对构件库进行检索。属性/值与刻面分类方法非常类

似,不同的是,刻面是严格筛选的,而且数量有限,一般不超过 7 个,而属性空间是有限的不定空间,属性数量没有限制。刻面之间正交,且一个刻面分类模式表达构件的一个完备的描述,属性分类法可以任意选取属性以检索构件。属性/值分类法没有优先级,刻面方法则可以设置优先级。

5. 关键词分类

每个构件用一组与之相关的关键词编目,用主题进行描述,通常关键词取值是不受控的词汇表,主题多为短语。每个主题下可有多个子描述,多为单词。查询者给出关键词来描述所需的构件。这种方法能够根据构件文档自动抽取术语,可节省人力,但抽取术语的精确度难以保证,另外由于缺乏上下文语境导致检索的效率也得不到保证。例如,构件文档中出现频率高的词语不一定是描述构件本质的术语。目前,对关键词、术语的抽取一般需要人力判断,工作量较大。

纵观构件的几种分类方法,枚举法、正文检索这类分类方法本质是层次型的,即先把所有的构件划分为大的种类,每个种类再划分为较小的种类,层次结构中的最低层就是构件,中间层就是构件所属的种类。使用者寻找构件时,从高到低逐层判断要找的构件属于哪一类,这样可以较快地找到目标。另外的属性/值分类、刻面分类和关键词分类几种方法更多倾向于对构件的描述,是从若干方面反映一个构件的特征。这类方法适合构件本身比较复杂、确定分类结构时比较困难的情况。

在构件库中,由于构件的种类和数量在不断发生变化,构件本身也在不断地淘汰、更新,所以构件的分类体系不是一成不变的,它应该具有良好的可扩展性和可靠性。当构件库应用于不同的领域时,原来的分类标准会变得不适用,如果构件库采用固定的不符合实际需要的分类体系,则会大大降低搜索的效率。

5.1.6　构件的存储方法

构件存储以合理的分类模式为基础,是构件库的基本功能之一。能否有效地对构件进行存储将关系到构件库的管理、构件的查询效率、构件的维护性等多个重要因素。对构件存储的研究,其目标是要提高存储空间的利用率和存取率,主要解决以何种结构、何种存储方式组织构件,如何体现构件之间的关系等问题,具体如下:

(1) 如何支持用户检索构件;

(2) 如何体现构件间的关系;

(3) 构件库如何组织;

(4) 存储构件时,如何完成构件的逻辑结构到物理结构的映射;

(5) 如何在保证开放性和高效率的前提下保障构件库的安全。

1. 构件的存储方式

构件库中的构件实体以一定的形式存在,因此需要某种物理形式存储,主要的构件存储方式是基于文件管理的存储和基于数据库技术的存储。基于数据库技术存储的有关系数据库、面向对象数据库。

1)关系数据库

关系数据库是比较成熟的数据库,已广泛地应用到众多系统中,它是以二维表为基本的存储形式,通过关联和查询来表现数据间的关系。关系数据库存储和管理的数据量较大时效率较高,技术较为成熟,它可以存储不同的数据类型和复杂的数据结构,能够表示结构化的数据,还可以方便地表达出数据之间的关系,提供多种线索进行查询,具有很高的查询效率。但是,因为构件形式多样,且构件之间的关系复杂,因此,仅仅用关系数据库来存储构件是有一定局限性的,主要有以下几个方面。

(1)构件之间的关系往往是复杂的,有复合、依赖等。关系数据库采用的二维表格数据模型不能有效地处理大多数构件之间典型的结构化数据,这样往往导致建立大量的表,建立期间的连接,处理方式变得复杂,却很难模仿出数据的现实关系,并且这些表之间的连接经常隐藏在程序里,而不是存在更易于管理的数据库中。

(2)关系数据库技术在有效支持应用和数据复杂性上的能力是有限的。

2)面向对象数据库

面向对象技术是使用丰富的数据类型来反映现实世界的数据关系,具有存储数据量大、易于维护、易于扩充、易于格式动态变动等优点。由于它本身具有的模块化和强有力的内部操作能力,能够有效地提高开发效率。因此,一些大型的数据库厂商都在积极研究将面向对象技术结合到现有的关系数据库的数据模型中,或者扩展数据模型以支持对象和多维的关系。虽然这方面的研究已经有相当的进展,但是面向对象数据库产品仍不够成熟,尤其在标准化和性能上不能令人满意。另外,有些构件不支持面向对象技术,所以,从实用性考虑,面向对象数据库目前作为构件底层的主要存储技术是有一定难度的。

3)文件系统

文件系统的存储特点是存储量大,对存储的数据体积无限制,而且可以存储多种不同的构件,符合对构件存储的要求。但是文件系统的查询效率较低,缺少有效快捷的检索途径,检索构件不方便,不利于大量数据的存储。另外,因为文件系统操作的基本单位是文件,文件之间不易建立复杂关系,无法满足高效率检索构件的需求,也无法满足在构件之间建立各种关系的要求。

纵观几种存储方式可以看出,数据库主要适合存放有复杂结构和相互关系并且对检索效率要求较高的数据,而文件系统适合存放对检索效率要求不高,但尺寸较大的数据,因此,单一的存储系统都不能高效、灵活地存储和管理构件。很多构件库都是采用相结合的存储方式,例如,青鸟构件库采用的是将数据库与文件系统相结合来存储构件。

2. 构件间的关系对构件存储的影响

构件之间存在着多种关系,某些关系会对存储方式产生影响。

1）复合关系的影响

复合关系是指由于封装层次的不同,一个构件可能由多个较小构件组成,例如框架构件和类构件之间的关系。与复合关系相关的概念还有原子类构件和组合类构件。原子类构件是指系统开发中无须再分的最小基本单元。组合类构件是由原子类构件或组合类构件复合而成。复合关系对存储方式的影响主要体现在是否将组合类构件的实现实体保存在构件库中。在构件库中通常只保存组合类构件的构件描述信息。

2）版本关系的影响

版本关系是指同一构件可能经历了多次修改或升级而形成多个版本。版本关系对存储方式的影响主要体现在不同的存储粒度,随着对构件的修改和升级,构件的相关文件可能发生变化,对存储空间的占有率也随之不同。

3）同功能关系

同功能关系是指几个构件所实现的功能是一致的,但适用的系统平台、接口标准不同。同功能关系通常与分类模式共同对存储方式产生影响。以刻面分类为例,按照青鸟构件库选取的五个刻面(使用环境、应用领域、功能、层次和表示方法),所检索出的构件可能是同一构件模型对应不同操作系统,或不同编程语言,或不同接口的实现。所以,构件存储时,同功能的构件要分配不同标识符来加以区分,才能视为不同的构件。

3. 存储模型

构件在构件库系统中存储分为两部分:构件逻辑信息和构件实体。构件逻辑信息用于表达用自然语言和结构化语言描述的与构件相关的类别、名称等内容,这些内容将有助于构件的使用。构件实体是软件构件的物理存在,它可以是任意一种能够被文件系统存储接纳的存在方式。构件逻辑信息采用标准化的描述方式限定描述规则,而描述的内容则依照对应属性的客观要求实际选择自然语言或结构化语言。根据上述内容,构件存储模型如图 5.6 所示。

构件存储模型中,每一层是一个抽象层面,最顶层是面向构件管理业务的抽象,构件逻辑模型表述构件信息,物理存储模型表述构件实体,中间层描述了这两种模型存储的方式,构件逻辑信息存储在关系数据库中,构件实体存储在 CVS 版本管理服务器中,最底层则描述了具体的存储规则。

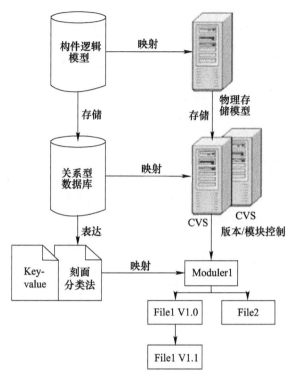

图 5.6　构件存储模型

5.1.7　构件的检索方法

1. 构件检索的评价准则

当前很多软件机构和组织正在构建自己的可复用构件库,他们面临的主要技术问题是如何有效检索库中大量的可复用资源。复用构件的检索既有一般检索的共性,也有一些自身的特点,如下所述。

(1)检索内容多。随着系统的不断使用,复用构件库中的构件不断增加,构件的数目越来越大,这就要求对构件的检索迅速而准确。

(2)查询请求复杂。用户的查询一般涉及构件的功能、环境等各个方面,而且查询语言近似于自然语言,这就要求检索系统能准确理解用户需求,反映用户的意图。

(3)模糊查询。复用构件库检索属于模糊检索,由于用户的意图和所使用的查询语言并不是非常明确,查询结果一般都是一个构件集,其中所有的构件都近似地满足用户需求。

通常影响检索效率的一般因素如下:

（1）用户请求与所需构件信息的相似程度；

（2）搜索和索引策略；

（3）索引方法的详尽性和具体性；

（4）使用的匹配和相似分析机制。

在制订检索规则时必须要考虑这几个因素的影响。

如何评判构件的检索效率也是人们长期以来关注和研究的内容之一。现有的构件检索评价指标主要有实现代价、检索质量和检索效率，其构件检索评价体系如图 5.7 所示，其中，实现代价包括编码机制代价、创建索引代价、索引部署和索引维护的代价；检索质量主要从查询和优化时间、查询结果的使用难易程度和辅助理解效果等几个方面考察检索策略；检索效率主要包括查全率、查准率、交迭率和查询时间。

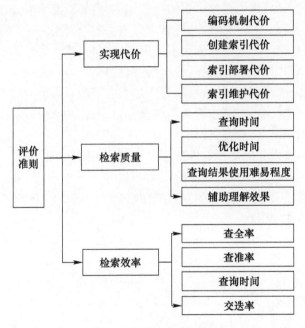

图 5.7　构件检索评价体系

查全率是检索到的符合要求的合格构件的数量与所有数据库中实际符合条件的构件总数的比率，即查全率 = ｛检索到的相关构件集合｝/｛库中所有相关构件的集合｝；查准率是检索到的符合要求的合格的构件数量和检索到的所有构件数量的比率，即查准率 = ｛检索到的相关构件集合｝/｛检索到的所有构件集合｝；交迭率是指不同检索方法查到的构件集间的关系。

在具有多种分类方法的构件库中，还需要考虑构件交迭率，因此可用查全率、查准率、查询时间和交迭率来共同检验检索效果。

通过构件检索的三个评价指标,可以对不同的检索方法进行客观评价。

2. 构件的检索方法

构件库系统一般要提供多种检索方法来方便软件复用人员使用和提高检索效率,由于构件库系统所提供的构件分类描述信息可能与软件复用人员所了解的构件信息存在着一定程度的误解,经常无法查询到与复用人员所提供条件一致的构件,然而系统确实存在这样的构件,这样造成查准率大大降低,使得构件库的使用效能没有得到充分发挥,投入到构件的开发成本没有得到回报。因此,提供多种检索方法是减少构件库实现人员与软件复用人员误解的一种行之有效的方法。

构件的检索方法依赖于构件的标识和分类。经过多年的研究,人们把构件检索的方法归结为三类:基于外部索引的检索、基于内部静态索引的检索和基于内部动态索引的检索。基于外部索引的检索常见有关键词检索、刻面检索和基于属性值的检索、全文检索等。这类检索大多采用控制词典、属性等外部索引对构件进行检索。基于内部静态索引的检索是根据构件自身的结构元素进行构件检索,主要方法有构件语法、语义匹配、结构匹配等。基于内部动态索引的检索是利用软件构件的可执行特性进行检索,基于行为的检索是目前这类检索中较常见的方法。这几种方法在应用中有其自身的优缺点。

由于复用构件库是面向所有库的用户,它包括领域专家、需求分析员、软件工程师还有一些对领域知识和构件库都不太熟悉的一般用户,针对不同用户的特点和构件库的要求,一般采用多种检索方法相结合。

3. 检索的实施步骤

检索的实施步骤如图 5.8 所示,在初始检索阶段,用户提交检索条件访问构件

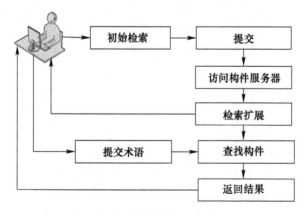

图 5.8　检索的实施步骤

服务器,返回检索内容,在此基础上可以进行检索扩展,用户可以进一步提交术语,查找构件,最终返回检索结果。

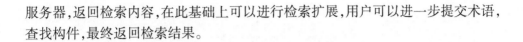

5.2　仿真构件库设计

5.2.1　仿真构件分类

由于需对仿真构件库中的仿真构件进行分类存储和管理,以便于对仿真构件进行统一管理,并且在仿真构件库中检索仿真构件时,也是基于仿真构件的描述和分类信息进行的。因此,需要对仿真构件进行具体的分类设计。仿真构件的分类是把具有共同属性的对象分组,每组对象的元素至少共同拥有一个其他组的元素所没有的属性。分类应表现出对象之间和类之间的关系,并应该得到一个结构化的索引,该索引由代表类的名称或标号集组成。分类要表达两种关系:层次关系和语法关系。层次关系是以从属或包含的原则为基础,而语法关系是表示不同层次的概念之间的关系。

构件的分类方法是影响构件库系统效率的关键因素。设计面向通用领域的构件库管理系统的难点主要就是难以找到适合所有领域的构件分类方法,因为通用领域的构件分类没有规律,而专用领域构件的分类则相对有规律。

雷达电子战仿真构件库中所存储管理的仿真构件,都是隶属于雷达电子战仿真专用领域,具备相同的领域特征。因此,可以根据雷达电子战领域特征,建立领域关键字,实现关键字分类。在雷达电子战仿真中,仿真构件的仿真对象大多数能够与具体的电子战装备实体相对应或者相关联,因此,利用仿真对象的物理特性表示构件的分类信息,有助于构件使用者对构件的理解。

从仿真构件分类的目的来看:一方面是为了便于分类存储管理;另一方面则是为了便于分类检索。仿真构件检索的目的是为了仿真构件的组装应用。如果能基于领域特征,提取出通用的组装结构,基于组装结构建立分类关键字的关联关系,则能更好地提高仿真构件库的使用效率。基于前面所分析的电子战领域特征及架构风格,根据对雷达领域分析的结果,将雷达仿真领域的概念按照从抽象到具体的顺序逐次分解为树状或有向无回路图结构。每一个概念用一个描述性的关键字表示。雷达电子战关键字分类树形示意图如图 5.9 所示,限于篇幅,图中只显示部分典型关键字,并不能涵盖整个雷达电子战领域。

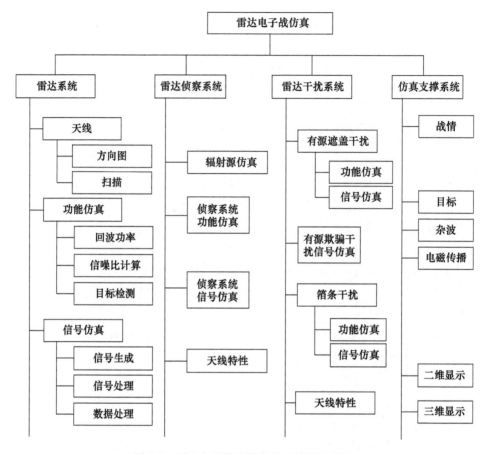

图 5.9　雷达电子战关键字分类树形示意图

5.2.2　仿真构件存储

　　雷达仿真构件的存储就是仿真构件相关的文档和信息在构件库中的存储形式和数据结构的设计。仿真构件相关的文档主要包括构件的源代码文件、执行文件、帮助文件、说明性文件等。对于雷达构件库来说,由于是专用领域的构件库,构件数量相对来说不是很多,在当前阶段没必要设计一个十分庞大、功能非常复杂的大型构件库,而应该着眼于构建一个灵活、易用、实用的小型雷达仿真构件库。因此,对于构件文档这类存储格式比较复杂的文件,没有必要都存储到数据库中,完全可以利用操作系统的文件系统进行管理,而将这些文档的相关信息(如文件的存储路径信息等)存入到数据库中。这样可以大大降低雷达仿真构件库的开发难度,也不会影响整个构件库的使用功能。

构件存储的数据结构表达的是构件在构件库系统中的存储格式,定义一个比较合适的构件存储的数据结构是实现一个有效的构件库系统的前提。然而,目前对构件存储的数据结构方面的研究比较少,而侧重于如何建立和维护一个构件库系统,这是现有构件库并不理想的重要原因。对于一个构件而言需要表达的不仅是它的源代码以及相关分析、设计、测试文档,更为重要的是表达它的标识信息和特征信息,以便于构件的检索和维护。本系统采用的构件存储结构如图 5.10 所示。

构件标识	构件描述		构件文档			构件文件			实例数据
	基本描述	分类描述	帮助文档	设计文档	测试文档	库文件/执行文件	接口描述文件	源代码文件	

图 5.10　构件存储结构

构件的标识信息用于构件库系统中唯一标识一个构件,并表达构件的分类信息,该标识根据构件的分类信息给出。根据构件的分类关键字树状结构,便可以确定构件的标识。根据分类关键字的树状结构,由根节点遍历到对应的叶子节点,连接各遍历节点的关键字,各个关键字之间采用特殊序号"-"进行连接,即可以构成对应节点的构件标识。构件标识的基本结构如图 5.11 所示。

根节点关键字	-	二级节点关键字	-	…	-	构件节点关键字

图 5.11　构件标识的基本结构

构件的描述信息用于描述与构件管理相关的信息和构件自身的固有信息,以便构件的检索和判别。构件的特征信息从多个方面描述了构件,每个特征把构件集合分为一些子集,多个特征划分的子集形成了一些较小的交集。在检索一个构件时,给出一组特征值,将确定一组子集合,构件应该在这些子集合的交集中,此交集称为命中构件集,其中的构件称为相似构件。构件描述的内容应该包括两个方面:复用构件本身的基本描述与构件库管理相关的分类描述。

构件文档指定了与构件相关的帮助文档、分析文档、设计文档。构件文件指定了与构件相关的可执行文件、库文件、接口描述文件以及源代码文件。实例数据制定了与仿真构件相关的所有实例数据。

由于仿真构件库系统实际上是一个数据库应用系统,而构件的帮助、分析、设计等文档以及可执行文件、库文件、接口描述文件以及源代码文件等都是以文件形式存在,与一般数据库存储的数据格式不同,并不适合直接存储在数据库中,适合采用具体操作系统的文件系统进行管理。因此,本系统是结合数据库的管理功能和操作系统的文件管理功能来实现,利用文件系统管理仿真构件的所有文档与文件,利用数据库记录仿真构件的描述信息。仿真构件存储的逻辑结构如图5.12所示。

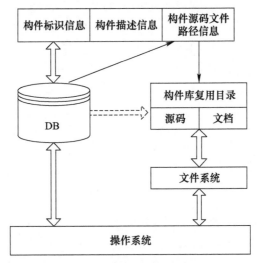

图 5.12　仿真构件存储的逻辑结构

5.2.3　仿真构件库的基本组成

雷达对抗仿真构件库基本组成如图5.13所示,包括装备构件库、交战构件库、计算构件库、装备元模型、交战元模型、数据类型元模型以及计算元模型。其中,装备元模型、交战元模型、数据类型元模型和计算元模型为构建装备构件库、交战构件库和计算构件库提供通用的、可重用的模板。

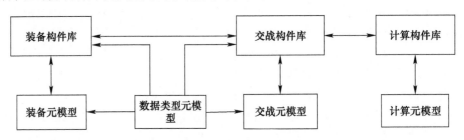

图 5.13　雷达对抗仿真构件库基本组成

1. 装备构件库

装备构件库中的元素是各种特定的雷达装备或雷达对抗装备的模型构件,是对装备元模型中元素的实例化。每个装备模型具有性能属性值(来自技战术性能指标),并与特定的实现其功能属性的交战模型相关联。装备构件库内容的描述形式采用 XML 文档,文档格式基于与雷达对抗仿真元模型相对应的文档类型定义 DTD 或 Schema。

2. 交战构件库

交战构件库内容包括与各种雷达对抗交战形式(探测、测向、测高、测频、脉冲描述字生成、信号分选、干扰、告警等)相对应的交战模型构件。交战模型描述装备(或装备系统)模型的功能属性的实现方法,可与多个装备(或装备系统)模型相关联而被重用。交战模型由算法描述和算法实现两部分组成。算法描述包括算法的原理、输入参数和输出结果,采用格式化文本描述(如 MS Word)。算法实现指向计算构件库中的相应实现。交战构件库采用 XML,描述所包含的各交战模型的名称、算法描述文件名称和计算构件库中的算法实现名称。

3. 计算构件库

计算构件库的内容包括实现雷达对抗仿真功能的交战模型算法实现、通用软件(如坐标变换软件、电磁环境计算软件)和 HLA 仿真程序。计算构件库采用 XML,描述所包含的交战模型算法实现、通用软件和 HLA 仿真程序的名称、SOM/FOM 文件名、源代码文件名、目标代码文件名、可执行代码文件名、可视化描述(如基于 UML)的文件名。

计算构件库采用操作系统的文件系统进行内容存储和管理。交战模型、通用软件和 HLA 仿真程序分别对应一个目录,包含下级子目录,分别存储算法描述(对算法实现)、SOM/FOM(对 HLA 仿真程序)、源代码、目标代码、可执行代码、可视化描述等。计算构件库的目录结构如图 5.14 所示。

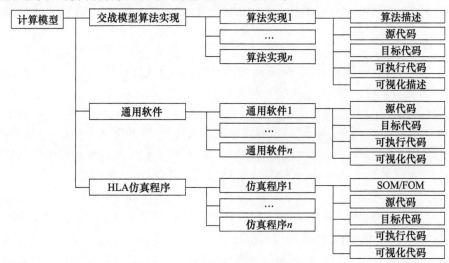

图 5.14　计算构件库的目录结构

建立计算模型数据词典,提供每个交战模型算法实现、仿真程序和通用软件的解释性信息,包括功能、应用领域、编程语言、编译系统、所需的运行时间库 Run Time Library、操作系统、内存需求、输入输出参数等,保证每个计算模型的可理解性。

5.2.4　仿真构件库元模型设计

元模型定义了模型的描述语言,是模型的模型。例如,UML,是一个面向对象应用模型的元模型,它提供了描述、构建、可视化和文档化应用模型的建模语言。

雷达对抗仿真元模型为构建装备构件库、交战构件库和计算构件库提供通用的、可重用的模板。其内容包括装备元模型、交战元模型、数据类型元模型和计算元模型。雷达对抗仿真元模型内容采用 UML 描述。其中,将各种元模型元素表示为对象类,对每个对象类定义属性(Attribute)(代表性能属性集)和操作(Operation)(代表功能属性集),并建立相互之间的关系(关联、组合、继承、依赖/使用等)。元模型的结构采用 XML DTD 或 Schema 描述。元模型的 XML DTD 或 Schema 可直接从元模型的 UML 描述中导出。

需要指出的是,雷达对抗仿真元模型是建立在对雷达对抗装备的性能属性和功能属性的分层、分类基础上,雷达对抗仿真元模型必须随着对性能和功能属性分层分类方法认识的深化和统一而逐步完善。

1. 装备元模型

装备元模型是以"实体模型"为最顶层元素,描述各层次、各类别的雷达对抗装备(或装备系统)的性能属性(技战术性能指标)、功能属性以及装备(或装备系统)之间的关系。

在雷达对抗仿真装备元模型中,雷达对抗系统模型由信号产生、接收机、天线系统、信号处理、数据处理、目标识别和抗干扰等模型组成,并划分为雷达系统模型、雷达侦察系统模型、雷达干扰系统模型。根据平台的不同,对每种雷达对抗系统模型分类。例如,雷达系统模型划分为地面雷达模型、车载雷达模型、机载雷达模型、气球载雷达模型、弹载雷达模型、星载雷达模型、舰载雷达模型等。根据战术用途的不同,对每类雷达对抗系统模型进一步分类。例如,机载雷达模型包括预警雷达模型、火控雷达模型、轰炸瞄准雷达模型、战场侦察雷达模型等。

2. 交战元模型

交战元模型是以"行为模型"为最顶层元素,描述各层次、各类别的雷达对抗装备(或装备系统)的功能实现(探测、侦察、干扰、告警等战术动作)。交战元模型还包含与电磁环境、目标特性、杂波特性、地物遮挡效应、多径效应等计算有关的元素定义。每个交战模型有三个基本属性,即名称、算法描述和算法实现。

3. 数据类型元模型

定义一系列数据类型元素,用来表示装备性能属性的数值类型以及装备功能属性实现的输入输出参数的数值类型。数据类型元模型的内容包括基本数据类型、枚举数据类型和复杂数据类型。

4. 计算元模型

计算元模型是以"计算模型"为最顶层元素,包含三类计算模型元素,即交战模型算法实现、通用软件和 HLA 仿真程序。每个元素的属性包括名称、SOM/FOM(对 HLA 仿真程序)、源代码、目标代码、可执行代码和可视化描述。

5.3　构件管理工具设计与实现

构件管理工具是实现仿真构件有效管理的基础设施软件,以仿真构件库为基础,为仿真开发用户提供仿真构件信息、参数及相关文件的分类存储、维护与检索功能。在构件管理工具的支持下,可以保证仿真软件构件被准确地描述、可靠地存储,并且能够被方便地检索利用,从而减少仿真开发用户获取可复用仿真构件的代价,有效地提高仿真模型构件的复用效果。

5.3.1　需求分析及设计

1. 总体需求

系统的需求描述相当于系统设计与开发的规格说明书,它定义了软件系统需要实现的功能指标,对构件管理工具软件进行设计之前需要对软件的功能需求进行详细分析设计。UML 中的用例图可以很好地定义软件系统的功能需求,并以软件开发人员和用户都容易理解的规范化的图形元素进行描述和表现。因此,下面将采取用例图的方式进行构件管理工具的需求分析和功能设计。

通过对构件管理工具的总体功能进行概括,形成系统总体需求。构件管理工具除了具备对仿真构件的分类存储、检索、管理和维护等功能,还实现了对仿真构件参数化实例的生成与管理功能。总体上,可以将这些功能归纳为以下几个方面:仿真构件分类管理、仿真构件存储管理、仿真构件实例生成与存储、仿真构件检索、用户管理及权限管理等。构件管理工具的用户主要包括仿真构件管理人员、仿真构件开发人员以及仿真构件使用人员三类,其中,仿真构件管理人员是仿真构件管理工具的管理员,可以使用系统的全部功能;仿真构件开发人员可以使用查询仿真构件分类信息、提交仿真构件相关文件和描述信息、检索同名仿真构件是否存在;仿真构件使用人员可以查询仿真构件的分类信息、提交仿真构件实例化参数值、从构件库中检索仿真构件及仿真构件实例。基于上述分析,建立仿真构件管理工具用例图,如图5.15所示,图中约定实线连接表示使用全部功能,虚线连接表示使用部分功能。

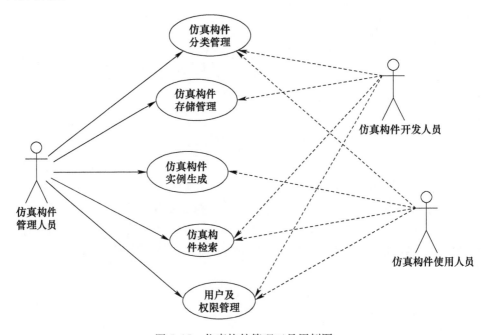

图5.15　仿真构件管理工具用例图

2. 详细需求

按照系统功能总体分类方法,下面从仿真构件分类管理、仿真构件存储管理、仿真构件实例生成与存储、仿真构件检索、用户管理及权限管理等几个方面对构件管理工具的进行详细分析设计。

1) 仿真构件分类管理

为了在构件管理工具中实现雷达电子战仿真构件的分类管理,需要实现下面几类功能,包括新增关键字、修改关键字、删除关键字、查询关键字、设置关键字父节点、管理关键字的子节点等。基于上述分析,设计仿真构件分类用例图如图5.16所示。

2) 仿真构件存储管理

为了实现仿真构件存储,构件管理工具需要具备的基本功能主要包括两个方面:一是对数据库的操作,包括数据库的增加、删除、修改与查询;二是对文件系统的操作,包括构件相关文件的存储、删除、更新与查询以及对文件目录的遍历。基于上述分析,仿真构件存储用例图如图5.17所示。

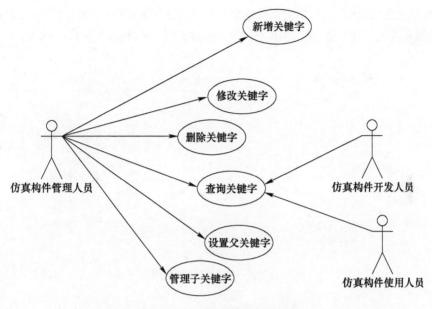

图 5.16 仿真构件分类用例图

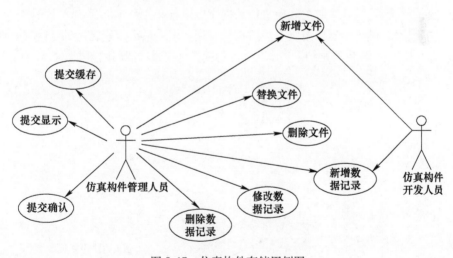

图 5.17 仿真构件存储用例图

3）仿真构件实例生成与存储

仿真构件实例生成与存储是基于参数化的设计思想，对参数化的仿真模型进行实例化赋值，将参数化的仿真模型构件转化为实例化的仿真模型构件，并利用构件库进行存储与维护。为了实现仿真构件实例的生成，需要实现的子功能包括以下几个方面：构件动态加载、构件系统端口读取、系统端口参数编辑以及实例化数据存储、实例化数据存储读取、实例化数据存储显示、实例化数据存储删除、实例化数据存储修改以及实例化数据存储导出等。仿真构件实例生成用例图如图 5.18 所示。

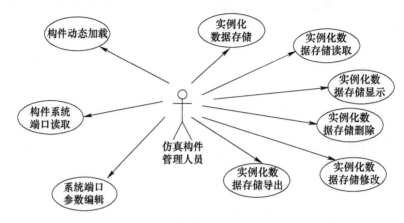

图 5.18　仿真构件实例生成用例图

4) 仿真构件检索

仿真构件检索为用户提供构件检索功能,也是构件库设计的主要目的。为了实现仿真构件检索,需要能够关联地进行数据库检索与文件系统检索,数据库检索又包含了精确检索、模糊检索以及组合检索三种类型。用户进行检索之后,需要将检索结果反馈给用户,并提供检索结果导出功能。仿真构件检索功能用例图如图 5.19 所示。

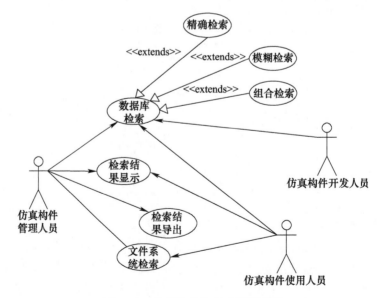

图 5.19　仿真构件检索功能用例图

5）用户及权限管理

用户及权限管理功能包括用户权限管理、用户注册、用户登录以及查询用户等,其中用户权限管理又包括了管理员权限、使用者权限以及开发者权限三类。用户及权限管理用例图如图 5.20 所示。

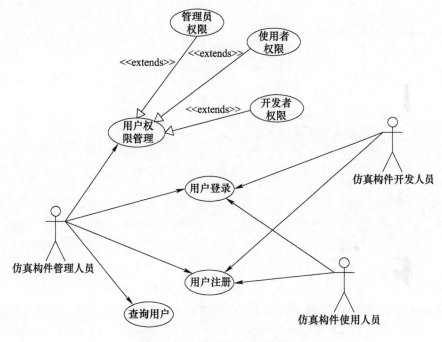

图 5.20　用户及权限管理用例图

5.3.2　功能模块设计

1. 总体设计

确定了系统的总体需求之后,通过对需求分析的抽取,得到了功能需求,然后依据这些需求进行系统的总体设计。在总体设计时按照需求进行相应的功能模块划分,具体包括了分类管理模块、存储管理模块、实例生成模块、构件检索模块、用户及权限模块。构件管理工具的总体框图如图 5.21 所示。

2. 详细设计

用例图详细地描述了系统的功能需求及设计用例。在总体设计的基础上,将各个用例中所需要用到的数据实体及各种逻辑控制实体抽取出来,形成类图。类图(class diagram)显示了模型的静态结构,特别是模型中存在的类、类的内部结构及它们与其他类之间的关系等,是从静态的角度详细描述系统。

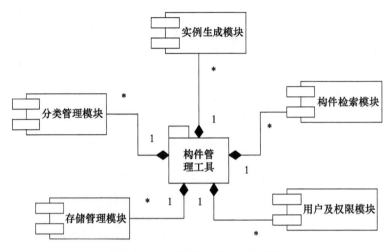

图 5.21 构件管理工具的总体框图

构件测试工具涉及的类比较多,限于篇幅,本书没有列出所有类的详细描述,仅列出实例生成模块与构件检索模块这两个模块相关的核心类。

实例生成模块需要动态加载构件,读取构件的系统端口参数,并以表格的方式显示出来,为用户编辑端口参数值提供用户界面,对于已经编辑好的参数值,提供数据保存功能,并以实例数据的方式进行存储,可以创建实例名称进行维护;对于已经存储的构件实例数据,可以读取出来进行修改或导出,也可以进行删除操作。基于上述分析,进行实例生成模块的类设计。实例生成模块类图如图 5.22所示。

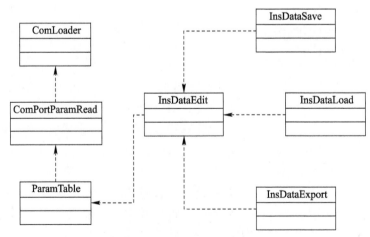

图 5.22 实例生成模块类图

图 5.22 给出了实例生成模块的主要类,其中,ComLoader 类实现构件加载的功能;ComPortParamRead 类实现构件端口参数的读取;ParamTable 类实现构件端口参数的表格显示,并提供参数值编辑功能;InsDataEdit 类实现构件实例数据的维护与编辑功能;InsDataSave 类实现构件实例的构件库存储功能;InsDataLoad 类实现构件实例的加载功能;InsDataExport 类实现构件实例的导出(以数据文件的形式)。

构件检索模块提供构件的分类检索功能,由于构件库采用了数据库与文件系统相结合的存储方式,其检索也需要考虑到数据库检索以及文件检索两部分。数据库检索部分的主要实现方法是,建立了数据库连接之后,依据用户输入的检索条件,进行相应的数据库检索(包括精确检索、模糊检索以及组合检索三类),并将检索结果显示到图形界面;文件检索部分的主要实现方法是,根据用户输入的检索信息,搜索对应的文件夹,检索到目标文件,并将相应的信息显示到图形界面。用户通过图形界面可以查看检索结果,并进行检索结果下载。基于上述分析,建立构件检索模块的类图,如图 5.23 所示。

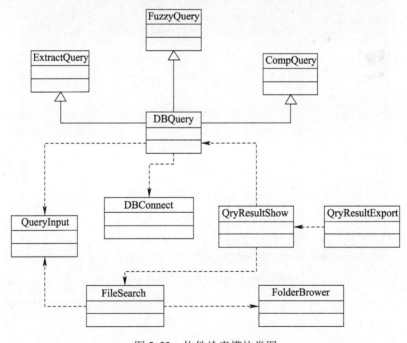

图 5.23　构件检索模块类图

图 5.23 给出了构件检索模块的主要类。其中,DBConnect 类用于建立数据库连接;DBQuery 类是数据库查询的基类,提供最基本的查询实现;ExtractQuery 类用

于实现精确查询;FuzzyQuery 类用于实现模糊查询;CompQuery 类用于实现组合查询;QueryInput 类实现用户的查询输入;FolderBrower 类用于实现文件夹搜索;FileSearch 类用于实现特定文件检索;QryResultShow 类用于实现查询结果的图形界面显示;QryResultExport 类用于实现查询结果的导出。

5.3.3 软件实现

完成对构件测试工具的需求分析、总体设计、模块划分与详细设计之后,就可以按照设计进行系统的软件开发。下面针对系统核心功能的实现,分别进行介绍。

1. 构件分类管理功能

构件管理工具运行界面如图 5.24 所示,工作区域左边的"分类导航"工具栏内显示的即为构件关键字构成的导航树,该构件关键字导航树可以由用户进行编辑,实现分类关键字的增加、修改与删除等。选中栏内对象关键字项,弹出右键菜单,可以进行关键字的增加、重命名、删除等操作。

图 5.24　构件管理工具运行界面

在构件管理工具内部,构件关键字是通过 XML 格式的文件进行管理与维护的,构件关键字 XML 文件示意图如图 5.25 所示。基于这种树形关键字结构,能够简便地维护关键字的层次关系,便于用户分类浏览。

2. 构件存储功能

构件存储功能支持用户上传构件,将构件导入到构件库中。构件实体导入构件库运行界面如图 5.26 所示,为导入的构件设计好分类关键字,并在"分类导航"

```
<?xml version="1.0" encoding="utf-8"?>
<!-- edited with XMLSpy v2007 (http://www.altova.com) by Administrator (EMBRACE) -->
<构件管理>
    <分类 name="雷达">
        <分类 name="资源调度">
            <分类 name="波位编排"/>
        </分类>
        <分类 name="天线">
            <分类 name="方向图"/>
            <分类 name="天线扫描"/>
        </分类>
        <分类 name="发射机"/>
        <分类 name="接收机">
            <分类 name="热噪声"/>
        </分类>
        <分类 name="信号处理">
            <分类 name="脉冲压缩"/>
            <分类 name="MTI"/>
            <分类 name="MTD"/>
            <分类 name="CFAR"/>
        </分类>
        <分类 name="数据处理">
            <分类 name="航迹滤波"/>
```

图 5.25   构件关键字 XML 文件示意图

栏中选中对应的关键字,弹出右键菜单,选中"导入构件"项,会弹出"构件导入"对话框。在"构件导入"对话框中主要显示了两部分的信息,一部分是构件的描述信息,包括构件实体名称、构件名称、上传人员及上传日期、构件描述信息;另一部分是构件实体相关的文件信息,包括了构件 DLL 文件、Lib 文件、头文件以及源文件。配置好"构件导入"对话框中的相应信息之后,单击"确定"按钮,即会将对应的构件信息及构件文件存储到构件库中设定好的关键字目录下。

图 5.26   构件实体导入构件库运行界面

3. 构件实例生成功能

构件实例浏览运行界面如图 5.27 所示,构件实例是构件实体的参数实例化,进行构件实例生成设计时,首先需要查找到相应的构件实体,选中"构件实体"后,弹出右键菜单,选中"新增实例",会弹出构件实例编辑界面。在该运行界面中,可以填写构件实例名称、编辑人员、编辑日期以及实例描述信息。软件会自动加载构件,在该界面上自动生成构件实体的参数化配置项,并以属性表的形式展现在运行界面之上,用户可以在相应的参数配置项中填写具体的参数数值,所有参数值填写完成之后,单击"确定"按钮,会在仿真构件库中的对应存储位置生成构件实例数据项,存储构件实例到构件库中,用户可以浏览修改该构件实例。

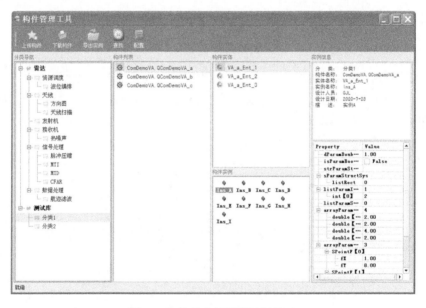

图 5.27 构件实例浏览运行界面

4. 构件检索功能

构件检索运行界面如图 5.28 所示,用户可以输入检索关键字进行构件查找,在构件查找结果中会显示所有的匹配项,并会显示其在仿真构件库中的类别与存储路径,用户可以在查询结果列表中根据显示的信息进行精确选择,双击选中检索项目,会自动导航到主界面,并选中检索项。

构件实体导出构件库运行界面如图 5.29 所示,选中检索项目,单击工具栏上的"下载构件"或"导出实例"按钮,可以下载构件实体或下载构件实例文件。

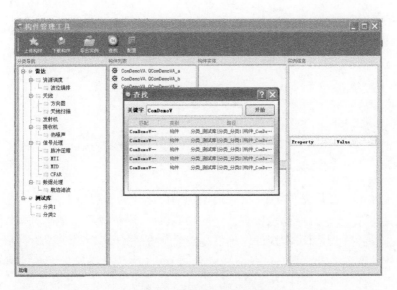

图 5.28　构件检索运行界面

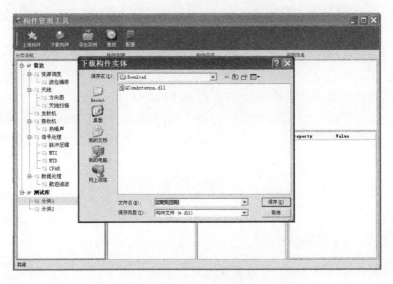

图 5.29　构件实体导出构件库运行界面

第6章

仿真构件组合技术

在构件化仿真系统开发中,仿真模型的构件化开发过程用于生产可复用、可组合的仿真构件,这些构件都是相对独立的功能单元,不依赖于其他构件可以独立运行,将此类构件称为原子类构件。构件化组合则是组合多个原子类构件形成更多功能的软件系统或者更复杂的仿真构件的过程,此类软件系统以及仿真构件则称为组合类构件,该过程是对仿真构件的组合与重用的过程。从某种意义上说,构件开发是基础,构件组合才是目的,仿真模型构件必须通过一定方式组合才能形成仿真系统,才能实现仿真模型构件的真正价值。

仿真构件组合技术是构件化组合仿真软件开发的核心技术。目前关于构件组合的理论研究有很多,但是整体上还停留在概念阐述与体系建模的探索性阶段,具有领域应用背景的研究较少,与实际应用需求还有较大的差距。当前实用化的组装方法大多以分布式对象技术为基础,利用已规范化和产品化的技术与平台,在面向对象技术的基础上,对仿真对象进行扩充,将构件技术与面向对象技术融合,将"构件元素"加入已有产品,形成具有某些构件特征的产品与技术标准或规范。

6.1 构件组合理论

6.1.1 构件组装机制

构件组装的目标是利用现有构件组装成新的系统,实现方法是将构件在接口处的连接映射到构件在实现体中的连接。因为系统也可以看作是一个组合类构件,而组合类构件是可以被逐层分解的。因此,一个典型的组合类构件呈现为树形结构。组合类构件对外提供的功能和要求的外部功能分别被映射到成员构件相应的功能上,系统可以把组合类构件之间的连接信息逐层进行消解,最终归结为原子类构件之间的连接。然后,把原子类构件在接口处的连接映射为构件在实现体中的连接,不应对原子类构件本身对应的实现体作任何改动,最终生成的构件是一个带有实现体的多对象原子类构件。

　　常用的组装机制有共享变量访问、过程调用、网络协议、管道、SQL 连接技术、消息传递等。有些组装机制是基于配置语言的;有些是基于可视化组装工具的;还有些是基于脚本语言的。理论上,人们为解决某个问题往往抽象出一些设计模式,供以后使用。常用的构件组装模式有中介者、外观、观察者、黑板、代理等。其中,代理解决了在分布式软件系统中协调通信问题,描绘了构件怎样通过远程服务调用进行交互。这种解决方案减少了分布式应用内部的复杂性,是目前研究和产品开发的主要模式。

　　构件的组装根据运行状态分为两种方式:静态组装和动态组装。静态组装是系统在组装或演化的时候是处于一个非运行(即静止)的状态。动态组装是系统在组装或演化的时候是处于一个运行(即动态)的状态,这个过程当中,系统是不会停止正常运行的。

　　构件组装机制是软件构件开发重要的组成部分。虽然构件组装过程与程序控制结构存在本质上的区别,但是他们有相似的控制结构。构件是从实际的应用中抽取出来的相对独立、具有完整的二进制功能的单元,功能一般符合置顶向下的原则。构件组装的本质是将多个构件组装成应用系统或者更高级的构件。所以可以将构件组装机制分为串行组合、并行组合、选择组合、循环组合等,如图 6.1 所示。

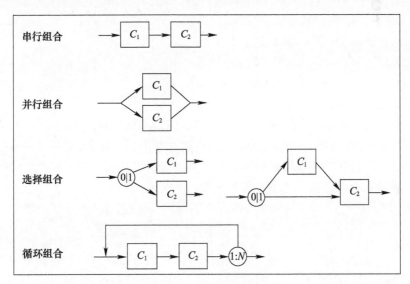

图 6.1　构件组合关系

　　为了便于理解与推理,使用抽象代数理论,对构件及其组合结构进行定义,建立构件组合行为的数学理论体系,将构件看成数据单元或计算单元,把构件之间的组合关系抽象为代数运算,具体定义如下。

定义1(构件定义)　构件是一个数据单元或一个计算单元,它由构件元数据集合、数据类型集合、端口集合、接口集合和功能集合组成。构件可以抽象为

$$C = (M, D, P, I, F)$$

式中:M 为构件的元数据集合;D 为构件的数据类型集合;P 为构件的端口集合;I 为构件的接口集合;F 为构件的功能集合。

定义2　设 C_1 和 C_2 是软件系统 S 的两个构件,C_1 和 C_2 满足下列条件:

(1) $C_1. M = C_2. M$;

(2) $C_1. D = C_2. D$;

(3) $C_1. P = C_2. P$;

(4) $C_1. I = C_2. I$;

(5) $C_1. F = C_2. F$。

则称 C_1 与 C_2 相等,记作 $C_1 = C_2$。

定义3(构件串行组合)　构件串行组合,设 C_1 和 C_2 是组成软件系统的两个不同的关联构件,若先执行 C_1 的操作,再执行 C_2 的操作,则称构件 C_1 与 C_2 之间的组合关系为串行组合关系,简称为串行结构或者串行组合,记作 $C_1 \mapsto C_2$。

显然,两个构件 C_1 与 C_2 通过串行结构组合而成的构件 $C_1 \mapsto C_2$ 仍然是软件系统的一个(组合)构件,且满足以下性质:

(1) $(C_1 \mapsto C_2). M = C_1. M \cup C_2. M$;

(2) $(C_1 \mapsto C_2). D = C_1. D \cup C_2. D$;

(4) $(C_1 \mapsto C_2). I = C_1. I \cup C_2. I$;

(3) $(C_1 \mapsto C_2). F = C_1. F \cup C_2. F$。

在串行组合关系中,虽然组合构件 $C_1 \mapsto C_2$ 仍然是软件系统的一个构件,满足上述的三条性质,但是组合构件 $C_1 \mapsto C_2$ 在组合过程中本身要使用一些端口和接口,因此构件 $C_1 \mapsto C_2$ 为外部环境提供的端口数显然不等于构件 C_1 和 C_2 单独提供的端口数之和。所以要对组合构件的端口进行定义。

定义4　设 C_1 和 C_2 是软件系统的两个不同构件,通过串行组合后,则有

$$(C_1 \mapsto C_2). P = (C_1. P - C_1.\ P_{used}^{\downarrow}) \cup (C_2. P - C_2.\ P_{used}^{\uparrow})$$

式中:$C_1.\ P_{used}^{\downarrow}$ 表示构件 C_1 在于 C_2 组合过程中向下为构件 C_2 所提供的端口,$C_2.\ P_{used}^{\uparrow}$ 表示构件 C_2 在于 C_1 组合过程中向上为构件 C_1 所提供的端口。

定理1　设 C_1、C_2 和 C_3 是软件系统的三个任意构件,它们对 $\mapsto$ 运算满足结合律,即

$$(C_1 \mapsto C_2) \mapsto C_3 = C_1 \mapsto (C_2 \mapsto C_3)$$

定义 5（构件选择组合）　设 C_1 和 C_2 是软件系统中的两个不同的构件,若根据不同的条件选择性地执行 C_1 或 C_2 来完成某一功能,就称 C_1 和 C_2 之间的关系为选择结构关系,简称为选择结构或选择组合,记作 $C_1 \twoheadrightarrow C_2$。

软件系统在执行选择运算过程中,它们的执行方式是先根据条件构件进行判断,再有选择地沿着构件 C_1 或者构件 C_2 的路径执行。

显然,$C_1 \twoheadrightarrow C_2$ 也仍然是软件系统的一个构件,且满足下列性质:

(1) $(C_1 \twoheadrightarrow C_2).M = C_1.M \cup C_2.M$;

(2) $(C_1 \twoheadrightarrow C_2).D = C_1.D \cup C_2.D$;

(3) $(C_1 \twoheadrightarrow C_2).P = C_1.P \vee C_2.P$;

(4) $(C_1 \twoheadrightarrow C_2).I = C_1.I \vee C_2.I$;

(5) $(C_1 \twoheadrightarrow C_2).F = C_1.F \vee C_2.F$。

由定义 2 和定义 5 可以看出,$\mapsto$ 与 $\twoheadrightarrow$ 运算是不同的,在 $\twoheadrightarrow$ 运算中,C_1 和 C_2 的功能实现是独立的,只是在功能执行上存在依赖关系。而在 $\mapsto$ 运算中,C_1 和 C_2 的功能实现是非独立的,构件 C_1 的实现代码与构件 C_2 的实现代码有关,构件之间需要提供端口供通信使用。

定理 2　设 C_1 和 C_2 是软件系统 S 中的两个任意构件,则它们对 $\twoheadrightarrow$ 运算满足交换律,即

$$C_1 \twoheadrightarrow C_2 = C_2 \twoheadrightarrow C_1$$

定理 3　设 C_1、C_2 和 C_3 是软件系统 S 中的三个任意构件,则它们对 $\twoheadrightarrow$ 运算满足结合律,即

$$(C_1 \twoheadrightarrow C_2) \twoheadrightarrow C_3 = C_1 \twoheadrightarrow (C_2 \twoheadrightarrow C_3)$$

定义 6（构件并行组合）　设 C_1 和 C_2 是软件系统 S 中的任意两个构件,如果同时执行 C_1 和 C_2 来完成某一功能,C_1 和 C_2 的执行没有时间上的先后顺序,则称 C_1 和 C_2 之间的关系为并行结构关系,简称为并行结构或并行组合,记作 $(C_1 \sqsupset C_2)$。

显然,$(C_1 \sqsupset C_2)$ 也仍然是软件系统的一个构件,且满足下列性质:

(1) $(C_1 \sqsupset C_2).M = C_1.M \cup C_2.M$;

(2) $(C_1 \sqsupset C_2).D = C_1.D \cup C_2.D$;

(3) $(C_1 \sqsupset C_2).P = C_1.P \cup C_2.P$;

(4) $(C_1 \sqsupset C_2).I = C_1.F \cup C_2.I$;

(5) $(C_1 \sqsupset C_2).F = C_1.F \cup C_2.F$。

由定义 5 和定义 6 可以看出,$\sqsupset$ 与 $\twoheadrightarrow$ 运算是类似的,在 $\sqsupset$ 与 $\twoheadrightarrow$ 运算中,C_1 和 C_2 的

功能实现都是独立的,只是 $\rightarrowtail$ 在功能执行上存在依赖关系,而 $\rightrightarrows$ 在功能执行上不存在依赖关系。

定理 4 设 C_1 和 C_2 是软件系统 S 中的两个任意构件,则它们对 $\rightrightarrows$ 运算满足交换律,即

$$C_1 \rightrightarrows C_2 = C_2 \rightrightarrows C_1$$

定理 5 设 C_1、C_2 和 C_3 是软件系统 S 中的三个任意构件,则它们对 $\rightrightarrows$ 运算满足结合律,即

$$(C_1 \rightrightarrows C_2) \rightrightarrows C_3 = C_1 \rightrightarrows (C_2 \rightrightarrows C_3)$$

定义 7(构件循环组合) 设 C_1 和 C_2 是软件系统 S 中的两个不同的构件,若在一定条件下重复执行构件 C_1 和构件 C_2 的功能,就称 C_1 和 C_2 之间的关系为循环结构关系,简称为循环结构或循环组合,记作 $(C_1 \smile C_2)$。

显然,$(C_1 \smile C_2)$ 仍然是软件系统 S 的一个构件,且满足下列性质:

(1) $(C_1 \smile C_2).M = C_1.M \cup C_2.M$;

(2) $(C_1 \smile C_2).D = C_1.D \cup C_2.D$;

(4) $(C_1 \smile C_2).I = C_1.I \cup C_2.I$;

(3) $(C_1 \smile C_2).F = C_1.F \cup C_2.F$;

(5) $(C_1 \smile C_2).P = (C_1.P - C_1.P_{used}) \cup (C_2.P - C_2.P_{used})$。

6.1.2 构件组装方式

组装是一个面向连接的活动,Nierstrasz 和 Dami 称软件构件组装是:通过构件的接口(可以想象成插槽)使软件构件相互连接以构造应用过程,并且需要对接口进行良好的定义以保证构件之间交互和通信。DeMey 定义的构件组装为:构件之间通过组装接口进行通信。构件组装的本质是将分布在不同构件资源库,搜集到的构件,根据一定的组织关系构成一个有机的整体。而构件间的相互操作都是通过构件的接口以及连接器形成的,其实质上是通过这些连接器将它们之间建立一种联系,通过这种联系协调它们的行为。

构件本身所具有的特征存在差异,构件组装的方式也不尽相同,根据构件间的耦合程度,构件组装方式可以分为以下 3 种。

1. 构件间没有数据上和行为上的关联

构件间并没有实质上的联系,仅仅是功能上的组合。只要把这些构件组装在一起就能组装成为疏松的系统。该系统仅是将不同功能的构件简单地组合在一起。

2. 构件间仅有数据上的关联

构件间不存在行为上的互操作,也就是说不进行消息的传递,它们一起对相同的数据进行处理,存在一种顺序的关系,一个构件的数据由另外一个构件继续完成。

3. 构件间仅存在行为上的关联

仅存在行为上的关联是最为常见的构件组装模式,通过这种形式组装起来的更高级的构件或引用程序,其实际的功能大于各个构件功能的叠加。

按照用户对构件的内部了解程度不同,采用的构件组装方法也不尽相同。总体上来说,主要分为黑盒组装、灰盒组装和白盒组装三种方法。

1. 白盒方式

白盒组装方法要求将构件内部原理和实现方法对构件组装者公开,并可对构件按系统需求进行修改,以达到组装的目的。白盒组装方法的优点在于,构件本身并不需要满足构件规范,构件组装灵活。

在这种组装方式下,构件的所有信息是公开的。构件使用者可以获取构件实现的任何细节,组装也是在充分理解构件实现之后进行的,并需要按应用的需求对构件进行修改。从构件复用的角度来看,这种方式是违背了构件的独立性、封装性等基本原则的,而且对构件修改的代价很高,其安全性和可靠性均得不到保障,只是在技术手段不足以采取更高级的组装方式时的暂时性应用。

2. 黑盒方式

黑盒组装方法是指构件组装者不需要对构件的内部实现做任何了解,也不需要对构件进行配置或修改,只需要了解每一个构件的对外接口。

黑盒组装方式是最理想的方法。在这种方式下,内部实现是完全封装的。构件使用者只需要了解构件的对外接口,不需要对构件的实现细节有任何了解,也不需要对其进行配置或修改。因此,构件使用者只需要将注意力集中于应用程序的体系结构及各个构件的选择上,无须考虑构件的内部实现,从而大大提高了软件系统的生产效率。然而,这种组装方式对构件的要求非常高,实现难度很大。

3. 灰盒方式

灰盒组装方式介于白盒和黑盒组装之间,是当前技术发展的合适选择。在这种组装方式下,构件使用者无须修改构件,通过调整构件的组装模式来满足应用系统组装的需要,使得构件的组装比较灵活,又不会过于复杂。

因此,当前比较实用的构件组装技术都集中于灰盒组装方式,对灰盒组装方式的研究又主要分为三类。

1. 基于连接件的组装

为了达到组装的目的,常将软件构件划分为构件和连接件两部分。其中构件实现功能,而连接件则实现与其他构件或系统的连接。与构件本身一样,连接件也可以复用。基于连接件的组装方法,将构件的功能实现与交互实现进行分离,从而增加了构件组装的可配置性,是目前技术条件下实现构件动态组装的有效技术之一。

2. 基于黏合码的组装

黏合码方法的基本出发点是解决构件在组装时出现的局部不匹配问题,如数据格式、消息格式的不一致。其本质上是一种连接件,但由于它常常表现为特定环境下的代码,故其本身很难再复用。黏合码也可以与连接件一起使用,以解决连接件在构件装配时的不匹配问题。

3. 基于框架的组装

应用面向对象技术来开发构件并组装成软件系统是当前比较流行的做法,为使对象之间能通过互相触发方法来交互或通信,需要对象维护静态类信息和接口信息,致使对象之间具有隐式依赖关系,对象依赖于外部服务(如通信中间件),从而使得构件的组装非常困难,并且很难在不同平台间进行移植。基于框架的组装技术能够解决这个问题,一般需要针对特定应用进行具体的设计。在实际开发应用中,以框架为基础的构件组装方法常常与其他方法结合使用。

6.1.3　构件组装实现技术

构件技术发展的驱动力是提高软件复用水平的迫切需求。从复用已有的程序资源到有意识地编制便于复用的程序片段,再发展到将程序片段包装为可复用性更高的构件,组装的基本方法也因此不断地变化与发展。面对不同的组装场景,许多基本的方法被提出,用以解决通过组装来进行软件开发遇到的各种问题。这些方法所采用的基本技术如下。

(1)复制/粘贴。将现有程序中的可重用代码复制/粘贴到新的程序中,并按需求进行适应当修改。这种技术是最原始的,复用的适应范围、能力与效率都较差。

(2)模块。模块利用接口隐藏了其内部实现。根据信息隐藏原理,系统中的模块互换不会影响其他模块,并能支持系统配置。模块的一个连接点可以是一次过程调用,也可以是全局变量的一次访问,但是模块不支持插接功能和黏合代码。

(3)契约。契约是构件应该提供的服务和所需求的服务以及客户应该如何部署构件的申明。契约提供了关于构件组装的较高层次的抽象,有助于理解和重用构件,并且支持优化机制,但契约只申明了抽象化的概念,实际操作性差。

(4)脚本语言。脚本语言是解释型语言,它用于说明构件如何交互和数据结构如何在构件之间交换,但执行效率低,且不提供底层系统功能的函数,不适合用于编写完整的应用系统。此外,脚本语言使用动态类型,只有在执行阶段才能检测到类型错误,因而构件自身也不使用脚本语言实现,所以脚本语言主要用于描述构件连接的抽象。

(5)组装语言。组装语言用于在更高层次的抽象级别上描述构件组装的框架。概念上组装语言介于纯面向对象语言与脚本语言之间,能够灵活地处理对象和构件,以便更好地解决构件组装的问题。当进行基于软件体系结构的构件组装时,组装语言的作用与体系结构描述语言的作用基本相同。

(6)黏合。黏合技术被广泛用于处理构件接口的不匹配,其基本内涵是写一段程序来对构件间不匹配的接口进行转换,就像将两个不能完全接插的零件用胶粘上一样。因此这一起转换作用的程序一般又称为黏合代码。黏合代码可以在脚本语言描述的连接抽象指导下编制,但它最终会成为应用系统的一部分。在解决构件组装接口的不匹配方面,组装语言、脚本语言与黏合代码所处的层次是不同的。

(7)包装。包装技术最先出现于面向对象语言的扩展中,用于扩展现有的类或转换类的接口。其主要的包装形式有子类、继承、聚集等。包装技术主要用于解决组装中的不匹配问题。

(8)中间格式。中间格式是系统中所有的构件遵循的某个互操作标准,它通常基于接口定义语言和二进制代码等。与包装技术不同,中间格式通过严格限制系统中使用的构件形式,尽可能地避免组装不匹配问题的出现。中间格式的典型例子是软总线。软总线定义了标准化的通信协议用于数据交换(如用于数据交换的数据类型集合、服务调用机制等),负责消息处理和执行必要的数据转换,并且提供其他服务。CORBA/ORB 是软总线的典型例子。

6.2 仿真构件组合方法

6.2.1 仿真构件可组合的定义

可组合性可以从不同角度、采用不同方法定义,其基本特点主要包括以下几个方面。

(1)可重用的仿真模型。可重用模型是可组合性的物质基础,如果模型构件不具备可重用性或可重用能力不足,就难以适应不同的应用情景,影响灵活组装的能力,失去了构件式开发的意义。

(2)快速、灵活的组合与再组合过程。各仿真模型之间具备丰富的组合机制和样式,满足不同的组合需求。

（3）异构模型组装的能力。具备将不同领域、不同规范甚至不同分辨率水平的模型组装在一起的能力。

（4）有效性。有效性要求组合结果是有效的，即组合结果能够忠实地反映源系统组合的结果。

（5）方便的可定制能力。即组合系统具备多种定制的途径，包括参数定制、体系结构调整、成员的增减及相互作用关系的变化等。

综合上述特点，可以将仿真模型构件可组合性定义为：仿真模型构件可组合性是指依托具有可重用性的模型，通过各种组装机制和样式，快速、灵活地将具有跨领域、异构等特征的仿真模型组合在一起形成有效的仿真应用（或更大的仿真模型）的能力，并且具备灵活的可定制性，能满足不同用户特定的需求。

仿真模型构件的可组合性依赖于组合的语境（或者说组合上下文），它并不是指单个仿真模型自身具备的内在性质，仿真模型之间是否可组合需要在组合过程中体现出来，模型之间在此处不可组合并不代表在彼处也不可组合；一时不能组合并不代表时时均不可组合。因此对可组合性的分析与判定需要重点分析组合过程的上下文信息，包括组合作用机制、模型依赖关系、模型交互的行为序列等。

与仿真模型构件可组合性相近的概念有可重用性、互操作性以及可配置性，可组合性与相关概念的关系如图6.2所示。

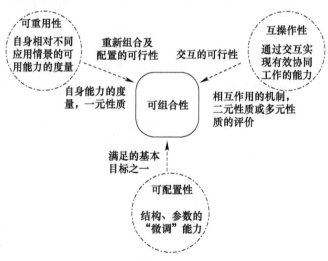

图 6.2　可组合性与相关概念的关系

6.2.2　仿真构件的组装描述

构件组装描述语言（component composition description language，CCDL）在雷达

电子战仿真构件组装中的作用主要体现在:在雷达电子战仿真系统的组装构成中,根据雷达电子战仿真构件组装描述语言所描述的信息,构件组装系统可以生成组装模板,并按照一定的组装模式,生成黏合代码将相应的仿真构件组装成仿真系统。可见,构件组装描述语言在整个雷达电子战仿真构件的组装中起着关键的作用,是实现仿真构件组装自动化非常重要的一部分。

为了使雷达电子战仿真构件组装的自动化得以方便实现,构件组装描述语言一般应该包括三方面的功能:对仿真成员构件的描述、对仿真构件之间的连接描述、对仿真组合类构件的组装框架的描述。雷达电子战仿真构件组装描述语言还应具备以下非功能特性。

(1)方便描述与理解。易于理解是雷达电子战仿真构件组装描述语言的一个重要条件,不仅要求易于被人理解,更重要的是要易于被计算机理解。另外,方便描述也是一个重要的条件,这样可以降低实现雷达电子战仿真系统的复杂性。

(2)支持结构化描述。在雷达电子战仿真系统的构件组装中,仿真构件组装信息的描述应该可以与实际组装方式保持一致。

(3)独立于构件和组装平台。要求雷达电子战仿真构件描述语言能够对各种雷达电子战仿真构件进行描述,并能够被各种应用平台所理解。

(4)易于生成和修改。构件组装信息可能会根据需要发生变化,这就要求对雷达电子战仿真构件组装信息的描述能够快速反映出这种变化。

(5)方便扩充。对雷达电子战仿真构件组装信息的描述能够随着研究的深入而方便地进行扩充。

要满足以上条件,在 XML 语言没有出现之前,或许还有些困难,随着 XML 的发展和广泛应用,使得实现这个问题变得越来越简单。本书采用的雷达电子战仿真构件组装描述语言就是基于 XML 实现的,它很好地满足了上述 5 个条件。基于 XML 和软件体系结构的雷达电子战仿真构件组装可以用公式表示为

$$Application = Components + Composition\ Language$$

式中:Composition language = Composition Operators + Glue Logic。

通过这个公式,可以将雷达电子战仿真构件的组装解释为:采用某种组装语言(composition language)实现黏合逻辑(glue logic),并按照某种操作(composition operators)将仿真构件组装成为雷达电子战仿真系统或者更高级别的雷达电子战仿真构件的过程。

6.2.3 仿真构件的组合模式

组合模式的概念类似于软件开发中的设计模式,它的作用主要体现在两点,一

是提供公共的组合开发概念视图,促进各方的一致理解;二是针对一类问题提供通用的解决方案。

仿真模型组合的本质特征是在构件之间建立关联,进而协调它们的行为,把它们组织成为一个有机的整体。这种通过组装仿真模型构造仿真系统的方式理应提供多种组合模式,方便模型组合过程。

雷达电子战仿真构件通过一定的逻辑关系组合成具有特定功能的仿真应用软件,这是构件化雷达电子战仿真软件复用的基本模式,构件组合模式的研究就是为了解决雷达电子战仿真构件间的逻辑组合问题。构件组合模式有包容(containment)和聚合(aggregation)两种。包容和聚合是一个构件使用另外一个构件的两种模式,使用构件的仿真构件称为外部构件(或组合类构件),被使用的构件称为内部构件。

1. 包容模式

包容模式下,外部构件将包含内部构件。雷达电子战仿真构件的包容是在接口级完成的,外部构件包含指向内部构件接口的指针。此时,外部构件只是内部构件的一个客户,它将使用内部构件的接口来实现它自己的接口。外部构件可以完全复用内部构件的接口,也可以在内部构件的调用基础上加上一些代码进行接口的改造。雷达电子战仿真构件包容模型如图6.3所示。

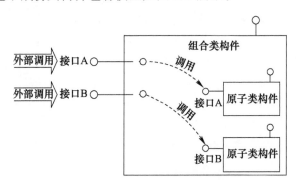

图 6.3　雷达电子战仿真构件包容模型

2. 聚合模式

聚合模式下,外部构件聚合内部构件,聚合可以看作是包容的一个特例。当一个外部构件聚合内部构件的一个接口时,它并没有像包容那样重新实现此接口并明确地将调用请求转发给内部构件。相反,外部构件直接把内部构件的接口指针返回给客户。使用此种方法,外部构件将无须重新实现并转发接口中的所有函数,但是在这种模式下,外部构件将无法对接口中的函数进行任何改造。当外部构件将内部构件的接口指针返回给客户之后,其他的仿真构件或者仿真程序就可以直接同内部构件连接了。雷达电子战仿真构件聚合模型如图 6.4 所示。

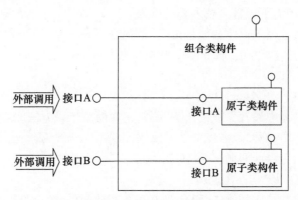

图 6.4　雷达电子战仿真构件聚合模型

对于雷达电子战仿真系统来说,包容和聚合这两种组合方式各有优势,需要根据情况选用,也可以两者混用。一般情况下,可以依据如下标准进行组合模式的选择:当一个雷达电子战仿真构件在行为上比较类似于另一个仿真构件的客户,并且它要调用该仿真构件的某些接口的情况下,比较适合包容模型,此时,由前一个仿真构件包容后一个仿真构件;如果一个已有的仿真构件所实现的接口与将要实现的仿真构件的接口在行为完全一致,则采用聚合的模型更为合适。

6.2.4　仿真构件的组合匹配

仿真模型组合的实质是模型接口之间的匹配问题,即模型提供(请求)的接口与对方请求(提供)的接口之间的匹配,因此可以进一步归结到模型接口基调之间的匹配问题。在构件组合匹配研究中,最关键的问题就是在语法层次的组合失配问题。所谓语法层次的组合失配,是指仿真模型接口之间在接口方法、参数、返回值等语法描述方面存在无法组装、无法互操作的问题,导致模型之间不能建立预期的交互途径。为解决语法组合失配问题,需要深入分析产生语法层次组合失配的原因。下面从四个方面分析语法组合失配问题。

1. 命名问题

尽管模型接口的名字不是其语法描述的本质特征,但在具体组合实现中依赖于各语法元素的名字才找到具体的模型接口方法、特定的事件等,因此命名不一致仍包含在语法层次组合失配问题中,如上述 Detecto 与 Coiser 接口中关于搜索接口方法的命名问题。

命名不一致的问题涉及多种因素,包括开发人员的习惯问题、模型规范及编程语言上的技术问题等。在封闭的开发环境下,由于系统规模相对较小,涉及开发人员数量有限,比较容易在命名上达成一致,从而弱化了命名问题对组合的影响。开放、分布的开发环境下通常涉及多领域开发人员,不同模块涉及多个开发人员,可能使用不同的模型描述规范及编程语言,此时命名不一致的问题就凸显出来。在重用已有模型的前提下,由于不存在事先在命名问题上的沟通,更可能遇到命名问题。

2. 参数顺序问题

模型组合过程中涉及参数的传递,不管是在模型接口方法的显示调用,还是事件的发布与订购中,都要双方就参数的顺序问题达成一致,否则会导致无法组合或动态组合下的运行错误问题。

3. 复杂类型的异构匹配问题

在命名及参数顺序问题中,组合双方在互相匹配的语法元素之间存在一一对应的关系,即双方语法元素在结构上是一致的。但在分布、开放的仿真开发实践中通常会面临类型的异构匹配问题,即模型双方的接口基调定义中,类型元素之间并不存在一一对应的关系,或对应元素的类型构成存在不一致的问题。复杂类型异构匹配问题的本质是类型等价问题,即不同结构、不同形式的类型表示之间是否等价。

4. 复杂类型的子类型问题

子类型(subtyping)是很多编程语言尤其是面向对象编程语言的重要特征,它在很多建模仿真规范如 HLAOMT、SMPZ 中都存在。面向对象语言中的继承(inheritance)机制就是实现子类型的手段。所谓子类型关系,是指如果 A 是 B 的子类型,则凡是 B 可以使用的地方均可以使用 A 来代替,而不会引起类型错误。

目前在模型语法描述中处理子类型关系主要依赖于"显式"声明,通用编程语言如 Java 使用 extend 或 implement 关键字来显式说明二者的子类型关系,HLA 对象模型模板利用层次化的表格结构声明对象类与交互类之间的子类型关系,SMP 2.0 标准使用 <Base> 关键字描述子类型关系。除了声明性的子类型关系外,还存在结构性子类型关系。结构子类型主要是通过分析对应成员之间的子类型关系进行判断,即如果 A 是 B 的结构子类型,对 B 中任意成员 b 的类型,则 A 中必然存在对应成员 a 的类型,它为 B 的子类型。由于当前各主流建模仿真规范及通用编程语言对结构子类型关系的推理判断支持不够,因此在仿真模型组合过程中难以有效识别复杂的结构子类型关系,从而导致子类型的组合失配问题。

6.2.5 仿真构件的组合流程

雷达电子战仿真构件组合流程图如图 6.5 所示,主要包括如下过程。

(1) 仿真系统组装框架生成。对具体的雷达电子战仿真系统进行需求分析,分析仿真软件系统的体系结构并识别出组装框架,生成或者从构架库中选取对应的框架,并在可视化图形编辑区域预生成组装框架图。

(2)雷达电子战仿真构件的配置。识别出仿真系统的组装框架所需要的全部仿真构件,并从雷达电子战仿真构件库中查询满足条件的构件,在可视化编辑区设置到组装框架中的对应部分。

(3)仿真系统组装信息描述。对仿真系统的组装信息进行描述,生成仿真构件组装描述文件,并将组装结构信息和相关的仿真构件信息都以 XML 文件的格式保存。

(4)仿真系统的生成与运行。根据 XML 组装描述文件生成对应的代码,编译代码生成可执行程序或动态链接库,并在相应的仿真环境中实现组装后的构件软件的运行。

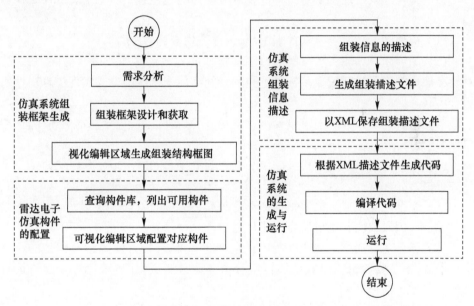

图 6.5　雷达电子战仿真构件组合流程图

6.3　构件组合工具设计与实现

构件组合工具用于实现雷达电子战仿真模型构件的图形化组装。在构件组合工具的支持下,用户不用手动编码,通过图形拖拽、连接等操作,即可以轻松地实现原子类构件到组合类构件的组装,从而降低仿真构件组合的难度,减少构件使用人员的工作量,提高仿真构件的组合效率。

6.3.1　需求分析及设计

1. 总体需求

系统的需求描述相当于系统设计与开发的规格说明书,它定义了软件系统需要实现的功能指标,对构件组合工具软件进行设计之前,需要对软件的功能需求进行详细的分析设计。UML 中的用例图可以很好地定义软件系统的功能需求,并以软件开发人员和用户都容易理解的规范化的图形元素进行描述和表现。因此,下面将以用例图的方式进行构件组合工具的需求分析和功能设计。

对构件组合工具的总体功能进行概括,形成系统总体需求。本构件组合工具的总体功能可以归纳为以下几个方面。

(1)构件检索。能够从仿真构件库中方便快捷地检索到用于组装的仿真模型构件。

(2)构件图形化。绘制构件表示图元,并与仿真构件关联。

(3)图形组合编辑。用户能够以图形拖拽的方式动态加载仿真构件,并能够对已经加载的图元进行编辑。并通过在图元间添加连接线的方式实现仿真构件的组合关联。

(4)组合封装设计。能够设计组合类构件的封装信息,包括基本描述信息、端口参数、接口函数等。

(5)构件组合校验。对构件的组合结果进行有效性测试,对不合理的用户设计进行提醒。

(6)组合代码生成。能够根据图形化编辑结果自动生成组合代码,用户可以浏览、编辑、编译代码并生成组合类构件封装体。

(7)组合仿真运行。在构件图形化组合的基础上,能够输入组合构件的仿真运行参数,不需要编辑代码直接进行组合仿真运行测试,并显示运行界面与运行结果。

(8)文件管理。包括新建、打开、保存构件组装描述文件等功能。

构件组合工具用例图如图 6.6 所示。在构件组合工具的用例分析中,可以将用例角色唯一指定为仿真构件组合人员。

2. 详细需求

按照系统功能总体分类,下面从构件检索、构件图形化、图形组合编辑、组合封装设计、构件组合校验、组合代码生成、组合仿真运行、文件管理等几个方面对构件组合工具进行详细的功能用例分析设计。

1)构件检索

仿真构件组合的前提条件是有可用于组合的仿真模型构件,而所有仿真构件

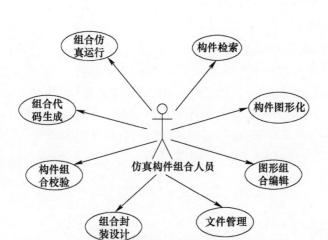

图 6.6 构件组合工具用例图

都利用构件库进行维护和管理,因此,通过构件库支持的检索方式获取仿真构件,是进行仿真构件组合操作的基础。通过前面构件库的设计可以知道,本系统对应的构件库支持关键字检索。为了便于使用,提供两类关键字检索方式,即索引导航与关键字搜索。索引导航模式下,预先建立了一组通用的关键字分类树,用户通过选择关键字就可以进行相应的检索,非常便捷,不足之处就是,关键字是系统定义的;关键字搜索模式下,用户可以任意输入关键字进行检索,弥补了索引导航的不足。基于构件库的设计模式,索引导航与关键字检索的实现都需要数据库检索、文件系统检索以及检索结果显示等功能的支持,构件检索用例图如图 6.7 所示。

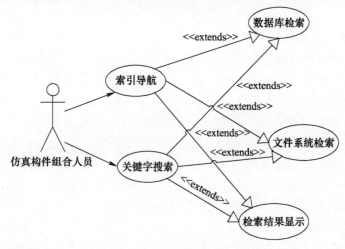

图 6.7 构件检索用例图

2）构件图形化

构件图形化用例图如图 6.8 所示,为了便于仿真构件的组合操作,提高仿真构件组合人员的使用体验,采用图形化的方式进行构件组合。为了实现此功能,有两个功能是必须实现的,其一就是能够采用灵活的方式进行图元绘制,图元支持几何图形(如矩形、圆形、三角形等)、图标类图形以及文字标注等;其二就是要让这些图元与仿真构件关联起来,参照前面建立的仿真构件模型结构,必须实现构件关联、端口关联以及接口关联。

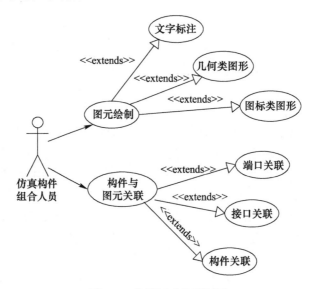

图 6.8　构件图形化用例图

3）图形组合编辑

图形组合编辑用例图如图 6.9 所示,将仿真构件与图元关联起来之后,仿真构件的组合就转化为了图元之间的组合,使得抽象的组合关系变得具体化、可视化,从而大大降低构件组合的难度,使得构件组合过程变得非常轻松。基于仿真构件的组装原理,为了实现仿真构件组合,在图元组合中需要实现以下三个方面的功能:①图元加载,用户能够以图形拖拽的方式动态加载仿真构件;②可以对已加载的图元进行编辑,包括移动图元位置、改变图元大小、改变图元显示的外观等;③可以通过在图元间连线的方式建立图元端口的关联关系,并能够在此基础上进行端口参数的关联,这也是仿真构件组合的核心问题。

4）组合封装设计

组合封装设计用例图如图 6.10 所示,按照构件组合的基本原理,仿真构件的组合设计包括两部分主要内容,一部分是构件内部的仿真构件的组合匹配;另一部

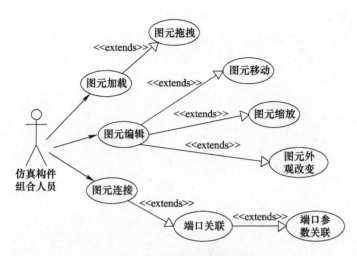

图 6.9　图形组合编辑用例图

分则是对内部子构件之间组合关系的进一步封装,生成一个组合类仿真构件,即组合封装设计。与前面描述的原子类构件的封装设计类似,组合封装设计包括了基本信息编辑、端口参数设计以及接口函数设计三个部分,其中,端口参数设计与接口函数设计都需要数据类型查询以及图形化设计的支持。

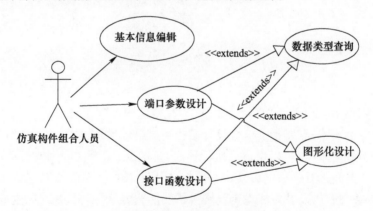

图 6.10　组合封装设计用例图

5）构件组合校验

构件组合校验用例图如图 6.11 所示,仿真构件的组合并不是任意的组合,而是在一定组合规则的约束之下进行的。用户通过图形化的方式进行组合,难免会人为地引入不符合规约的设计。因此,在用户设计结束之后,进行构件组合校验,及时检查不合理设计项,并提示给用户进行调整,是十分有必要的。从功能实现上来看,构件组合校验主要有四部分内容:①封装信息校验,包括了封装元数据校验、端口校验以及接口校验等；②构件图元校验,包括了构件关联校验、端口配置校验等；③图元组合校验,包括端口类型匹配校验、端口参数匹配校验等；④校验结果提示,将校验结果反馈给用户。

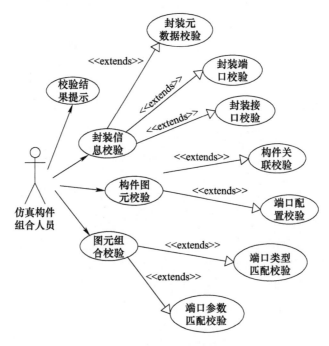

图 6.11　构件组合校验用例图

6）组合代码生成

组合代码生成用例图如图 6.12 所示,在构件图形化组合设计完成之后,要生成组合构件封装体,需要基于组合设计结构生成组合代码,并编译生成组合类仿真构件的动态链接库(也可以生成可执行程序)。因此,组合代码生成的功能主要包括以下三个方面:①代码生成,具体参照构件开发中的代码自动生成功能,包含了模板解析、数据解析以及生成规则设定等子功能;②代码编辑,在代码生成之后,用户可以浏览代码,也能够编辑代码;③代码编译,编译代码,生成动态链接库或者可执行程序。

7）组合仿真运行

组合仿真运行用例图如图 6.13 所示,在图形化构件组合设计完成之后,用户无须编写任何代码,既可以直接在构件组合工具上运行该组合仿真构件,并能够显示运行界面与运行结果。其具体的功能包括:①运行设置,用户可以设置组合仿真构件的运行参数;②运行控制,可以进行仿真开始、暂停、继续以及结束等控制;

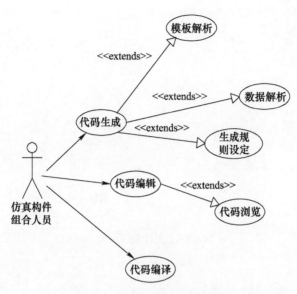

图 6.12　组合代码生成用例图

③运行引擎,这是支持组合仿真构件直接运行的内部引擎,能够实现仿真运行时间及事件推进;④运行显示,能够显示运行界面及运行结果。

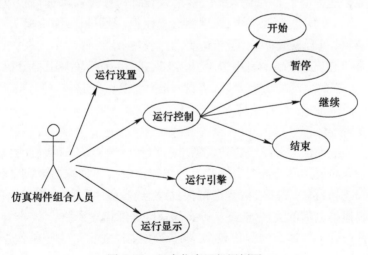

图 6.13　组合仿真运行用例图

8）文件管理

构件组合仿真工具的基本文件操作功能,包括新建组合设计、加载与保存组合设计描述文件等。文件管理用例图如图 6.14 所示。

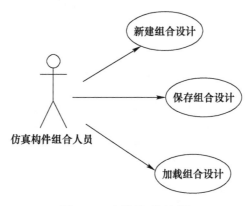

新建组合设计

保存组合设计

仿真构件组合人员

加载组合设计

图 6.14　文件管理用例图

6.3.2　功能模块设计

1. 总体设计

确定了系统的总体需求之后,通过对需求分析的抽取,得到了功能需求,然后依据这些需求进行系统的总体设计。在总体设计时按照需求进行相应的功能模块划分,具体包括构件检索模块、构件图形化模块、图形组合编辑模块、组合封装设计模块、构件组合校验模块、组合仿真运行模块、组合代码生成模块、文件管理模块。构件组合工具的总体框图如图 6.15 所示,各个模块与上面分析的用例图一一对应,为各个用例的功能封装,因此,对各个模块的具体功能下面不再进行赘述。

2. 详细设计

用例图详细地描述了系统的功能需求及设计用例。在总体设计的基础上,将各个用例中所需要用到的数据实体及各种逻辑控制实体抽取出来,形成类图。类图(class diagram)显示了模型的静态结构,特别是模型中存在的类、类的内部结构及它们与其他类之间的关系等,是从静态的角度详细描述系统。

本构件组合工具涉及的类比较多,限于篇幅,本书没有对所有类进行详细描述,仅列出几个核心的类进行详细描述。

构件图形化模块是本构件组合工具的主要模块之一,为了实现构件的图形化表示,需要能够灵活绘制多类图元,图元的类型需要包括几何图形(如矩形、圆形、三角形等)、图标类图形以及文字标注等;为了实现仿真构件与图元的关联,需要参考本书中定义的仿真构件模型结构,分别将不同类型的图元关联到构件、构件端

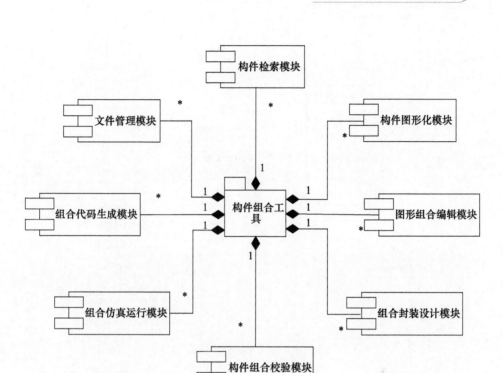

图 6.15   构件组合工具的总体框图

口以及构件接口。

构件图形化模块类图如图 6.16 所示。GraphGeometry 类为几何图元绘制类，其中包含了多类几何图元的绘制功能，包括矩形绘制 DrawRect、椭圆绘制 DrawEllipse、圆环绘制 DrawRing、扇形绘制 DrawFan、三角形绘制 DrawTriangle、多边形绘制 DrawPologon、自定义路径绘制 DrawPath 等；GraphIcon 类为图标类图元绘制，用户可以添加自定义图片；GraphText 类为文字类图元，可以自定义显示字符串；ItemComponent 类为仿真构件模型类，该类依赖于 ItemPort 类以及 ItemInterface 类；ItemPort 类用于维护仿真构件的端口参数数据；ItemInterface 用于维护仿真构件的接口函数；ItemGraphBinder 类用于实现实现仿真构件与图元的关联，该类内部包含了构件绑定 ComponentBind、端口绑定 PortBind 以及接口绑定 InterBind 功能。

图形组合编辑类图如图 6.17 所示，在本构件组合工具中，图形组合编辑模块也是非常重要的功能模块。为了实现图形组合编辑，首先需要实现图元的拖拽式加载到图形编辑场景中，然后需要对加入到场景中的图元进行编辑操作，实现图元的移动、缩放以及改变外观等功能，最后需要以连接线的方式建立端口类图元之间的关联关系，并实现端口参数映射与端口参数匹配。

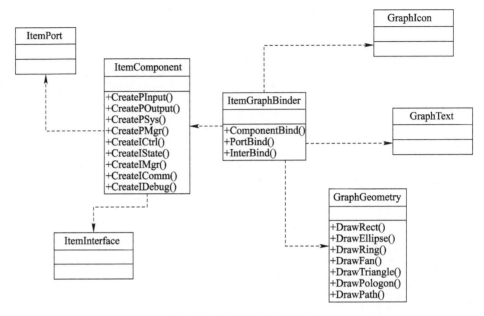

图 6.16　构件图形化模块类图

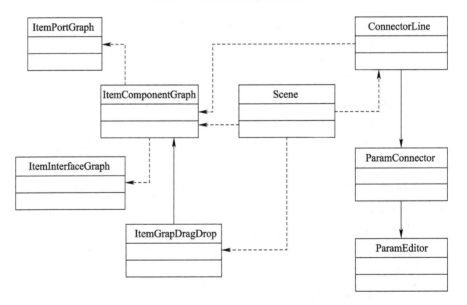

图 6.17　图形组合编辑类图

在图 6.17 中,Scene 类为图形编辑场景,图形编辑场景是图元显示、编辑的容器,用于支持各类图形化的操作;ItemComponentGraph 类为构件图元与构件模型关联之后的容器类,该类依赖于 ItemPortGraph 类与 ItemInterfaceGraph 类,ItemPort-

Graph 类为构件端口容器类，ItemInterfaceGraph 类为构件接口容器类；ItemGrap-DragDrop 类用于支持图元在场景中的拖拽操作；ConnectorLine 类用于实现端口之间连接线的绘制；ParamConnector 类与 ParamEditor 类关联到 ConnectorLine 类，用于实现构件间端口参数的关联。限于篇幅，图 6.17 只是列出了这些类的框架，没有列出各个类的具体属性和方法。

6.3.3　软件实现

完成对构件开发工具的需求分析、总体设计、模块划分与详细设计之后，就可以按照设计进行系统的软件开发。下面针对系统核心功能的实现，分别进行介绍。

1. 构件检索功能

构件组装工具运行界面如图 6.18 所示，将运行界面分为检索区、图形区以及信息区三个区，其中检索区能够进行构件的检索，提供了两种检索方式，一种方式是索引，另一种是搜索。

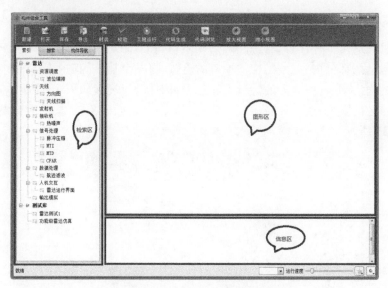

图 6.18　构件组装工具运行界面

2. 构件图形化功能

构件组装工具图形化界面如图 6.19 所示。图形化功能包括两部分，一部分是构件导航图形化，即在导航区以图标的方式显示出来，鼠标能够以拖拽的方式对图标进行操作；另一部分是图形区的构件图形化，即用户将构件拖拽到图形区之后，能够以图元的方式显示构件，并能够对图元进行移动、缩放、改变外观等操作。

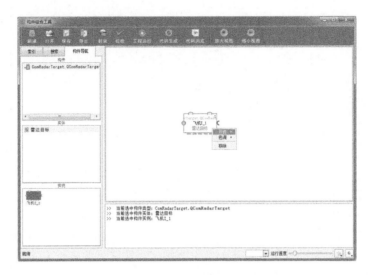

图 6.19　构件组装工具图形化界面

3. 图形组合编辑功能

如果图形区中存在多个构件图元,则可以进行多图元的组合编辑。图形的组合编辑包括两部分内容:一是构件端口的连接,将一个构件的输入端口连接到另一个构件的输出端口,不匹配的端口不能连接,构件端口连接如图 6.20 所示;二是构件端口参数的匹配,通过连线的方式建立端口参数之间的关联,构件端口参数匹配如图 6.21 所示。

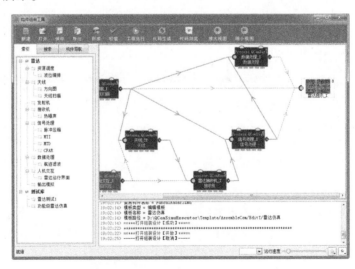

图 6.20　构件端口连接

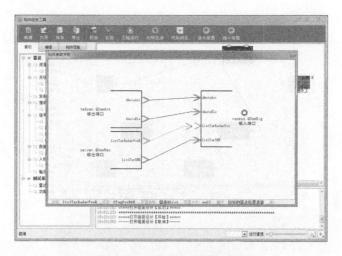

图 6.21　构件端口参数匹配

4. 组合封装设计功能

组合构件封装界面如图 6.22 所示。在新建构件的第一步,弹出组合构件封装界面,用户可以进行组合类构件的封装设计;用户也可以在构件组合的过程中,单击"工具栏"的"封装"按钮,弹出组合类构件的封装设计界面。在此界面中,用户可以编辑构件的封装信息,包括元数据信息、端口信息以及接口信息等。

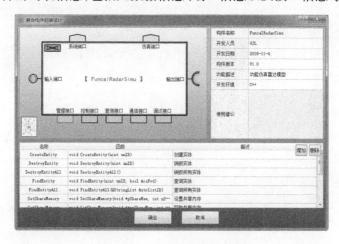

图 6.22　组合构件封装界面

5. 组合仿真运行功能

在组合设计完成之后,单击"工具栏"的"校验"按钮,自动进行校验,并提示不合理的设计项,如果检验通过,则可以单击"工程运行"按钮,直接运行组合仿真设计,显示运行结果。组合仿真运行界面如图6.23所示,图中弹出的雷达 PPI 显示界面,是"雷达显示_I"构件的运行界面。在仿真运行过程中,可以进行仿真的暂停、继续、结束、改变仿真速度等操作。

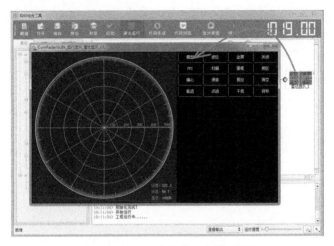

图 6.23　组合仿真运行界面

6. 组合代码生成功能

用户组合设计完成之后,单击"工具栏"的"校验"按钮,自动进行校验,并提示不合理的设计项,如果检验通过,则可以单击"代码生成"按钮,生成该组合构件的封装代码,代码生成完成之后,可以单击"代码浏览"按钮,浏览所生成的代码,如图 6.24 所示。也可以对所生成的代码进行人工编辑,最后编译生成组合构件的封装体(动态库或者可执行程序)。

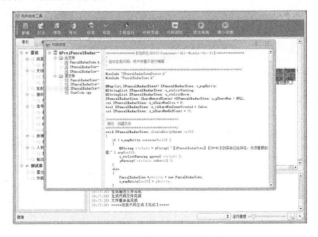

图 6.24　浏览生成的组合代码

第7章

雷达电子战功能仿真构件化设计

雷达电子战功能仿真是一种低分辨率的仿真方法,主要从信号功率的角度出发,运用雷达方程、干扰方程、干扰/抗干扰原理以及运动学方程等建立仿真计算模型,并在此基础上进行仿真评估试验。

本章基于前文论述的构件化设计思想,对雷达电子战功能仿真进行构件化设计,建立构件化仿真模型体系。雷达电子战仿真对象主要包括雷达设备、雷达侦察设备、雷达干扰设备、反辐射武器等雷达电子战装备以及导弹、飞机、舰船等目标与平台。限于篇幅,下面主要针对核心仿真模型进行构件化设计,包括雷达设备、侦察设备与干扰设备三部分。

7.1 统一数据类型设计

为了增强雷达电子战功能仿真模型的互操作能力和可重用能力,对所有功能仿真模型建立一个公共的数据类型系统,所有的仿真模型构件的端口参数基于该类型系统进行设计。基于统一的数据类型进行仿真构件设计,可以确保不同的模型对数据类型有一个公共的理解,这是不同仿真模型间可组合、可装配集成的基本要求。功能仿真数据类型定义如表7.1所示。

表 7.1 功能仿真数据类型定义表

分类	参数类型	描述	说明
基本类型	int	整型	有符号整型
	float	浮点型	单精度浮点型
	double	浮点型	双精度浮点型
	bool	布尔型	True/False
	string	字符串	标准字符串
结构体	SXYZPos	笛卡儿坐标系	包括 X、Y、Z
	SLLHPos	大地坐标系	包括经度 Longitude、纬度 Latitude、大地高度 Height
	SRAEPos	球坐标系	包括距离 Range、方位角 Azimuth、俯仰角 Elevation

7.2 雷达仿真系统构件设计

7.2.1 构件化模型体系

雷达系统功能仿真的基本思路是从信号功率的角度,运用雷达方程、干扰方程、干扰/抗干扰原理以及运动学方程等建立仿真计算综合输出(检测)信噪比模型,进而确定雷达检测时的发现概率与虚警概率。

在雷达检测中有四种可能性,如表 7.2 所示。

表 7.2 检测中的四种可能性

	发现	未发现
已知目标存在	正确检测	漏警
已知目标不存在	虚警	正确反应

对雷达检测的输出很容易在统计学或蒙特卡罗的意义上进行仿真。假设已知有一个目标,且发现概率为 P_d。如果产生一个在 $(0,1)$ 区间上均匀分布的随机变量 u,那么,就可以定义,当 $u \leqslant P_d$ 时为发现目标,反之,当 $u > P_d$ 时,则没有发现目标。雷达功能仿真的基本流程如图 7.1 所示。

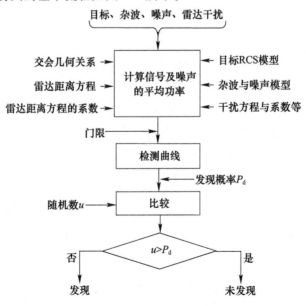

图 7.1 雷达功能仿真的基本流程图

基于上述功能仿真方法及仿真流程,进行雷达仿真模型分解。仿真模型分解的基本原则就是,采用分层风格的体系结构设计思想,自顶而下逐层细化,对相对独立的功能模块进行分割,各个相对独立的功能模块可以设计为一个仿真构件。

　　雷达系统功能仿真比较简单,仿真模型构成也不是很复杂。为了不增加仿真系统的实现难度,仿真模型的分割粒度不宜太细。一般来说,分为三层比较合适,雷达功能仿真构件划分结构如图 7.2 所示。第一层为系统层,在该层只有唯一的一个构件,该构件为组合类构件,即雷达功能仿真构件。第二层为部件层,该层包含交会计算构件、功率计算构件以及目标检测构件,均为组合类构件。第三层为零件层,该层为最底层构件,均为原子类构件,其中,与交会计算构件对应的是方位计算构件、通视计算构件;与功率计算构件对应的有回波功率构件、干扰功率构件、噪声功率构件以及杂波功率构件;与目标检测构件对应的有抗干扰改善构件、信噪比计算构件、检测判别构件。

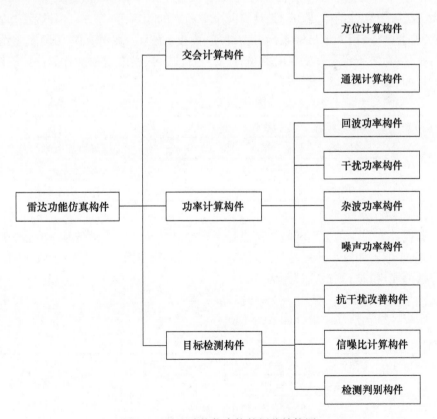

图 7.2　雷达功能仿真构件划分结构图

7.2.2　原子类构件设计

原子类构件内部不包含其他构件,也不引用其他构件,是一个独立的封装体。对于原子类构件的设计,不用考虑其内部具体构成,只需要关注外部接口与端口设计。按照第 3 章所述的仿真构件规范,对于一般的仿真模型,如果不考虑构件的特殊应用,可以采用一致的接口,这部分可以统一内嵌到构件生成模板中,不需要单独进行设计;另外,构件端口中的仿真端口与仿真运行相关,与具体仿真模型无关,在此处进行仿真构件设计,也可以暂不考虑。因此,对原子类构件的设计就统一简化为系统端口、输入端口以及输出端口的设计。

雷达功能仿真的原子类构件包括方位计算构件、通视计算构件、回波功率构件、干扰功率构件、噪声功率构件、杂波功率构件、抗干扰改善构件、信噪比计算构件、检测判别构件等。下面分别进行详细设计。

1. 方位计算构件

方位计算构件的主要功能是计算两个空间点的相对距离、方位角以及俯仰角。空间点的坐标采用大地坐标系(经度、纬度、高度)表示。在仿真中,用于计算雷达与目标、雷达与干扰之间的相对方位,作为空间交会判别的依据。方位计算构件端口设计如表 7.3 所示。

表 7.3　方位计算构件端口设计表

端口类型	参数名称	参数定义	类型	单位	描述
输入端口	参照点	RefPt	SLLHPos	无	参照点为球坐标原点
	相对点	RelativePt	SLLHPos	无	相对球坐标原点的位置点
输出端口	相对位置	RelativePos	SRAEPos	无	球坐标系

2. 通视计算构件

通视计算构件用于判断空间两点是否满足通视条件。主要是考虑地球的球体模型,基于电磁波直线传播的视距计算。设光滑地球球面上,发射与接收之间的高度分别为 h_1 和 h_2,则最大视距为

$$dv = 4.12(\sqrt{h_1} + \sqrt{h_2}) \tag{7.1}$$

通视计算构件端口设计如表 7.4 所示。

表 7.4　通视计算构件端口设计表

端口类型	参数名称	参数定义	类型	单位	描述
输入端口	起始点高度	StartHeight	double	无	大地高度
	终止点高度	EndHeight	double	无	大地高度
输出端口	是否通视	IsInSight	bool	无	true 表示通视

3. 回波功率构件

回波功率构件的主要功能是以雷达方程为基础,计算雷达接收到的回波信号功率。根据雷达距离方程,从斜距为 R 的目标反射回来的被雷达接收的回波信号功率为

$$P_R = \frac{P_t G_t G_r \lambda^2 \sigma D}{(4\pi)^3 R^4 L} \tag{7.2}$$

式中:P_t 为雷达发射功率;G_t 和 G_r 为雷达发射天线增益和接收天线增益;λ 为雷达波长;σ 为目标的雷达散射截面积;R 为目标与雷达之间的距离;L 为雷达系统综合损耗。在仿真系统中,目标的雷达散射截面积 σ 可根据预先装定的实测数据,通过实时计算电波入射角查表得到。

回波功率构件端口设计如表 7.5 所示。

表 7.5　回波功率构件端口设计表

端口类型	参数名称	参数定义	类型	单位	描述
系统端口	发射功率	EmitPower	double	W	雷达发射信号功率
	发射增益	TransGain	double	dB	雷达发射天线增益
	接收增益	ReceiGain	double	dB	雷达接收天线增益
	频率	Frequency	double	Hz	雷达发射信号载频
	综合损耗	TotalLoss	double	dB	所有损耗的总和
输入端口	目标距离	TarRange	double	m	雷达与目标的距离
	目标 RCS	TarRCS	double	m^2	目标雷达散射截面积
输出端口	回波功率	EchoPower	double	dB	接收到的回波功率

4. 干扰功率构件

干扰功率构件的主要功能是以干扰方程为基础,计算雷达接收到的干扰信号功率。根据干扰方程,若干扰机与雷达距离为 R_j,则雷达接收到的干扰功率为

$$P_{rj} = \frac{P_j \cdot G_j \cdot G_{rj} \cdot \lambda^2}{(4\pi R_j)^2 \cdot L_j \cdot L_r} \cdot \frac{B_r}{B_j} \tag{7.3}$$

式中:P_j 为干扰机发射功率;G_j 为干扰机发射天线增益;G_{rj} 为干扰机方向上雷达接收天线增益(当干扰从主瓣进入时,该增益与雷达天线增益相同,否则取雷达旁瓣增益);λ 为雷达波长;R_j 为干扰机与雷达之间的距离;L_j 为干扰机发射综合损耗;L_r 为雷达接收综合损耗;B_r 为雷达接收机瞬时带宽;B_j 为干扰信号带宽。

干扰功率构件端口设计如表 7.6 所示。

表 7.6　干扰功率构件端口设计表

端口类型	参数名称	参数定义	类型	单位	描述
系统端口	干扰机发射功率	JamEmitPower	double	W	干扰机发射功率
	干扰机发射增益	JamTransGain	double	dB	干扰机发射天线增益
	雷达频率	RadarFreq	double	Hz	雷达工作频率
	干扰发射损耗	JamTrasLoss	double	dB	干扰机发射综合损耗
	雷达接收损耗	RadarRecLoss	double	dB	雷达接收综合损耗
	干扰信号带宽	JamSignalBW	double	Hz	干扰信号带宽
	雷达接收带宽	RadarRecBW	double	Hz	雷达接收机瞬时带宽
输入端口	雷达接收干扰增益	RadarRecGain	double	dB	干扰机方向上雷达接收天线增益
	干扰机距离	JamRange	double	m	干扰机与雷达之间的距离
输出端口	干扰功率	JamPower	double	dB	雷达接收的干扰功率

5. 噪声功率构件

噪声功率构件的主要功能是计算雷达接收机的热噪声功率。雷达接收机噪声的来源主要分为两种,即内部噪声和外部噪声。内部噪声主要由接收机中的馈线、放电保护器、高频放大器或混频器等产生。接收机内部噪声在时间上是连续的,而振幅和相位是随机的。外部噪声是由雷达天线进入接收机的各种人为干扰、天电干扰、宇宙干扰和天线热噪声等,其中以天线热噪声影响最大。雷达接收机的内部噪声一般用噪声系数 N_F 来衡量,接收机噪声平均功率为

$$P_n = P_e + P_a = kT_s B_n = kT_0 B_n N_F \tag{7.4}$$

式中:k 为玻尔兹曼常数,为 1.38×10^{-23};T_0 为天线噪声温度;B_n 为雷达接收机瞬时带宽;N_F 为接收机的噪声系数。

噪声功率构件端口设计如表 7.7 所示。

表 7.7　噪声功率构件端口设计表

端口类型	参数名称	参数定义	类型	单位	描述
系统端口	接收机带宽	RadarRecBW	double	dB	雷达接收机瞬时带宽
	噪声系数	NosieFactor	double	无	接收机的噪声系数
	噪声温度	NTemperature	double	K	天线噪声温度
输出端口	噪声功率	NoisePower	double	dB	接收机噪声功率

6. 杂波功率构件

杂波功率构件的主要功能是模拟雷达接收到的杂波功率强度。杂波为不需要的雷达回波,这些回波混杂了来自目标的回波,使目标难以检测。杂波信号模型为

地杂波、气象杂波和海杂波信号模型的组合,即

$$C_{\text{clutter}}^{k} = C_{\text{land}}^{k}(t) + C_{\text{sea}}^{k}(t) + C_{\text{weather}}^{k}(t) \tag{7.5}$$

式中:$C_{\text{land}}^{k}(t)$ 为地面杂波;$C_{\text{sea}}^{k}(t)$ 为海面杂波;$C_{\text{weather}}^{k}(t)$ 为气象杂波。杂波的仿真非常复杂,难度较大,不易实现。对于功能仿真来说,仿真粒度比较粗,没有必要针对杂波模型进行高精度仿真,一般可以根据雷达所处的环境特点,给出经验值进行估算。

杂波功率构件端口设计如表 7.8 所示。

表 7.8　杂波功率构件端口设计表

端口类型	参数名称	参数定义	类型	单位	描述
系统端口	杂波类型	ClutterType	int	无	1 为地杂波;2 为海杂波;3 为气象杂波
	散射系数	ScatterFactor	double	无	杂波后向散射系数
	雷达发射功率	RadarPower	double	W	雷达发射功率
	天线增益	RadarGain	double	dB	雷达天线增益
	雷达频率	RadarFreq	double	Hz	雷达工作频率
输入端口	杂波中心距离	ClutterPtRange	double	m	雷达与杂波中心距离
	掠射角	GlancingAngle	double	(°)	擦地角/掠射角
输出端口	杂波功率	ClutterPower	double	dB	雷达接收的杂波功率

7. 抗干扰改善构件

抗干扰改善构件的主要功能是模拟雷达处理中引入抗干扰措施之后的抗干扰改善因子。抗干扰改善因子是斯蒂芬·L·约翰斯顿(S. L. Johnston)于 1974 年提出来的,它适用于有源或无源遮盖性干扰。抗干扰改善因子是雷达未采取抗干扰措施时,雷达输出端的信干比 S/J 与雷达中引入某种抗干扰措施后雷达输出端信干比 S'/J' 的比值,即

$$D = \frac{S/J}{S'/J'} = \frac{S}{S'} \times \frac{J'}{J} \tag{7.6}$$

如果雷达对某种干扰有几种抗干扰措施,而且每种抗干扰措施的效果不同,那么可用下列公式计算:

$$D_0 = D_1 \cdot D_2 \cdots D_n = \prod_{i=1}^{n} D_i \tag{7.7}$$

式中:$D_1、D_2、\cdots、D_n$ 分别代表旁瓣对消、脉冲压缩、频率捷变、脉冲积累、宽限窄、低副瓣天线、CFAR、频率分集等抗干扰改善因子。

抗干扰改善构件端口设计如表 7.9 所示。

表 7.9　抗干扰改善构件端口设计表

端口类型	参数名称	参数定义	类型	单位	描述
系统端口	旁瓣对消改善因子	SLCSNRFactor	double	无	旁瓣对消抗干扰
	脉冲压缩改善因子	PCSNRFactor	double	无	脉冲压缩抗干扰
	频率捷变改善因子	FASNRFactor	double	无	频率捷变抗干扰
	宽限窄改善因子	W2NSNRFactor	double	无	宽限窄抗干扰
	CFAR 改善因子	CFARSNRFactor	double	无	CFAR 抗干扰
	频率分集改善因子	FDSSNRFactor	double	无	频率分集抗干扰
	低副瓣天线改善因子	LSSNRFactor	double	无	低副瓣天线抗干扰
输入端口	干扰类型	JamType	int	无	1 为遮盖性;2 为欺骗性
输出端口	改善因子	AntiJamFactor	double	dB	抗干扰改善因子

8. 信噪比计算构件

信噪比计算构件的主要功能是实现雷达检测信噪比的计算。雷达检测信噪比是由多方面因素综合决定的,其中包括目标回波功率、干扰信号功率、杂波及噪声功率等。

$$SNR = \frac{P_s}{P_n + \sum P_j/D + P_c} \tag{7.8}$$

式中:SNR 为综合信噪比;P_s 为回波信号功率;P_n 为接收机噪声功率;P_j 为干扰信号功率;P_c 为杂波功率;D 为抗干扰改善因子。

信噪比计算构件端口设计如表 7.10 所示。

表 7.10　信噪比计算构件端口设计表

端口类型	参数名称	参数定义	类型	单位	描述
输入端口	回波功率	EchoPower	double	dB	雷达接收的回波功率
	干扰功率	JamPower	double	dB	雷达接收的干扰功率
	杂波功率	ClutterPower	double	dB	雷达接收的杂波功率
	噪声功率	NoisePower	double	dB	接收机噪声功率
	改善因子	AntiJamFactor	double	dB	抗干扰改善因子
输出端口	信噪比	SNR	double	无	雷达检测综合信噪比

9. 检测判别构件

检测判别构件的主要功能是模拟雷达目标检测的过程,叠加探测误差并输出探测结果。在功能仿真中,目标检测的基本原理是:计算出雷达接收目标的信噪比后,利用预先拟合的检测曲线计算目标的发现概率 P_d,然后对目标的发现概率进行随机样本试验,即随机对一服从 $[0,1]$ 均匀分布的变量取值 P_0,通过比较它与目标发现概率的大小来判断当前时刻能否发现目标。若 $P_0 < P_d$,则表示发现目标;反之,没有发现目标。雷达系统对目标位置的测量是在雷达阵面球坐标下对目标距离和角度的测量问题,在仿真中通过在目标的真实位置上叠加一定的误差来得到测量值。

检测判别构件端口设计如表 7.11 所示。

表 7.11 检测判别构件端口设计表

端口类型	参数名称	参数定义	类型	单位	描述
系统端口	虚警概率	FaProbability	double	无	雷达检测的虚警概率
	角度误差	AngleError	float	度	雷达测角误差
	距离误差	RangeError	float	米	雷达测距误差
输入端口	信噪比	SNR	double	无	雷达检测综合信噪比
输出端口	检测结果	IsDected	bool	无	雷达能否探测到目标
	检测距离	PtRange	double	m	雷达探测目标的距离
	检测角度	PtAngle	double	(°)	雷达探测目标的方位角
	检测高度	PtHeight	double	m	雷达探测目标的高度

7.2.3 组合类构件设计

组合类构件与原子类构件最大的不同就是,组合类构件内部包含子构件,子构件可以是原子类构件,也可以是组合类构件。因此,在设计组合类构件的时候,不仅需要考虑组合类构件的外部端口设计,也需要考虑构件内部的子构件的组合架构、交互关系以及运行时序。

雷达功能仿真中的全部组合类构件包括交会计算构件、功率计算构件、目标检测构件、雷达功能仿真构件。

1. 交会计算构件

交会计算构件用于实现空间两点的相对位置计算、通视计算等,该构件为组合类构件,包含了方位计算构件和通视计算构件两类子构件。

1)端口设计

交会计算构件端口设计如表 7.12 所示。

表 7.12　交会计算构件端口设计表

端口类型	参数名称	参数定义	类型	单位	描述
输入端口	参照点	RefPt	SLLHPos	无	参照点为球坐标原点
	相对点	RelativePt	SLLHPos	无	相对球坐标原点的位置点
输出端口	相对位置	RelativePos	SRAEPos	无	球坐标系
	是否通视	IsInSight	bool	无	true 表示通视

2）组装架构设计

交会构件由方位计算构件和通视计算构件组合而成,方位计算构件需要为通视计算构件提供数据支持。交会计算构件组装架构如图 7.3 所示。

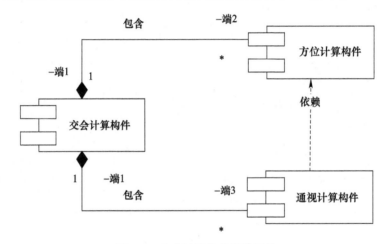

图 7.3　交会计算构件组装架构

3）交互关系设计

在该组装架构中,内部子构件的交互关系比较简单,主要是方位计算构件需要将其解算的相对高度值提供给通视计算构件,为通视计算构件提供输入。交会计算构件的交互关系如图 7.4 所示。

4）运行时序设计

交会计算构件内部,其子构件之间存在依赖关系,具有较严格的运行顺序。方位计算构件必须在通视计算构件之前进行解算,为通视计算构件提供输入。交会计算构件的运行时序图如图 7.5 所示。

2. 功率计算构件

功率计算构件用于计算雷达接收到的目标回波功率、杂波功率、干扰功率以及噪声功率。功率计算构件包含了回波功率构件、干扰功率构件、杂波功率构件以及噪声功率构件四类子构件。

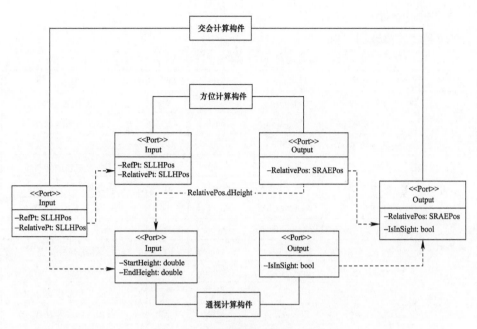

图 7.4　交会计算构件的交互关系

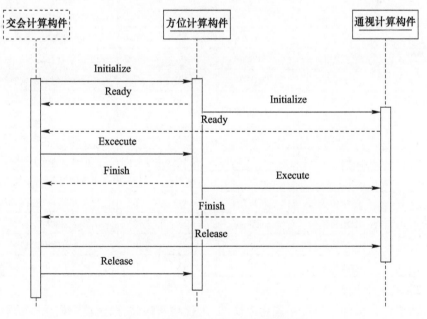

图 7.5　交会计算构件的运行时序图

1）端口设计

功率计算构件端口设计如表 7.13 所示。

表 7.13　功率计算构件端口设计表

端口类型	参数名称	参数定义	类型	单位	描述
系统端口	雷达发射功率	EmitPower	double	W	雷达发射信号功率
	雷达发射增益	TransGain	double	dB	雷达发射天线增益
	雷达接收增益	ReceiGain	double	dB	雷达接收天线增益
	雷达频率	Frequency	double	Hz	雷达发射信号载频
	雷达接收损耗	RadarRecLoss	double	dB	雷达接收综合损耗
	雷达接收带宽	RadarRecBW	double	Hz	雷达接收机瞬时带宽
	干扰机发射功率	JamEmitPower	double	W	干扰机发射功率
	干扰机发射增益	JamTransGain	double	dB	干扰机发射天线增益
	干扰发射损耗	JamTrasLoss	double	dB	干扰机发射综合损耗
	干扰信号带宽	JamSignalBW	double	Hz	干扰信号带宽
	噪声系数	NosieFactor	double	无	接收机的噪声系数
	噪声温度	NTemperature	double	K	天线噪声温度
	杂波类型	ClutterType	int	无	1 为地杂波;2 为海杂波;3 为气象杂波
	散射系数	ScatterFactor	double	无	杂波后向散射系数
输入端口	目标距离	TarRange	double	m	雷达与目标之间的距离
	目标 RCS	TarRCS	double	m^2	目标雷达散射截面积
	雷达接收干扰增益	RadarRecGain	double	dB	干扰机方向上雷达接收天线增益
	干扰机距离	JamRange	double	m	干扰机与雷达之间的距离
	杂波中心距离	ClutterPtRange	double	m	雷达与杂波中心距离
	掠射角	GlancingAngle	double	(°)	擦地角/掠射角
输出端口	回波功率	EchoPower	double	dB	接收到的回波功率
	干扰功率	JamPower	double	dB	雷达接收的干扰功率
	噪声功率	NoisePower	double	dB	接收机噪声功率
	杂波功率	ClutterPower	double	dB	雷达接收的杂波功率

2）组装架构设计

功率计算构件主要由回波功率构件、干扰功率构件、杂波功率构件以及噪声功率构件组合而成,各个子构件之间相互独立,不存在任何依赖关系。功率计算构件组装架构如图 7.6 所示。

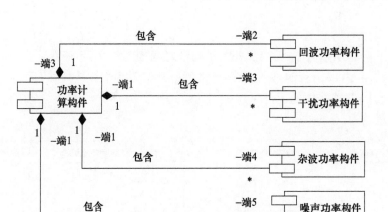

图 7.6　功率计算构件组装架构

3）交互关系设计

功率计算构件内部各个子构件之间相互独立,不存在任何交互关系。因此,功率计算构件的交互关系主要体现在组合构件与内部子构件之间的交互。功率计算构件的交互关系如图 7.7 所示。

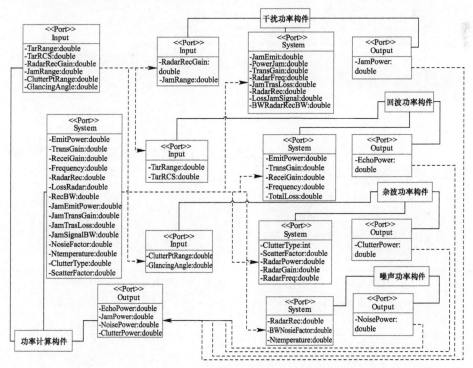

图 7.7　功率计算构件的交互关系

4）运行时序设计

对于功率计算构件,其内部各个子构件之间相互独立,不存在运行期间的先后依赖关系,其内部运行时序并没有严格的顺序。功率计算构件的运行时序图如图7.8所示,图中提供的运行时序图,仅为一种参考,各个子构件之间的先后顺序可以任意调换。

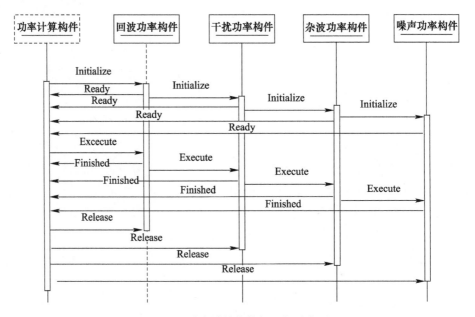

图7.8 功率计算构件的运行时序图

3. 目标检测构件

目标检测构件用于实现雷达检测信噪比的计算,并根据信噪比实现目标检测的模式,判断目标是否能够被雷达探测。目标检测构件包含了抗干扰改善构件、信噪比计算构件和检测判别构件等子构件。

1）端口设计

目标检测构件端口设计如表7.14所示

表7.14 目标检测构件端口设计表

端口类型	参数名称	参数定义	类型	单位	描述
系统端口	旁瓣对消改善因子	SLCSNRFactor	double	无	旁瓣对消抗干扰
	脉冲压缩改善因子	PCSNRFactor	double	无	脉冲压缩抗干扰
	频率捷变改善因子	FASNRFactor	double	无	频率捷变抗干扰
	宽限窄改善因子	W2NSNRFactor	double	无	宽限窄抗干扰

（续）

端口类型	参数名称	参数定义	类型	单位	描述
系统端口	CFAR 改善因子	CFARSNRFactor	double	无	CFAR 抗干扰
	频率分集改善因子	FDSSNRFactor	double	无	频率分集抗干扰
	低副瓣天线改善因子	LSSNRFactor	double	无	低副瓣天线抗干扰
	虚警概率	FaProbability	double	无	雷达检测的虚警概率
	角度误差	AngleError	float	(°)	雷达测角误差
	距离误差	RangeError	float	m	雷达测距误差
输入端口	回波功率	EchoPower	double	dB	雷达接收的回波功率
	干扰功率	JamPower	double	dB	雷达接收的干扰功率
	杂波功率	ClutterPower	double	dB	雷达接收的杂波功率
	噪声功率	NoisePower	double	dB	接收机噪声功率
	干扰类型	JamType	int	无	1 为遮盖性；2 为欺骗性
输出端口	检测结果	IsDected	bool	无	雷达能否探测到目标
	检测距离	PtRange	double	m	雷达探测目标距离
	检测角度	PtAngle	double	(°)	雷达探测目标方位角
	检测高度	PtHeight	double	m	雷达探测目标高度

2）组装架构设计

目标检测构件主要由抗干扰改善构件、信噪比计算构件以及检测判别构件组合而成，各个子构件之间具有严格的前后依赖关系。目标检测构件组装架构如图 7.9 所示。

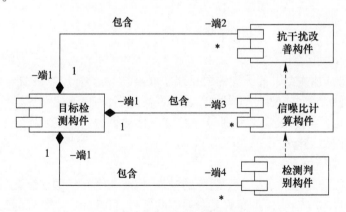

图 7.9 目标检测构件组装架构

3）交互关系设计

目标检测构件内部各个子构件之间存在依赖关系,抗干扰改善构件需要为信噪比计算构件提供输入,信噪比计算构件需要为检测判别构件提供输入。目标检测构件的交互关系如图7.10所示。

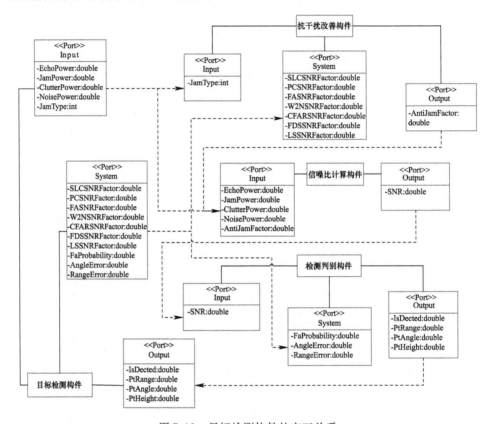

图7.10　目标检测构件的交互关系

4）运行时序设计

目标检测构件内部,其子构件之间存在依赖关系,具有较严格的运行顺序。抗干扰计算构件必须在信噪比计算构件之前进行解算,为信噪比计算构件提供输入,信噪比计算构件必须在检测判别构件之前进行解算,为检测判别构件提供输入。目标检测构件的运行时序图如图7.11所示。

4. 雷达功能仿真构件

雷达功能仿真构件是一个系统级的构件,构成一个完整的系统,也可以作为一个组合类构件与其他构件进行更复杂功能的组合,可视为一类特殊的组合类构件,其设计方法与其他组合类构件一致。

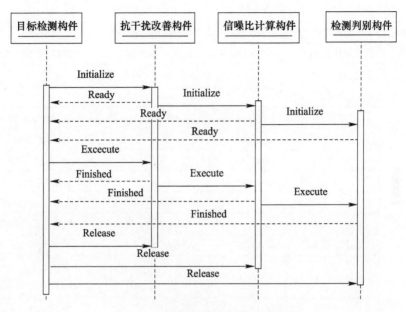

图 7.11　目标检测构件的运行时序图

1）端口设计

雷达功能仿真构件端口设计如表 7.15 所示。

表 7.15　雷达功能仿真构件端口设计表

端口类型	参数名称	参数定义	类型	单位	描述
系统端口	雷达发射功率	EmitPower	double	W	雷达发射信号功率
	雷达发射增益	TransGain	double	dB	雷达发射天线增益
	雷达接收增益	ReceiGain	double	dB	雷达接收天线增益
	雷达频率	Frequency	double	Hz	雷达发射信号载频
	雷达接收损耗	RadarRecLoss	double	dB	雷达接收综合损耗
	雷达接收带宽	RadarRecBW	double	Hz	雷达接收机瞬时带宽
	噪声系数	NosieFactor	double	无	接收机的噪声系数
	噪声温度	NTemperature	double	K	天线噪声温度
	旁瓣对消改善因子	SLCSNRFactor	double	无	旁瓣对消抗干扰
	脉冲压缩改善因子	PCSNRFactor	double	无	脉冲压缩抗干扰
	频率捷变改善因子	FASNRFactor	double	无	频率捷变抗干扰
	宽限窄改善因子	W2NSNRFactor	double	无	宽限窄抗干扰
	CFAR 改善因子	CFARSNRFactor	double	无	CFAR 抗干扰

（续）

端口类型	参数名称	参数定义	类型	单位	描述
系统端口	频率分集改善因子	FDSSNRFactor	double	无	频率分集抗干扰
	低副瓣天线改善因子	LSSNRFactor	double	无	低副瓣天线抗干扰
	虚警概率	FaProbability	double	无	雷达检测的虚警概率
	角度误差	AngleError	float	(°)	雷达测角误差
	距离误差	RangeError	float	m	雷达测距误差
	干扰机发射功率	JamEmitPower	double	W	干扰机发射功率
	干扰机发射增益	JamTransGain	double	dB	干扰机发射天线增益
	干扰发射损耗	JamTrasLoss	double	dB	干扰机发射综合损耗
	干扰信号带宽	JamSignalBW	double	Hz	干扰信号带宽
	杂波类型	ClutterType	int	无	1 为地杂波；2 为海杂波；3 为气象杂波
	散射系数	ScatterFactor	double	无	杂波后向散射系数
输入端口	雷达位置	RadarPos	SLLHPos	无	雷达位置
	目标位置	TarPos	SLLHPos	无	雷达探测目标的位置
	干扰类型	JamType	int	无	1 为遮盖性；2 为欺骗性
	雷达接收干扰增益	RadarRecGain	double	dB	干扰机方向上雷达接收天线增益
	干扰机距离	JamRange	double	m	干扰机距雷达的距离
	杂波中心距离	ClutterPtRange	double	m	雷达与杂波中心距离
	掠射角	GlancingAngle	double	(°)	擦地角/掠射角
输出端口	检测结果	IsDected	bool	无	雷达能否探测到目标
	检测距离	PtRange	double	m	雷达探测目标距离
	检测角度	PtAngle	double	(°)	雷达探测目标方位角
	检测高度	PtHeight	double	m	雷达探测目标高度

2）组装架构设计

雷达功能仿真构件主要由交会计算构件、功率计算构件以及目标检测构件组合而成,各个子构件之间具有严格的前后依赖关系。雷达功能仿真构件组装架构如图7.12 所示。

3）交互关系设计

雷达功能仿真构件内部各个子构件之间存在依赖关系,交会计算构件需要为功率计算构件提供输入,功率计算构件需要为目标检测构件提供输入。雷达功能

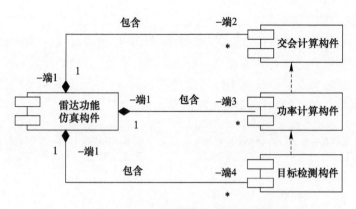

图 7.12　雷达功能仿真构件组装架构

仿真构件的交互关系如图 7.13 所示。

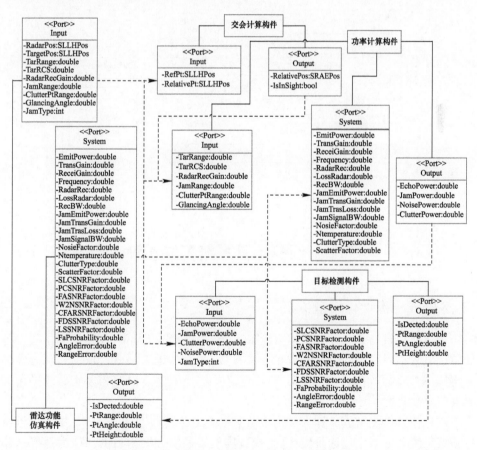

图 7.13　雷达功能仿真构件的交互关系

4）运行时序设计

在雷达功能仿真构件内部,其子构件之间存在依赖关系,具有较严格的运行顺序。交互计算构件必须在功率计算构件之前进行解算,为功率计算构件提供输入;功率计算构件必须在目标检测构件之前进行解算,为目标检测构件提供输入。雷达功能仿真构件的运行时序图如图 7.14 所示。

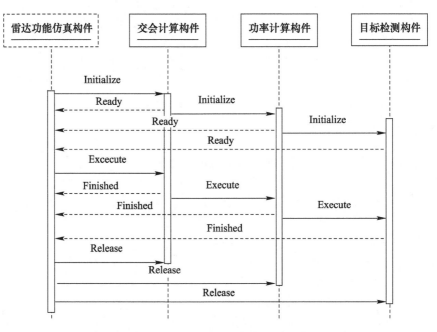

图 7.14　雷达功能仿真构件的运行时序图

7.3　侦察仿真系统构件设计

7.3.1　构件化模型体系

雷达侦察系统是一种电子侦察设备和器材,主要用于侦测、截获和测量敌方各种雷达电磁辐射信号的特征参数和技术参数,并通过记录、分析、识别和辐射源测向定位,掌握敌方雷达的类型、功能、特性、用途、部署地点以及相关武器或平台的属性与威胁程度。

雷达侦察功能仿真又称为系统截获信号能力仿真、系统方案仿真,主要用于雷达侦察系统总体方案设计阶段,以寻找最佳侦察系统方案为目的。作为系统总体设计的辅助手段,系统方案仿真仅关心所选择的系统在信号的探测、截获、存储等

方面能否与实际的输入信号密度相匹配,而不涉及各分系统的具体构成及具体的
处理步骤。这类仿真并不要求详细了解每个信号经过接收机各级后的幅度特性、
频率特性以及有关的其他特性,感兴趣的仅是给定条件下的系统对各辐射源的截
获概率。雷达侦察功能仿真基本流程如图 7.15 所示。

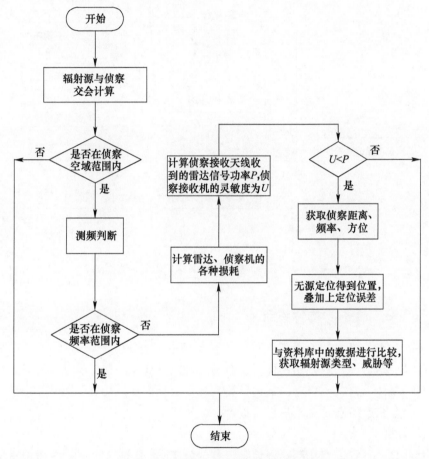

图 7.15　雷达侦察功能仿真基本流程

　　依据构件化的建模思想,对雷达侦察仿真系统进行模块化分解。自顶而下依
次分为系统层、部件层、零件层三个层次。在此基础上,进行层内分区,实现各个层
次内的模块分离。

　　雷达侦察功能仿真构件划分结构如图 7.16 所示。第一层为系统层,在该层只
有唯一的一个构件,该构件为组合类构件,即侦察功能仿真构件。第二层为部件
层,该层包含交会计算构件、功率计算构件以及侦察评估构件,均为组合类构件。第

三层为零件层,该层为最底层构件,均为原子类构件。其中,与交会计算构件对应的是方位计算构件、通视计算构件;与功率计算构件对应的有侦收功率构件、噪声功率构件;与侦察评估构件对应的有截获判断构件、侦测误差构件、分选识别构件。

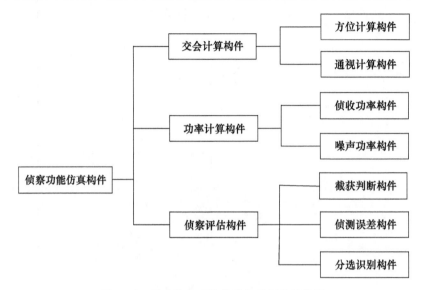

图 7.16　雷达侦察功能仿真构件划分结构图

7.3.2　原子类构件设计

侦察功能仿真中的原子类构件有方位计算构件、通视计算构件、侦察功率构件、噪声功率构件、截获判断构件、侦测误差构件、分选识别构件。下面分别进行详细设计。其中,方位计算构件、通视计算构件以及噪声功率构件与雷达功能仿真中相同,可以直接重用,这里不再进行设计。

1. 侦收功率构件

侦收功率构件主要功能是以侦察方程为依据,计算到达侦察接收机前端的辐射源功率大小,雷达与侦察机距离为 R 的条件下,不考虑传输损耗、大气衰减以及地面或海面反射等因素影响,侦察接收机前端功率为

$$P_r = \frac{P_t G_t G_r \lambda^2}{(4\pi R)^2} \tag{7.9}$$

式中:P_t 为雷达的发射功率;G_t 为雷达装备的发射天线增益;G_r 为侦察装备的接收天线增益;λ 为雷达工作波长。

侦收功率构件端口设计如表 7.16 所示。

表 7.16　侦收功率构件端口设计表

端口类型	参数名称	参数定义	类型	单位	描述
系统端口	辐射源功率	EmitPower	double	W	辐射源输出功率
	发射增益	TransGain	double	dB	辐射源发射天线增益
	频率	Frequency	double	Hz	辐射源发射信号载频
	综合损耗	TotalLoss	double	dB	所有损耗的总和
输入端口	距离	Range	double	m	侦察机与辐射源距离
	接收增益	ReceiGain	double	dB	侦察机接收天线增益
输出端口	侦收功率	RecPower	double	dB	侦察机接收功率

2. 截获判断构件

截获判断构件用于模拟雷达侦察系统的信号截获功能。雷达侦察系统的前端是一个在时域、空域、频域等多维信号空间中具有一定选择性的动态子空间,该动态子空间也称为在多维信号空间中的搜索窗。被侦收的雷达辐射源信号则是多维信号空间中的点,只有当某一时刻,此动态点落入搜索窗内,且满足侦察的能量要求,才可能发生前端的截获事件。因此,在一般情况下,截获事件的发生需要满足以下条件。

（1）空域截获。一般指侦察天线的半功率波束宽度指向雷达,雷达发射天线的半功率波束宽度指向侦察接收机。

（2）频域截获。指雷达的发射脉冲载频落入侦察机瞬时测频带宽内,且其脉冲满足侦察机测频条件。

（3）能量条件。指侦察接收机接收到的雷达信号能量高于侦察接收机的灵敏度。

（4）距离条件。指侦察接收机与雷达之间的距离小于侦察机的作用距离。

（5）其他条件。指雷达发射信号的其他参数能够被侦察机正常检测和测量。

截获判断构件端口设计如表 7.17 所示。

表 7.17　截获判断构件端口设计表

接口类型	参数名称	参数定义	参数类型	单位	补充描述
系统端口	辐射源输出	RadiantOutput	struct	—	辐射源输出参数
	天线输出	AnteOutput	struct	—	辐射源天线输出参数
	灵敏度	Sensitive	float	dB	最小检测功率
	侦测起始方位	AziStart	float	(°)	测向范围
	侦测终止方位	AziEnd	float	(°)	测向范围
输入端口	侦收功率	RecPower	float	W	侦察机接收功率
输出端口	截获结果	IsIntercepted	bool	—	是否截获信号

3. 侦测误差构件

侦测误差构件主要功能是用于模拟对侦收辐射源的侦察误差,包括测频误差和测向误差,将其叠加于真值。

侦测误差构件端口设计如表 7.18 所示。

表 7.18　侦测误差构件端口设计表

接口类型	参数名称	参数定义	参数类型	单位	补充描述
输入端口	误差类型	ErrorType	enum	—	如测向、测评误差
输出端口	测向误差	DirectionError	float	(°)	输出测向误差信息
	测频误差	FrequencyError	float	Hz	输出测频误差信息

4. 分选识别构件

分选识别构件用于模拟侦察系统对侦收信号的分选识别功能。现代侦察设备必须工作在日益密集的信号环境中,对被截获的大量混杂信号必须以分批、有效的方法做出某种分选,这样才能得到信号的相关序列,即一定程度上再现原始的信号。把某个信号从特定辐射源中分离出来的任务可能是难以完成的,因为不同信号间的参数界限可能重叠,而且某些因素如测量误差也可以使所测得的信号特性变得不精确或"模糊"。信号分选是利用信号参数的相关性来实现的。在现代信号分选技术中,通常是综合利用五个参数来达到实时、准确地分选信号的目的,表征辐射源(雷达)的特征参数如下。

1) 到达角(DOA)

到达角包括方位角和俯仰角。目前到达角仍然是用于信号处理的一个重要参数。因为辐射源(雷达)有可能逐个地改变其他参数,但要逐个脉冲地改变到达角,必须使其搭载平台以很高的速度移动才能办到,而这一点目前是无法实现的。也就是说,不论辐射源的参数如何变化,在短时间内(例如一秒内),其到达角是基本不变的。然而由于辐射源的分布密集和侦察机的测角精度的影响,采用到达角单一参数去交错并不能把所有交迭脉冲分离成各个雷达的脉冲列。

2) 射频(RF)

射频频率也是用于信号分选的一个重要参数,侦察机的雷达频率覆盖范围达到 0.5 ~ 20GHz,包含了绝大多数防空雷达的工作频率。根据雷达在频域上的分布特点,目前固定载频的雷达仍占大多数,因此利用 RF 来分选还是非常有效的。提高测频精度是可靠分选的保证。当今,瞬时频率测量技术(IFM)已经达到了相当高的水平,一般 IFM 接收机的测频精度达到了 25MHz,有的接收机的测频精度可达到 1MHz,甚至 0.1MHz。但是随着声表面波技术的进步,越来越多的射频捷变雷达投入使用,使得传统的信号分选方法遇到了许多的困难,这有待于信号处理水平的进一步提高。

3）到达时间（TOA）

这是一个很重要的分选参数。在早期，由于电磁环境中的信号不太密集，并且常规雷达信号占大多数，因此早期的信号分选方法大都采用到达时间这个单一参数进行处理。但是在今天，随着环境中的信号流量的不断增加以及特殊雷达信号的出现（例如重频抖动、滑变和参差等），光靠 TOA 来进行信号分选已经不能适应作战要求了。到达时间的测量一般是接收机系统以某一脉冲为时间基准，测量后续脉冲相对于此脉冲的时间间隔值。从到达时间可以推导出雷达的重频间隔，从而可知道雷达的脉冲重复频率，一般雷达信号的 PRF 的大致范围为几百赫兹至几百千赫兹。

4）脉冲宽度（PW）

由于多径效应可能使脉冲包络严重失真，而且很多雷达的脉宽相同或相近，致使脉宽这一参数被认为是一个不可靠的分选参数。近年来，在脉宽的测量方面，采取了一些新的技术，如在检波后直接比较出脉冲宽度（PW），就可以避免视放的失真，采用浮动电平测量脉宽，避免了幅度的影响，使脉宽测量的精度得到提高，因此在分选某些特殊信号时，采用脉宽作为辅助分选参数也有一定的价值。通常雷达信号的脉宽（PW）取值范围为 0.1~200μs，测量精度为 50ns。

5）脉冲幅度（PA）

这里所说的脉冲幅度是指到达信号的功率电平，根据脉幅我们可以估计辐射源的远近。脉幅在某些侦察接收机中可用做扫描分析，因为有些雷达的脉冲重频、载频和脉宽等参数都相同，但它们的扫描方式不一样，要分选这些雷达信号必须做扫描分析。通常雷达的脉冲幅度取值范围为 0.5~4.5V。

对雷达信号分选的实现方式主要为：首先，由预处理机对接收到的雷达信号进行载频（RF）、到达方向（DOA）和脉冲宽度（PW）预分选，使信号流稀释到主处理机可以处理的地步（大约信号流量为每秒 1000 个脉冲左右）；其次，主处理机对载频、到达方向和脉冲宽度处于一定范围的脉冲列，采用脉冲重复周期（PRI）这个参数进行重频分选；最后，对分选后的雷达参数进行雷达信号的识别。由于 PW 参数易受多径效应的影响而不太可靠，在初分选中一般将 PW 的分选间隔选得很宽。

信号识别就是将分选所得的信源技术参数与存储在辐射源参数文件中的事先通过电子情报侦察获得的各种雷达的特征参数进行容差比较所形成的判决，从而确定雷达的型号并进一步得到更详细的战术技术参数，同时还可以给出威胁告警及识别可信度。随着科学技术的发展，现代战争的电磁信号环境日益复杂，雷达辐射源往往具有多个工作模式，且不同雷达的模式相互交迭，而且由于军事领域中保密的需要，很难获得各雷达辐射源完整的先验概率和条件概率的信息，由各种渠道获得的各辐射源特征参数以及由此形成的数据库,存在着不完整性、不确定性,特别是模糊性。为此可将模糊模式识别的理论用于雷达信号的识别。其识别的方法大致分为两类:直接方法和间接方法。

直接方法按最大隶属度原则归类:设 $A_1, A_2, \cdots, A_n$ 是论域 U 上的几个模糊子集,u_0 是 U 的一固定元素,若 $\mu_{A_i}(u_0) = \max[\mu_{A_1}(u_0), \cdots, \mu_{A_n}(u_0)]$,其中 $\mu_{A_i}(u_0)$ 为隶属函数,则认为 u_0 相对隶属于模糊子集 A_i。

间接方法则按择近原则归类:设 $A_1, A_2, \cdots, A_n$ 是论域 U 上的几个模糊子集,B 也是论域 U 上的一个模糊子集,若 B 与 A_j 的距离最小或贴近度最大,则认为 B 相对隶属于 A_j。

1)隶属函数的确定

对于射频调制方式、重频调制方式、信号调制方式、频率变化方式这些数字离散型变量,其隶属函数的定义为

$$d_{ij} = \begin{cases} 1 \\ 0 \end{cases} \tag{7.10}$$

而对于工作频率、重复频率、脉冲宽度、信号调制度这类连续模拟型参数,由于各部具体雷达的特征量的值总是在各自对应的某一平均值附近摆动,使得雷达在实现上存在偏差,出现模糊性,在侦察接收雷达信号时,必然存在着测量误差,使得雷达参量的值没有明确的边界,其特征函数可以在[0,1]区间上连续取值,所以有几种不同的隶属函数取值法(以载频为例)。

(1)梯形曲线隶属函数:

$$\mu(u) = \begin{cases} (f_{\max} + 16\sigma - u)/15\sigma & f_{\max} + \sigma < u < f_{\max} + 16\sigma \\ 1 & f_{\min} - \sigma < u < f_{\max} + \sigma \\ [u - (f_{\min} - 16\sigma)]/15\sigma & f_{\min} - 16\sigma < u < f_{\min} - \sigma \\ 0 & \text{其他} \end{cases} \tag{7.11}$$

式中:σ 为传感器对频率的测量误差的均方值;$f_{\min}$、$f_{\max}$ 分别为某类雷达的工作频率的低端和高端。

(2)高斯型隶属函数:

$$\mu(u) = \begin{cases} \exp\left[-\dfrac{(u - f_{\max})^2}{2\sigma^2}\right] & u > f_{\max} \\ 1 & f_{\min} < u < f_{\max} \\ \exp\left[-\dfrac{(u - f_{\min})^2}{2\sigma^2}\right] & u < f_{\min} \end{cases} \tag{7.12}$$

式中:σ 为传感器对频率的测量误差的均方值。

（3）柯西型隶属函数:

$$\mu(u) = \begin{cases} 1/[1 + (u - f_{max})^2/\sigma^2] & u > f_{max} \\ 1 & f_{min} < u < f_{max} \\ 1/[1 + (u - f_{min})^2/\sigma^2] & u < f_{min} \end{cases} \tag{7.13}$$

式中:σ 为传感器对频率的测量误差的均方值。

2）最大隶属度法

在求得辐射源数据单元各个参数的模糊隶属度之后,根据辐射源各参数在表征雷达和测量精度上的不同,确定其权重,则辐射源数据单元的隶属度可以定义为

$$d = \sum w_i \mu(u_i) \tag{7.14}$$

式中:w_i 为权重且有 $\sum\limits_{i=1}^{k} w_i = 1$。

比较待识别雷达对所有已知雷达的隶属度,取最大值。如果最大值大于给定门限,即认为待识别雷达与最大值对应的已知雷达同属一类;否则就判为新型雷达。

3）格贴近度法

贴近度常用来表征两个模糊集的近似程度。贴近度越大,两个模糊集越接近。格贴近度定义:设 A 和 B 是论域 U 上两个模糊集,以 $A \cdot B$、$A \otimes B$ 和 $(A、B)$ 分别表示 A 和 B 的内积、外积和格贴近度,则

$$\begin{cases} A \cdot B = (\vee)\mu_A x (\wedge)\mu_B x \\ A \otimes B = \wedge(\mu_A(x) \vee \mu_B(x)) \\ (A \cdot B) = (A \cdot B) \wedge - A \otimes B \end{cases} \tag{7.15}$$

式中:$\vee$、$\wedge$ 分别表示取最大、取最小。

则根据隶属函数的不同,当选取高斯型隶属函数时

$$(A,B)(u) = \begin{cases} \exp\left[-\dfrac{1}{2}\left(\dfrac{u - f_{max}}{\sigma_A + \sigma_B}\right)^2\right] & u > f_{max} \\ 1 & f_{min} < u < f_{max} \\ \exp\left[-\dfrac{1}{2}\left(\dfrac{u - f_{min}}{\sigma_A + \sigma_B}\right)^2\right] & u < f_{min} \end{cases} \tag{7.16}$$

当选取柯西型隶属函数时,有

$$(A,B)(u) = \begin{cases} \dfrac{(\sigma_A + \sigma_B)^2}{(\sigma_A + \sigma_B)^2 + (u - f_{\max})^2} & u > f_{\max} \\ 1 & f_{\min} < u < f_{\max} \\ \dfrac{(\sigma_A + \sigma_B)^2}{(\sigma_A + \sigma_B)^2 + (u - f_{\min})^2} & u < f_{\min} \end{cases} \qquad (7.17)$$

同样根据辐射源各参数在表征雷达和测量精度上的不同,确定其权重,则辐射源数据单元的贴近度可以定义为

$$d = \sum w_i(A,B)(u_i) \qquad (7.18)$$

式中:w_i 为权重且有 $\sum_{i=1}^{k} w_i = 1$ 。

比较待识别雷达对所有已知雷达的贴近度,取最大值。如果最大值大于给定门限,即认为待识别雷达与最大值对应的已知雷达同属一类;否则就判为新型雷达。

分选识别构件端口设计如表 7.19 所示。

表 7.19　分选识别构件端口设计表

接口类型	参数名称	参数定义	参数类型	单位	补充描述
系统端口	辐射源输出	RadiantOutput	struct	—	辐射源输出参数
输入端口	测向误差	DirectionError	float	(°)	测向误差信息
	测频误差	FrequencyError	float	Hz	测频误差信息
输出端口	雷达类型	RadarType	enum	—	如机载、舰载等
	重要程度	MenaceDegree	enum	—	威胁等级
	位置	RadarPos	struct	—	雷达的位置

7.3.3　组合类构件设计

按照雷达侦察仿真系统功能仿真构件划分结构图,侦察功能仿真中的组合类构件包括交会计算构件、功率计算构件、目标检测构件、侦察功能仿真构件,下面分别进行详细设计。其中,交会计算构件与雷达功能仿真相同,可以直接重用,不再进行设计。

1. 功率计算构件

功率计算构件用于计算侦察系统接收到的辐射源功率以及噪声功率。功率计算构件为组合类构件,包含了侦收功率构件以及噪声功率构件两类子构件。

1）端口设计

功率计算构件端口设计如表 7.20 所示。

表 7.20 功率计算构件端口设计表

端口类型	参数名称	参数定义	类型	单位	描述
系统端口	辐射源功率	EmitPower	double	W	辐射源输出功率
	发射增益	TransGain	double	dB	辐射源发射天线增益
	频率	Frequency	double	Hz	辐射源发射信号载频
	接收机带宽	RecBW	double	dB	侦察接收机瞬时带宽
	综合损耗	TotalLoss	double	dB	所有损耗的总和
	噪声系数	NosieFactor	double	无	接收机的噪声系数
	噪声温度	NTemperature	double	K	天线噪声温度
输入端口	距离	Range	double	m	侦察机与辐射源距离
	接收增益	ReceiGain	double	dB	侦察机接收天线增益
输出端口	侦收功率	RecPower	double	dB	接收到的辐射源功率
	噪声功率	NoisePower	double	dB	接收机噪声功率

2）组装架构设计

功率计算构件主要由侦收功率构件和噪声功率构件组合而成,子构件之间相互独立,不存在任何依赖关系。功率计算构件组装架构如图 7.17 所示。

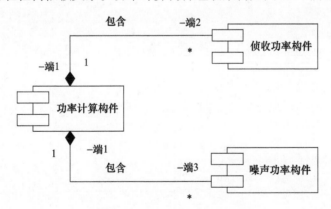

图 7.17 功率计算构件组装架构

3）交互关系设计

功率计算构件内部各个子构件之间相互独立,不存在交互。因此,功率计算构件的交互关系主要体现在组合构件与内部子构件之间的交互,功率计算构件的交互关系如图 7.18 所示。

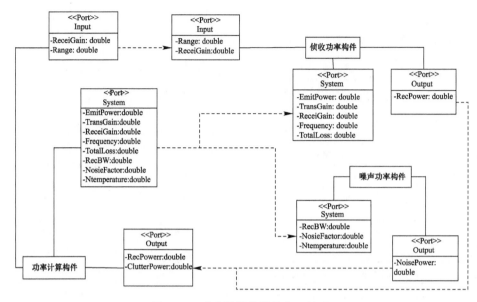

图 7.18　功率计算构件的交互关系

4）运行时序设计

　　对于功率计算构件，其内部各个子构件之间相互独立，不存在运行期间的先后依赖关系，其内部运行时序并没有严格的顺序。功率计算构件的运行时序图如图 7.19 所示。

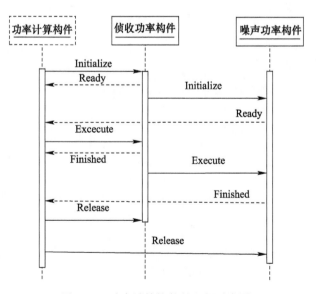

图 7.19　功率计算构件的运行时序图

2. 侦察评估构件

侦察评估构件用于对侦收雷达信号进行截获判断、侦收辐射源的侦察误差计算，以及信号分选识别，并将分选的辐射源技术参数与事先保存的各种雷达特征参数进行容差比较形成判决，从而获取更详细的战技术参数和侦察结果评估。侦察评估构件包含了截获判断构件、侦测误差构件和分选识别构件。

1）端口设计

侦察评估构件端口设计如表 7.21 所示。

表 7.21　侦察评估构件端口设计表

端口类型	参数名称	参数定义	类型	单位	描述
系统端口	辐射源输出	RadiantOutput	struct	—	辐射源输出参数
	天线输出	AnteOutput	struct	—	辐射源天线输出参数
	灵敏度	Sensitive	float	dB	侦察接收机灵敏度
	侦测起始方位	AziStart	float	(°)	[0,360]
	侦测终止方位	AziEnd	float	(°)	[0,360]
	误差类型	ErrorType	enum	—	—
输入端口	侦收功率	ReceiPower	double	dB	侦察接收的辐射源功率
	噪声功率	NoisePower	double	dB	侦察接收机噪声功率
	测向误差	DirectionError	float	(°)	>0
	测频误差	FrequencyError	float	Hz	>0
输出端口	截获结果	IsIntercepted	bool	—	是否截获
	雷达类型	RadarType	enum	—	如机载、舰载等
	重要程度	MenaceDegree	enum	—	威胁等级
	位置	RadarPos	struct	—	辐射源的位置

2）组装架构设计

侦察评估构件主要由截获判别构件、侦测误差构件以及分选识别构件组合而成，各个子构件之间具有严格的前后依赖关系。侦察评估构件组装架构如图 7.20 所示。

3）交互关系设计

侦察评估构件内部各个子构件之间存在依赖关系，截获判别构件需要为侦测误差构件提供输入，侦测误差构件需要为分选识别构件提供输入。侦察评估构件的交互关系如图 7.21 所示。

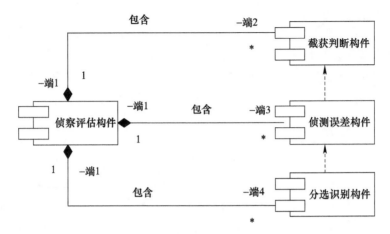

图 7.20 侦察评估构件组装架构

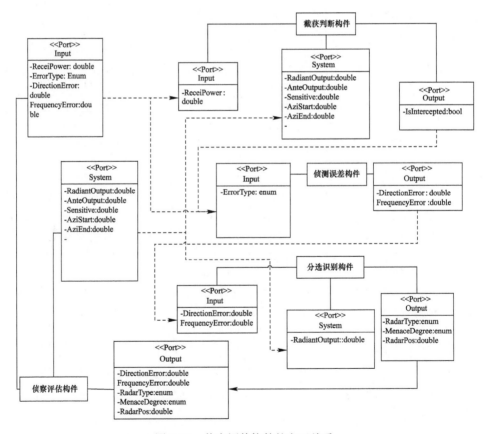

图 7.21 侦察评估构件的交互关系

4）运行时序设计

侦察评估构件内部，其子构件之间存在依赖关系，具有较严格的运行顺序。截获判断构件必须在侦测误差构件之前进行解算，为侦测误差构件提供输入，侦测误差构件必须在分选识别构件之前进行解算，为分选识别构件提供输入。侦察评估构件的运行时序图如图 7.22 所示。

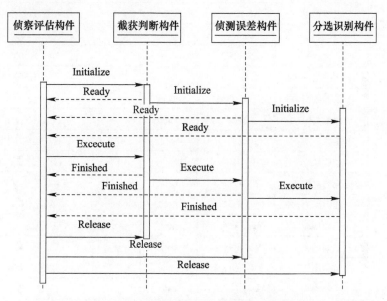

图 7.22　侦察评估构件的运行时序图

3. 侦察功能仿真构件

侦察功能仿真构件是一个系统级的构件，自构成一个完整的系统，同时也可以作为一个组合类构件与其他构件进行更复杂功能的组合，可以视为一类特殊的组合类构件，其设计方法与其他组合类构件一致。

1）端口设计

侦察功能仿真构件端口设计如表 7.22 所示。

表 7.22　侦察功能仿真构件端口设计表

端口类型	参数名称	参数定义	类型	单位	描述
系统端口	辐射源功率	EmitPower	double	W	辐射源输出功率
	发射增益	TransGain	double	dB	辐射源发射天线增益
	频率	Frequency	double	Hz	辐射源发射信号载频
	接收机带宽	RecBW	double	dB	侦察接收机瞬时带宽
	综合损耗	TotalLoss	double	dB	所有损耗的总和

(续)

端口类型	参数名称	参数定义	类型	单位	描述
系统端口	噪声系数	NosieFactor	double	无	接收机的噪声系数
	噪声温度	NTemperature	double	K	天线噪声温度
	辐射源输出	RadiantOutput	struct	—	辐射源输出参数
	天线输出	AnteOutput	struct	—	辐射源天线输出参数
	灵敏度	Sensitive	float	dB	侦察接收机灵敏度
	侦测起始方位	AziStart	float	(°)	[0,360]
	侦测终止方位	AziEnd	float	(°)	[0,360]
	误差类型	ErrorType	enum	—	—
输入端口	距离	Range	double	m	侦察机与辐射源距离
	接收增益	ReceiGain	double	dB	侦察机接收天线增益
	侦收功率	ReceiPower	double	dB	侦察接收的辐射源功率
	噪声功率	NoisePower	double	dB	侦察接收机噪声功率
	测向误差	DirectionError	float	(°)	>0
	测频误差	FrequencyError	float	Hz	>0
输出端口	截获结果	IsIntercepted	bool	—	是否截获
	雷达类型	RadarType	enum	—	如机载、舰载等
	重要程度	MenaceDegree	enum	无	威胁等级
	位置	RadarPos	struct	无	辐射源的位置

2）组装架构设计

侦察功能仿真构件主要由交会计算构件、功率计算构件以及侦察评估构件组合而成,各个子构件之间具有严格的前后依赖关系。侦察功能仿真构件组装架构如图 7.23 所示。

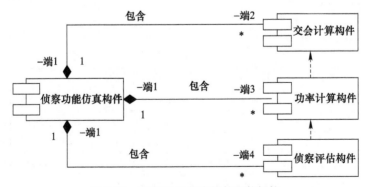

图 7.23　侦察功能仿真构件组装架构

3）交互关系设计

侦察功能仿真构件内部各个子构件之间存在依赖关系,交会计算构件需要为功率计算构件提供输入,功率计算构件需要为侦察评估构件提供输入。侦察功能仿真构件的交互关系如图 7.24 所示。

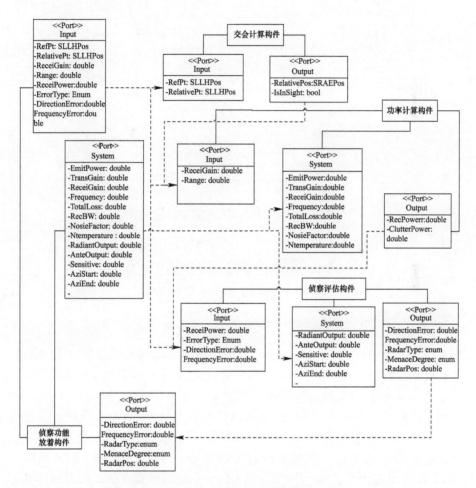

图 7.24　侦察功能仿真构件的交互关系

4）运行时序设计

侦察功能仿真构件内部,其子构件之间存在依赖关系,具有较严格的运行顺序。交互计算构件必须在功率计算构件之前进行解算,为功率计算构件提供输入,功率计算构件必须在侦察评估构件之前进行解算,为侦察评估构件提供输入。侦察功能仿真构件的运行时序图如图 7.25 所示。

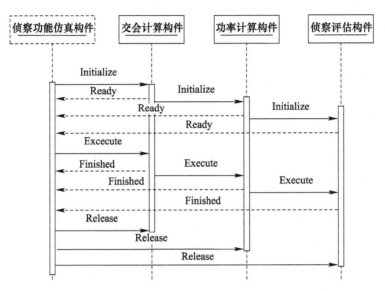

图 7.25　侦察功能仿真构件的运行时序图

7.4　干扰仿真系统构件设计

7.4.1　构件化模型体系

　　雷达干扰系统的主要功能就是压制和欺骗敌方雷达从而保卫己方作战目标。具体表现在:①在高密度的威胁环境中,快速地截获、分选和识别全部威胁信号,并且根据威胁程度,自动地确定告警和干扰的次序;②在秒甚至毫秒的时间内,精确地测量威胁信号的频率,并且准确地调谐好干扰发射机,实施各种样式的干扰;③精确地测定威胁雷达的方位,并且准确地控制干扰波束的宽度和指向,对威胁雷达实施定向干扰;④系统自动地对威胁雷达实施脉冲重复频率跟踪,以进行"开窗"式的覆盖脉冲干扰,同时干扰多部雷达;⑤系统根据每一部威胁雷达的性质,确定最佳干扰样式,并且及时检测干扰效果,以便实时修正干扰参数,达到最佳干扰效果。

　　现代雷达干扰系统的功能模块有四个:其一是电磁波传输换能器(天线);其二是传感器(接收机);其三是数字信号处理器和中央处理器(DSP、CPU);其四是可控部件(调制器或产生器)。现代有源干扰系统,信号处理器工作几乎总是用数字电路来完成的,数字电路构成了系统的一个重要的子系统,称为数字信号处理器(DSP)。CPU是通用的软件可编程装置,它与数字信号处理器的区别日趋模糊,通常情况下,CPU 设定 DSP 的大量处理数据及算法。在一部干扰机中可能含有多种干扰资源(能够按照控制命令产生干扰信号的设备称为干扰资源),它们在干扰决策、干扰资源管理设备的控制下协调、有序地工作。

对于雷达干扰系统来说,功能仿真主要适用于遮盖性干扰。遮盖性干扰主要是用噪声或类似噪声的干扰信号来遮盖或淹没有用信号,降低检测信噪比,阻止雷达检测目标。雷达干扰系统的仿真数学模型描述了在威胁雷达环境下,干扰系统破坏或扰乱敌方雷达所进行的试验目的和模型约束。通过数学仿真的方法仿真干扰机在不断变化的威胁雷达环境中,对整个威胁雷达环境的干扰效果。雷达干扰功能仿真基本流程如图 7.26 所示。

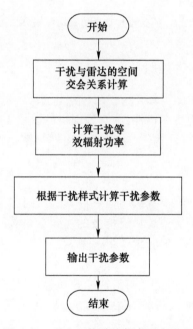

图 7.26　雷达干扰功能仿真基本流程

依据构件化的建模思想,对雷达干扰仿真系统进行模块化分解。采用了层次化的设计方法,自顶而下依次分为系统层、部件层、零件层三个层次。在此基础上,进行层内分区,实现各个层次内的模块分离。

雷达干扰功能仿真构件划分结构图如图 7.27 所示。第一层为系统层,在该层只有唯一的一个构件,该构件为组合类构件,即干扰功能仿真构件。第二层为部件层,该层包含交会计算构件、干扰模拟构件,均为组合类构件。第三层为零件层,该层为最底层构件,均为原子类构件,其中,与干扰模拟构件对应的是干扰功率构件、干扰管理构件、干扰产生构件。

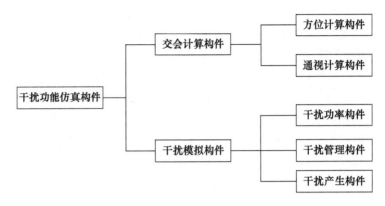

图 7.27　雷达干扰功能仿真构件划分结构图

7.4.2　原子类构件设计

由前面构件分解结构图可知,干扰系统功能仿真中的原子类构件有方位计算构件、通视计算构件、干扰功率构件、干扰管理构件以及干扰产生构件,下面分别进行详细设计。其中,方位计算构件、通视计算构件与雷达系统功能仿真中一致,不再重复设计。

1. 干扰功率构件

干扰功率构件用于计算干扰机的辐射功率以及到达雷达辐射源接收前端的有效功率。下面给出雷达干扰系统功能仿真的主要数学模型,包括有源遮盖性干扰模型、无源遮盖性干扰模型、无源重诱饵模型。

1) 有源遮盖性干扰

由于遮盖性噪声干扰是宽带的,雷达接收机接收干扰信号的过程可以看作是一个白噪声通过窄带系统的过程。由干扰方程,到达雷达接收机前端的干扰功率为

$$P = \frac{P_{\mathrm{J}} G_{\mathrm{J}} G_{\mathrm{R}} \lambda^2 F_{\mathrm{J}}^2}{(4\pi)^2 R_{\mathrm{J}}^2 L_{\mathrm{J}} L_{\mathrm{Atm}}} \tag{7.19}$$

式中:P_{J} 为干扰机发射功率(W);G_{J} 为干扰机天线对雷达方向的增益;G_{R} 为雷达天线在干扰机方向上的增益;L_{J} 为干扰机发射损耗;L_{Atm} 为干扰信号大气传输损耗;F_{J} 为干扰信号多路径效应因子;λ 为雷达工作波长(m)。

2) 无源遮盖性干扰模型

由雷达方程,雷达接收的箔条云团干扰功率为

$$P = \frac{P_{\mathrm{T}} G_{\mathrm{T}} G_{\mathrm{R}} \lambda^2 \sigma_{\mathrm{chaff}}}{(4\pi)^3 R^4 L_{\mathrm{R}}} \tag{7.20}$$

式中:P_T 为雷达发射功率(W);G_T 为雷达发射天线增益;G_R 为雷达接收天线增益;R 为箔条云团干扰中心距雷达斜距离(m);L_R 为雷达综合损耗;σ_{chaff} 为箔条云团后向散射截面(m^2)。

3)无源重诱饵模型

无源重诱饵类似于箔条,常见形式有雷达角反射器。无源重诱饵可以增加雷达看到的目标数,从而使防御武器的效能降低,甚至造成防御雷达跟踪系统的饱和,其干扰功率为

$$P = \frac{P_T G_T G_R \lambda^2 \sigma_{bait}}{(4\pi)^3 R^4 L_R} \qquad (7.21)$$

式中:R 为无源重诱饵距雷达斜距离(m);σ_{bait} 为无源重诱饵后向散射截面(m^2)。

干扰功率构件端口设计如表 7.23 所示。

表 7.23　干扰功率构件端口设计表

接口类型	参数名称	参数定义	参数类型	单位	补充描述
系统端口	传输损耗	TranLoss	float	dB	大气中的传输损耗
	接收损耗	RecLoss	float	dB	接收综合损耗
	雷达天线增益	RadarAnteGain	float	dB	雷达接收方向增益
	频率	Frequency	double	Hz	雷达发射信号载频
输入端口	干扰天线增益	JamAnteGain	float	dB	干扰方向天线增益
	干扰发射功率	JamEmitPower	float	W	干扰输出功率
	距离	Range	float	m	干扰距离
输出端口	有效干扰功率	JamPower	double	—	到达雷达的功率

2. 干扰管理构件

干扰管理构件用于模拟干扰机的干扰资源分配管理方案。干扰管理构件端口设计如表 7.24 所示。

表 7.24　干扰管理构件端口设计表

接口类型	参数名称	参数定义	参数类型	单位	补充描述
输入端口	辐射源输出	RadiantOutput	struct	—	辐射源输出参数
	总干扰资源	JamSource	struct	—	包括时间、能量等
输出端口	分配资源	AssignSource	struct	—	包括时间、能量等

3. 干扰产生构件

干扰产生构件用于模拟干扰样式的选择,根据干扰样式确定其他参数,并实施干扰。干扰产生构件端口设计如表 7.25 所示。

表 7.25　干扰产生构件端口设计表

接口类型	参数名称	参数定义	参数类型	单位	补充描述
输入端口	辐射源批号	RadiantD	int	—	标识
输出端口	干扰方式	JamStyle	enum	(°)	有源、箔条等
	等效辐射功率	ValidPower	float	W	天线口面功率
	射频值数量	RFNum	int	—	干扰频率个数
	频率值	JamFrequency	float	Hz	干扰频率
	干扰带宽	JmaBW	float	Hz	—
	假目标个数	FakeTargetNum	int	—	—

7.4.3　组合类构件设计

按照雷达干扰仿真系统功能仿真构件划分结构图,干扰系统功能仿真中的组合类构件包括交会计算构件、干扰模拟构件、干扰功能仿真构件,下面分别进行详细设计。其中,交会计算构件与雷达仿真系统中的交会计算构件功能相同,可以直接重用,不再进行设计。

1. 干扰模拟构件

干扰模拟构件用于计算干扰机的辐射功率以及到达雷达辐射源接收前端的有效功率,模拟干扰机的干扰资源分配管理方案,进行干扰样式的选择,根据干扰样式确定其他参数,并实施干扰。功率计算构件为组合类构件,包含了干扰功率构件、干扰管理构件、干扰产生构件等子构件。

1) 端口设计

干扰模拟构件端口设计如表 7.26 所示。

表 7.26　干扰模拟构件端口设计表

端口类型	参数名称	参数定义	类型	单位	描述
系统端口	传输损耗	TranLoss	float	dB	大气中的传输损耗
	接收损耗	RecLoss	float	dB	接收综合损耗
	雷达天线增益	RadarAnteGain	float	dB	雷达接收方向增益
	频率	RadarFrequency	double	Hz	雷达发射信号载频
输入端口	干扰机天线增益	JamAnteGain	float	dB	干扰方向天线增益
	干扰发射功率	JamEmitPower	float	W	干扰输出功率
	距离	Range	float	m	干扰距离
	辐射源输出	RadiantOutput	struct	—	辐射源输出参数

（续）

端口类型	参数名称	参数定义	类型	单位	描述
输入端口	总干扰资源	JamSource	struct	—	包括时间、能量等
	辐射源批号	RadiantD	int	—	标识
输出端口	有效干扰功率	JamPower	bool	—	到达雷达的功率
	分配资源	AssignSource	struct	—	包括时间、能量等
	干扰方式	JamStyle	enum	(°)	有源、箔条等
	等效辐射功率	ValidPower	float	W	天线口面功率
	射频值数量	RFNum	int	—	干扰频率个数
	频率值	JamFrequency	float	Hz	干扰频率
	干扰带宽	JmaBW	float	Hz	—
	假目标个数	FakeTargetNum	int	—	—

2）组装架构设计

干扰模拟构件主要由干扰功率构件、干扰管理构件以及干扰产生构件组合而成，子构件之间相互独立，不存在任何依赖关系。干扰模拟构件组装架构如图 7.28 所示。

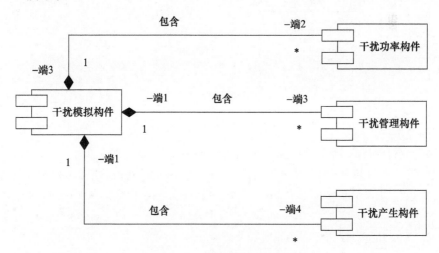

图 7.28　干扰模拟构件组装架构

3）交互关系设计

干扰模拟构件内部各个子构件之间相互独立，不存在交互。因此，干扰模拟构件的交互关系主要体现在组合构件与内部子构件之间的交互。干扰模拟构件的交互关系如图 7.29 所示。

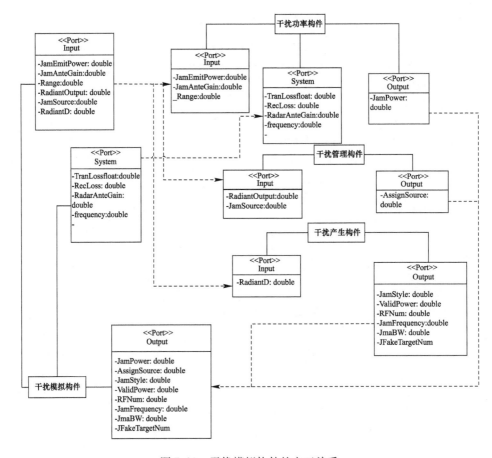

图 7.29　干扰模拟构件的交互关系

4）运行时序设计

对于干扰计算构件,其内部各个子构件之间相互独立,不存在运行期间的先后依赖关系,其内部运行时序并没有严格的顺序,干扰模拟构件的运行时序图如图 7.30 所示。

2. 干扰功能仿真构件

干扰功能仿真构件是一个系统级的构件,构成一个完整的系统,同时也可以作为一个组合类构件与其他构件进行更复杂功能的组合,可以视为一类特殊的组合类构件,其设计方法与其他组合类构件一致。

干扰功能仿真构件用于计算干扰机的辐射功率以及到达雷达辐射源接收前端的有效功率,模拟干扰机的干扰资源分配管理方案,进行干扰样式的选择,根据干扰样式确定其他参数,并实施干扰。

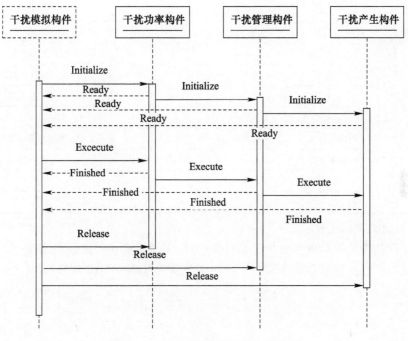

图 7.30　干扰模拟构件的运行时序图

1）端口设计

干扰功能仿真构件端口设计如表 7.27 所示。

表 7.27　干扰功能仿真构件端口设计表

端口类型	参数名称	参数定义	类型	单位	描述
系统端口	传输损耗	TranLoss	float	dB	大气中的传输损耗
	接收损耗	RecLoss	float	dB	接收综合损耗
	雷达天线增益	RadarAnteGain	float	dB	雷达接收方向增益
	频率	RadarFrequency	double	Hz	雷达发射信号载频
输入端口	雷达位置	RadarPos	SLLHPos	无	雷达位置
	干扰机位置	TarPos	SLLHPos	无	干扰机位置
	干扰机天线增益	JamAnteGain	float	dB	干扰方向天线增益
	干扰发射功率	JamEmitPower	float	W	干扰输出功率
	距离	Range	float	m	干扰距离
	辐射源输出	RadiantOutput	struct	—	辐射源输出参数
	总干扰资源	JamSource	struct	—	包括时间、能量等
	辐射源批号	RadiantD	int	—	标识

(续)

端口类型	参数名称	参数定义	类型	单位	描述
输出端口	有效干扰功率	JamPower	bool	—	到达雷达的功率
	分配资源	AssignSource	struct	—	包括时间、能量等
	干扰方式	JamStyle	enum	(°)	有源、箔条等
	等效辐射功率	ValidPower	float	W	天线口面功率
	射频值数量	RFNum	int	—	干扰频率个数
	频率值	JamFrequency	float	Hz	干扰频率
	干扰带宽	JmaBW	float	Hz	—
	假目标个数	FakeTargetNum	int	—	—

2）组装架构设计

干扰功能仿真构件主要由交会计算构件、干扰模拟构件组合而成,各个子构件之间具有严格的前后依赖关系。干扰功能仿真构件组装架构如图 7.31 所示。

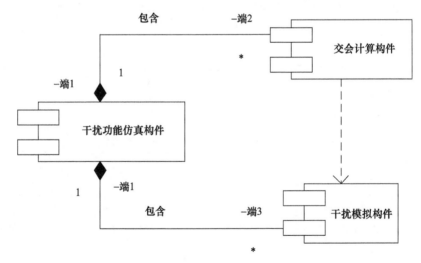

图 7.31　干扰功能仿真构件组装架构

3）交互关系设计

干扰功能仿真构件内部各个子构件之间存在依赖关系,交会计算构件需要为干扰模拟构件提供输入。干扰功能仿真构件的交互关系如图 7.32 所示。

4）运行时序设计

干扰功能仿真构件内部,其子构件之间存在依赖关系,具有较严格的运行顺序。交互计算构件必须在干扰模拟构件之前进行解算,为干扰模拟构件提供输入。干扰功能仿真构件的运行时序图如图 7.33 所示。

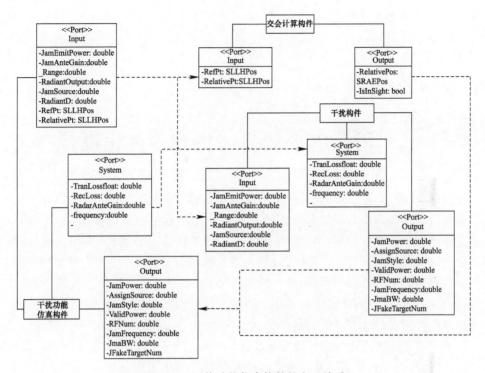

图 7.32　干扰功能仿真构件的交互关系

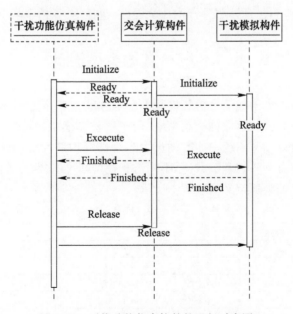

图 7.33　干扰功能仿真构件的运行时序图

第 8 章

雷达电子战信号仿真构件化设计

雷达电子战信号仿真(亦称相干视频信号仿真)是一种高分辨率的仿真方法,需要在仿真中逼真地复现既包含振幅又包含相位的相干视频信号(零中频信号,或者是经零中频或等效零中频处理的信号),即复现信号的发射、空间传播、经散射体反射、与杂波和干扰信号叠加以及在雷达内进行处理的全过程。在相干视频信号仿真过程中,可以利用线性叠加的方法,对各个单元进行组合或重新排列,从而省掉某些计算,也可以直接对雷达系统中实际信号的流转情况进行仿真。只要所提供的目标模型和环境模型足够好,就可以使相干视频信号仿真的精度很高。

本章基于前文论述的构件化设计思想,对雷达电子战信号仿真进行构件化设计,建立构件化仿真模型体系。雷达电子战仿真对象主要包括雷达、侦察设备、干扰设备、反辐射武器等雷达电子战装备以及导弹、飞机、舰船等目标与平台。限于篇幅,主要针对核心仿真模型进行构件化设计,包括雷达、侦察与干扰三部分。

8.1 统一数据类型设计

为了增强雷达电子战信号仿真模型的互操作能力和可重用能力,对所有信号仿真模型建立一个公共的数据类型系统,所有的仿真模型构件的端口参数基于该类型系统进行设计。基于统一的数据类型进行仿真构件设计,可以确保不同的模型对于数据类型有一致的理解,这是不同仿真模型间可组合、可装配集成的基本要求。信号仿真数据类型定义如表 8.1 所示。

表 8.1 信号仿真数据类型定义表

分类	参数类型	描述	说明
基本类型	int	整型	有符号整型
	double	浮点型	单精度浮点型
	double	浮点型	双精度浮点型
	bool	布尔型	True/False
	string	字符串	标准字符串

（续）

分类	参数类型	描述	说明
结构体	SXYZPos	大地直角坐标系	地心原点,包括 X、Y、Z
	GEO_COORD	大地坐标系	包括经度、纬度、大地高度
	AbsMoveStruct	绝对运动参数	描述平台相对于地球的运动参数,包括大地坐标、地心速度、姿态等
	RelatMoveStruct	相对运动参数	包括距离、方位角、俯仰角、径向速度、切向速度等
	ATTITUDE	姿态角	俯仰、偏航、滚转
	SigWordStruct	发射信号描述字	用于描述雷达或干扰发射信号,包括功率、长度/脉宽、重复周期、重复次数、标准信号块等
	AntPos	天线阵元位置	描述天线阵元或子阵布局位置,通常表示为阵面上的两维坐标
	PropWordStruct	传播描述字	描述电磁波传播发生的变化,包括幅度、相位、多普勒、时延等
	AntPatternStruct	天线方向图	描述天线方向图,包括若干角度 - 增益对
	ChanWordStruct	通道描述字	描述接收通道波门,包括距离门、频率门、时间门等
	RecvSigWord	接收信号描述字	描述接收机输入信号采样,包括接收通道编号、采样起始时刻、采样长度、采样间隔、采样数据块等
	RadResourceStruct	雷达资源描述	描述相控阵雷达资源申请,包括预测目标位置、跟踪状态、申请资源时间、失效时间等
	RadarEventStruct	雷达事件描述	描述相控阵雷达事件,包括天线指向、工作模式、启用时间等
	TargetPoint	目标点迹	描述雷达信号处理机输出的目标点迹,包括距离、方位、俯仰、速度等
	ContactPair	点迹关联对	描述目标点迹与航迹的关联关系
	TrackUpdate	航迹更新信息	描述航迹滤波后的更新信息,包括当前点滤波值和预测值
	Track	航迹	包括航迹点列表、航迹状态、航迹编号、目标类型等
	PDWStruct	脉冲描述字	描述侦察设备测量得到的参数,包括脉宽、脉幅、TOA、频率、到达角以及脉冲采样块等
	FeatureStruct	辐射源特征	描述侦察得到的辐射源特征,包括型号、相对功率、脉宽、重频、角度、脉内特征、天线特征、各参数变化范围、最新信号采样块等
	JamParamStruct	干扰参数	包括干扰方向、干扰功率、干扰频率、干扰带宽、干扰时间等

8.2 雷达仿真系统构件设计

8.2.1 构件化模型体系

雷达仿真系统除了模拟雷达系统本身,还需要模拟目标、杂波、信号传播过程以及平台,才能构成可运行的完整仿真系统。雷达信号仿真构件划分结构如图8.1所示,共分为四层。第一层为系统层,在该层只有唯一的一个构件,该构件为系统构件,即雷达信号仿真构件。第二层为分系统层,主要包括雷达模拟构件、平台构件、目标特性构件、杂波构件、信号生成构件以及信号传播构件,其中,雷达模拟构件用于模拟整个雷达系统,目标特性构件用于模拟雷达探测目标的反射特性,平台构件用于模拟雷达和目标的运动承载平台,信号生成构件模拟各接收机通道所接收到的全部空间辐射信号相干叠加之后的采样数据,信号传播构件用于模拟电磁信号在空间传播过程中的衰减、时延以及多普勒特性,杂波构件用于模拟环境杂波,在该层,雷达模拟构件设计为组合类构件,其他为原子类构件。第三层为

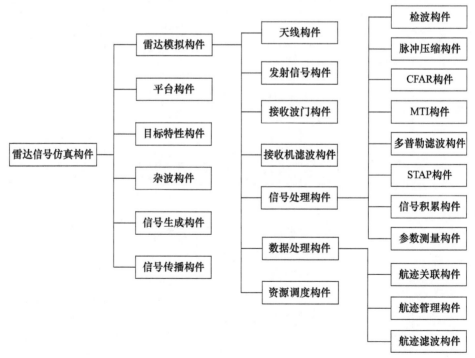

图8.1　雷达信号仿真构件划分结构图

部件层,雷达模拟构件按照雷达装备组成结构进一步进行划分,其中信号处理构件和数据处理构件由于模型复杂度较高,作为组合类构件。第四层为算法层,均为原子类构件,实现底层支撑算法。

8.2.2　原子类构件设计

由前面构件分解结构图可知,雷达信号仿真中的原子类构件有平台构件、目标特性构件、杂波构件、信号生成构件、信号传播构件、天线构件、发射信号构件、接收波门生成构件、接收机滤波构件、资源调度构件、检波构件、脉冲压缩构件、CFAR构件、MTI 构件、多普勒滤波构件、STAP 构件、脉冲积累构件、参数测量构件、航迹关联构件、航迹管理构件、航迹滤波构件等。下面分别进行详细设计。

1. 平台构件

平台构件用于对各类装备平台的运动特征进行仿真模拟,包括计算各平台的运动位置、姿态、速度等信息。平台类型可以划分为固定、车辆、舰船、飞机等。在雷达电子战仿真中,平台在按照预先规划的路线进行运动,仿真过程中通常不进行干预。

平台构件端口设计如表 8.2 所示。

表 8.2　平台构件端口设计表

端口类型	参数名称	参数定义	类型	单位	描述
输入端口	仿真时间	Time	unsigned long	无	获取平台参数的时间
输出端口	位置	AbsolutePos	GEO_COORD	无	经度、纬度、高度
	速度	AbsoluteVel	SXYZPos	m/s	地心直角坐标系
	姿态	Attitude	ATTITUDE	—	—
	航向	Head	double	(°)	0~360,北偏东为正

2. 目标特性构件

目标特性构件根据雷达波束入射角、频率,计算对应的目标 RCS。构件算法实现有多种形式,例如固定模型、Swerling 模型、数据表格、多散射点相干合成模型等,但是构件端口设计可以统一设计。

目标特性构件端口设计如表 8.3 所示。

表 8.3　目标特性构件端口设计表

端口类型	参数名称	参数定义	类型	单位	描述
输入端口	入射角	IncAngle	double	(°)	电磁波方向的平台系二维角度
	电磁波频率	Frequency	double	MHz	—
输出端口	RCS 值	RCS	—	m²	—

3. 杂波构件

杂波构件的主要功能就是模拟雷达接收到的杂波信号。常用的杂波信号模拟方式是基于统计特性生成符合幅度分布和相关特性的随机信号。杂波模拟的基本步骤包括：①杂波网格划分；②网格内杂波统计特性估计；③网格内杂波信号模拟；④全网格杂波信号相干合成。

杂波网格划分的基本原则是按照雷达分辨单元划分，雷达分辨单元由距离分辨力、角度分辨力和多普勒分辨力共同确定，这样可以保证网格间杂波信号近似不相关。对于固定式雷达，杂波谱由杂波自身特性决定，主瓣杂波和副瓣杂波在时域、频域几乎完全重合，由于主瓣杂波远强于副瓣杂波，因而网格划分是只需考虑主瓣杂波和近副瓣杂波；对于机载雷达，载机相对杂波平面的运动导致主副瓣杂波谱在频域分开，必须模拟全方位杂波才能正确反映杂波谱特性，因而网格划分要覆盖关注范围内的全方位距离环。杂波特性估计按照相关理论进行，常用幅度分布包括瑞利分布、对数 – 正态分布、K 分布等，常用功率谱特性为高斯谱。网格内杂波信号模拟主要是利用随机数生成算法产生时域杂波复信号采样。关注范围内的各个网格杂波信号生成后，按照时间对齐原则将时域杂波复信号采样进行对应叠加，即可得到全网格杂波信号。

杂波构件端口设计如表 8.4 所示。

表 8.4　杂波构件端口设计表

端口类型	参数名称	参数定义	类型	单位	描述
输入端口	发射信号描述字	SigWordStruct[ ]	SigWordStruct	—	雷达发射信号特征描述
	发射标准信号	StdSig	Sig_Block	—	雷达标准信号脉内采样
	雷达位置	AbsolutePos	GEO_COORD	无	经度、纬度、高度
	雷达速度	AbsoluteVel	SXYZPos	m/s	地心直角坐标系
	雷达姿态	Attitude	ATTITUDE	—	
	发射方向图	EAntPatten	—	—	
	发射波束指向	EBeam[2]	double	(°)	雷达天线增益
	接收方向图	RAntPatten	—	—	
	接收波束指向	RBeam[2]	double	(°)	雷达天线增益
	阵元描述字	AntElePos[ ]	AntPos	—	天线阵元布局，描述了每个天线阵元或子阵的阵面位置
	关注距离范围	RSlice[2]	double	m	关注范围的起始相对距离
输出端口	杂波信号	ClutterSig[ ]	Sig_Block	—	杂波信号采样

4. 信号生成构件

信号生成构件模拟各接收机通道所接收到的全部空间辐射信号相干叠加之后的采样数据。以通道为基本单元,综合信号描述字、传播调制字、收发天线、接收通道等多种因素,分别生成信号的 I、Q 两路采样数据。在相干视频信号仿真中,首先对每个目标生成回波信号,然后对所有目标回波信号进行叠加生成合成回波信号,最后生成接收机噪声、干扰信号、杂波等叠加目标回波信号中。

每个接收通道均需要对多个信号源进行接收处理,单信号源的信号生成流程图如图 8.2 所示,全部信号源的信号生成完成之后,对生成的各个信号进行时间对准,合成该通道的信号采样。

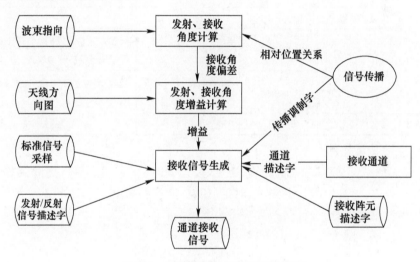

图 8.2　单信号源的信号生成流程图

信号生成构件端口设计如表 8.5 所示。

表 8.5　信号生成构件端口设计表

端口类型	参数名称	参数定义	类型	单位	描述
输入端口	信号描述字	SigWordStruct[ ]	SigWordStruct	—	关于回波、杂波、干扰、发射信号等各路信号在发射平台处的功率、多普勒、时延、重频、初相等信号特征描述
	标准信号采样	StdSig[ ]	Sig_Block	—	与信号描述字对应的单个信号段采样,例如脉冲内采样
	相对位置	RelaMove[ ]	RelatMove Struct		信号交互平台之间的相对位置,用于解算天线方向增益

（续）

端口类型	参数名称	参数定义	类型	单位	描述
输入端口	传播调制字	PropWord[ ]	PropWord Struct	—	各路信号传播过程中发生的参数改变
	发射方向图	EAntPatten[ ]	AntPattern Struct	—	干扰等辐射天线方向图和指向
	发射波束指向	EBeamD[ ]	double	(°)	
	接收方向图	RAntPatten[ ]	AntPattern Struct	—	—
	接收波束指向	RBeamD[ ]	double	(°)	—
	阵元描述字	AntElePos[ ]	AntPos	—	天线阵元布局,描述了每个天线阵元或子阵的阵面位置
	通道描述字	RChannel[ ]	ChanWord Struct	—	接收通道波门、幅相调制量、AGC、STC 等
输出端口	接收信号采样	SigOut[ ]	Sig_Block	—	—

5. 信号传播构件

根据信号交互的双端平台位置、速度、姿态,转换得到两个平台之间的相对位置和相对速度,计算信号传播衰减、时延、相位、多普勒频率。主要算法包括坐标转换与传播调制两部分,坐标转换算法不再赘述。

单程传播衰减为

$$\text{LossP} = 20\ln R + 20\ln f + \gamma R \tag{8.1}$$

式中:LossP 为信号传播损失;R 为相对距离;f 为电磁波频率;γ 为大气衰减因子。更精细的模型可对大气衰减因子进行进一步建模。

单程传播时延为

$$\Delta T = \frac{R}{c} \tag{8.2}$$

式中:c 为光速。

单程传播引起的相位变化为

$$\varphi = 2\pi \cdot \text{mod}(R, \lambda) \tag{8.3}$$

式中:$\text{mod}(R, \lambda)$ 表示 R 对 λ 求余数。

单程传播多普勒频率为

$$f_{\mathrm{d}} = \frac{v}{\lambda} \tag{8.4}$$

式中：v 为两平台相对径向速度。

信号传播构件端口设计如表 8.6 所示。

表 8.6　信号传播构件端口设计表

端口类型	参数名称	参数定义	类型	单位	描述
输入端口	中心平台参数	CenPlatParam	AbsMoveStruct	—	位置、速度
	关注平台参数	ConPlatParam	AbsMoveStruct	—	位置、速度
	电磁波频率	Frequency	double	MHz	—
输出端口	传播调制字	PropaWord	PropaWordStruct	dB	衰减、时延、相位、多普勒
	相对运动参数	RelaMoveParam	RelatMoveStruct	—	距离、方位、俯仰、相对速度

6. 天线构件

天线构件模拟雷达天线的扫描功能和方向图。根据天线扫描参数设置、仿真时间等，模拟雷达天线的扫描过程，计算雷达天线指向。模拟计算雷达发射和接收天线方向图。

对于电扫天线，简化模型可忽略电扫执行误差和偏离法向的波束变形，因此输出波束指向角即为转化到平台系下的电扫波束指令角度和法向方向图；精细模型在波束指向角计算时可叠加电扫执行随机误差，从而输出波束指向角与波束指令存在随机误差，天线方向图在偏离法向时存在波束展宽和增益下降的畸变特性。

天线构件端口设计如表 8.7 所示。

表 8.7　天线构件端口设计表

端口类型	参数名称	参数定义	类型	单位	描述
输入端口	电扫波束指令	BeamCmd[2]	double	(°)	电扫波束指向指令，阵面系
	阵面指向	AntDirection[2]	double	(°)	天线阵面指向，平台系
输出端口	波束指向角	BeamDirect[2]	double	(°)	天线波束指向，平台系
	天线方向图	AntPatten	AntPattern Struct		
	阵元描述字	AntElePos[]	AntPos	—	天线阵元布局，描述了每个天线阵元或子阵的阵面位置

7. 发射信号构件

发射信号构件根据功率、频率、脉宽、重频、脉内等初始化的特征调制参数和输入的雷达工作模式指令，模拟产生雷达发射描述字。构件算法包括频率捷变、频率分集、脉宽抖动、脉宽分集、重频抖动、重频参差、脉内调制等。

发射信号构件端口设计如表8.8所示。

表8.8　发射信号构件端口设计表

端口类型	参数名称	参数定义	类型	单位	描述
输入端口	工作模式	WorkMode	ENUM	—	—
输出端口	发射描述字	EmitSig	SigWordStruct	—	—

8. 接收波门生成构件

接收波门生成构件模拟雷达接收机通道特性,输出接收机各通道之间的幅度、相位偏差和接收波门,包括频率波门、距离波门等。

接收波门生成构件端口设计如表8.9所示。

表8.9　接收波门生成构件端口设计表

端口类型	参数名称	参数定义	类型	单位	描述
输入端口	工作模式	WorkState	Enum	—	雷达工作模式,例如搜索、跟踪等
	目标距离	TargetRange	double	m	关注目标所在的距离
输出端口	通道描述字	RecvChW	ChanWordStruct	—	

9. 接收机滤波构件

接收机滤波构件模拟雷达接收回波信号,计算并调制 AGC 增益和 STC 增益,叠加接收机噪声。

AGC 的过程可以通过下述方程组来表示:

$$e(j) = 20 \cdot \ln\left[\frac{\max_k(\sqrt{I_j(k)^2 + Q_j(k)^2})}{G}\right] \quad (8.5)$$

$$A(j+1) = A(j) + e(j)$$

式中:$I_j(k)$、$Q_j(k)$分别为 I 路和 Q 路的第 j 个脉冲回波周期内第 k 个样本;$A(j)$为第 j 个脉冲回波周期的衰减量(dB);$e(j)$为当前回波周期内信号最大值与标准门限相差的分贝数;$A(j+1)$为第$(j+1)$个回波周期的衰减量;G 为由 A/D 转换器的动态范围、接收机的动态范围和噪声电平以及雷达所要求的虚警概率共同确定的标准门限值。

STC 控制系数计算公式为

$$K_{STC} = kR^p \quad (8.6)$$

式中:R 为当前的距离单元距离。

雷达接收机构件端口设计如表8.10所示。

表8.10　雷达接收机构件端口设计表

端口类型	参数名称	参数定义	类型	单位	描述
输入端口	接收信号	SigIn	RecvSigWord	—	接收机输入信号
输出端口	接收机输出信号	SigOut	RecvSigWord	—	接收机输出信号

10. 资源调度构件

资源调度构件是相控阵雷达特有的模块,用于对雷达资源进行分配调度和管理,对由数据处理提出的资源请求根据类型进行相应处理,加入到相应的事件请求链表中去。资源调度策略包括固定模板调度、部分固定模板调度、自适应模板调度等。具体算法可以参照相关文献,在此简要说明资源调度流程,资源调度流程如图8.3所示。

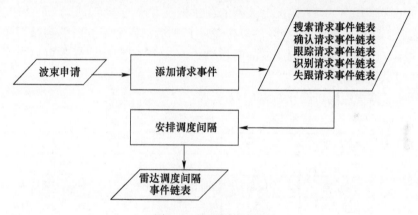

图8.3　资源调度流程

在多威胁目标等复杂战情下,根据雷达系统的任务,可以确定各种雷达事件的相对优先级。自适应模板调度是指,在满足不同工作方式相对优先级与表征参数门限值约束的情况下,在雷达设计条件范围内,通过实时地平衡各种雷达波束请求所要求的时间、能量和计算机资源,为一个调度间隔选择一个最佳雷达事件序列的一种调度方法。自适应模板调度功能示意图如图8.4所示。

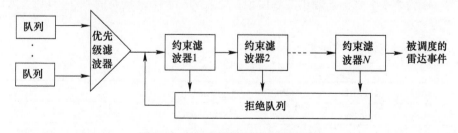

图8.4　自适应模板调度功能示意图

资源调度构件端口设计如表 8.11 所示。

表 8.11　资源调度构件端口设计表

端口类型	参数名称	参数定义	类型	单位	描述
输入端口	资源申请	ResNeeds	RadResourceStruct	—	对雷达资源的需求
输出端口	事件序列	EventList	RadEventStruct	—	安排的雷达事件列表

11. 脉冲压缩构件

脉冲压缩构件用于模拟雷达的脉冲压缩处理,脉冲压缩有时域匹配滤波和频域匹配滤波两种,对于时域匹配滤波:

$$s_o(t) = s(t) \otimes h(t) = \int_{-\infty}^{\infty} s^*(-u) s_r(t-u) \mathrm{d}u \qquad (8.7)$$

式中:操作符 $\otimes$ 表示卷积;匹配滤波器的冲激相应为 $h(t) = s^*(-t)$。

而对于频域匹配滤波,接收信号先经过 FFT 后与匹配滤波器的频域系数进行相乘,在经过 IFFT 得到匹配滤波的时域结果。其中,匹配滤波系数可由参考信号的 FFT 复共轭得到。

脉冲压缩构件端口设计如表 8.12 所示。

表 8.12　脉冲压缩构件端口设计表

端口类型	参数名称	参数定义	类型	单位	描述
输入端口	参考信号	RefSigIn	Sig_Block	—	脉压参考信号
	接收信号	SigIn	RecvSigWord	—	脉压前接收信号采样
输出端口	输出信号	SigOut	RecvSigWord	—	脉压后接收信号采样

12. 检波构件

信号检波构件用于模拟雷达的信号检波过程,信号检波常用算法包括包络检波和平方律检波,平方律检波输出值是包络检波输出值的平方。包络检波取出信号幅度,计算公式如下:

$$A_k = (I_k^2 + Q_k^2)^{1/2} \quad k = 0, 1, \cdots, N-1 \qquad (8.8)$$

式中:A_k 为第 k 个采样点输出的幅度值;I_k、Q_k 为第 k 个采样点的 I、Q 分量;N 为信号采样点数量。

检波构件端口设计如表 8.13 所示。

表 8.13　检波构件端口设计表

端口类型	参数名称	参数定义	类型	单位	描述
输入端口	复信号	SigIn	RecvSigWord	—	脉压后接收信号采样
输出端口	信号包络	SigEnv	RecvSigWord	—	检波后信号包络采样

13. CFAR 构件

CFAR 构件用于模拟雷达的 CFAR 处理过程,CFAR 处理目的是提供相对来说可以避免噪声背景杂波和干扰变化影响的检测阈值,并且当与到达的样本进行比较时,使目标检测具有恒定的虚警概率。CFAR 类型有很多种,但输入输出接口是一致的。因此在构件统一接口基础上,可实现不同算法的 CFAR 构件。

CA - CFAR 原理图如图 8.5 所示,在检测单元前后各有一个覆盖若干距离单元的滑动窗计算输出幅度平均值,检测单元及其邻近前后距离单元不包括在平均窗内,这是考虑到信号有可能跨越前后邻近单元。检测单元中的信号幅值如大于滑动窗内的平均值,则初步认为是真信号。所谓"初步",是因为还要在后面用几组脉冲串的检测输出来进行检测后积累,再通过第 2 门限来确认目标信号的存在。

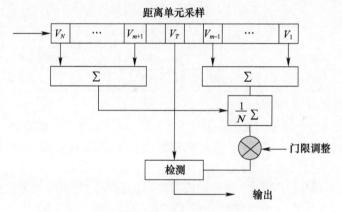

图 8.5　CA - CFAR 原理图

CFAR 构件端口设计如表 8.14 所示。

表 8.14　CFAR 构件端口设计表

端口类型	参数名称	参数定义	类型	单位	描述
输入端口	信号包络	sigEnv	RecvSigWord	—	检波后信号包络采样
输出端口	CFAR 检测结果	CFARFlag[ ]	BOOL		采样点过检测标志

14. MTI 构件

MTI 构件用于模拟雷达的 MTI 处理过程,MTI 通过对脉冲串的时域滤波,达到抑制零频附近杂波信号的目的。MTI 可以通过数字滤波器设计实现,也可采用简单的脉冲对消器。常用的脉冲对消 MTI 包括两脉冲对消、三脉冲对消和四脉冲对消等。对消脉冲数越多,则零频凹口越宽,杂波抑制效果越好,但目标通带也相应减小。三脉冲对消器原理示意图如图 8.6 所示,其中延迟 Tr 为脉冲间隔时间。

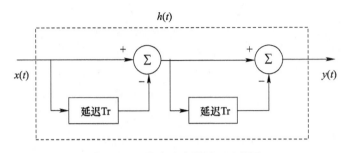

图 8.6　三脉冲对消器原理示意图

在 MTI 构件统一接口基础上,可实现不同算法的 MTI 构件,MTI 构件端口设计如表 8.15 所示。

表 8.15　MTI 构件端口设计表

端口类型	参数名称	参数定义	类型	单位	描述
输入端口	复信号	SigIn	RecvSigWord	—	脉压后接收脉冲串信号采样
输出端口	MTI 结果	SigMTI	RecvSigWord	—	MTI 后的信号包络采样

15. 多普勒滤波构件

多普勒滤波构件用于模拟雷达的多普勒滤波处理,多普勒滤波器组是 MTD 雷达和 PD 雷达必不可少的,能够将回波信号变换到频率域处理,仿真中一般采用 FFT 来实现多普勒滤波器组的功能。将同一个距离点对应的脉冲串回波信号采样进行 FFT 变换,即得到不同多普勒滤波器输出的回波信号采样序列。由于 FFT 幅频响应中最高旁瓣电平只比主瓣低约 13.2dB,因此在实际应用中,为了进一步抑制旁瓣,防止多普勒旁瓣间的相互干扰,通常要采用加窗技术。加窗抑制了旁瓣,但增加了带宽。常用的窗函数包括矩形窗、汉宁窗、海明窗、布莱克曼窗、凯泽窗、切比雪夫窗等。

多普勒滤波构件端口设计如表 8.16 所示。

表 8.16　多普勒滤波构件端口设计表

端口类型	参数名称	参数定义	类型	单位	描述
输入端口	复信号	SigIn	RecvSigWord	—	脉压后接收脉冲串信号采样
输出端口	多普勒滤波结果	SigFFT[ ]	RecvSigWord	—	多普勒滤波器组输出的信号包络采样

16. STAP 构件

STAP 构件用于模拟机载雷达杂波抑制处理过程。算法基本原理就是利用多阵元同时接收的相参脉冲串信号,经过特定算法处理,从频域和空域两个维度同时滤除杂波信号。

STAP 构件端口设计如表 8.17 所示。

表 8.17　STAP 构件端口设计表

端口类型	参数名称	参数定义	类型	单位	描述
输入端口	输入信号矩阵	SigIn[ ][ ]	RecvSigWord	—	雷达接收的回波功率,二维索引分别为接收通道和脉冲序号
	关注角度	Angle[ ]	double	(°)	关注的目标角度
	关注多普勒	Doppler[ ]	double	Hz	关注的目标多普勒值
输出端口	输出信号矩阵	SigOut[ ][ ]	double	—	STAP 处理后的输出信号,二维索引分别为关注角度和关注多普勒

17. 脉冲积累构件

脉冲积累构件用于雷达的脉冲积累过程,脉冲积累可分为相参积累和非相参积累,两者的信号仿真算法流程基本相似,即将脉冲串内不同脉冲的回波信号按照时延对齐方式进行叠加。相参积累在检波前信号上进行,而非相参积累是在检波后的信号包络上进行。

脉冲积累构件端口设计如表 8.18 所示。

表 8.18　脉冲积累构件端口设计表

端口类型	参数名称	参数定义	类型	单位	描述
输入端口	输入信号	SigIn[ ]	RecvSigWord	—	积累前不同 PRI 的信号
输出端口	输出信号	SigOut	RecvSigWord	—	积累后信号

18. 参数测量构件

参数测量构件用于模拟雷达信号处理目标参数测量过程,信号处理测量的目标参数包括距离、方位、俯仰、速度等。

距离测量通过过检测目标点相对于发射脉冲的时延换算得到。若连续过检测采样点在 PRI 内的序号为 $\{M, M+1, \cdots, M+p\}$,对应的信号幅度为 P_k,采样间隔为 T_s,则目标时延 ΔT 和目标距离 R 为

$$\Delta T = \frac{\sum\limits_{k=M}^{M+p} P_k \cdot k}{\sum\limits_{k=M}^{M+p} P_k} \cdot T_s \tag{8.9}$$

$$R = \frac{\Delta T \cdot c}{2} \tag{8.10}$$

方位和俯仰测量都属于角度测量,角度测量方法分别有最大幅度法、单脉冲法、DBF 法等,常用的是单脉冲测角法。该方法利用和支路和差支路信号的幅度或相位差异进行测角,具体可参照相关文献。此处仅介绍比幅法测角仿真方法。若和支路连续过检测采样点在 PRI 内的序号为 $\{M, M+1, \cdots, M+p\}$,对应的和差支路信号幅度分别为 P_{0k} 和 P_{1k},角误差斜率为 η,天线指向为 θ_0,则目标角度为

$$\theta = \sum_{k=M}^{M+p} \frac{P_{1k}}{P_{0k}} \cdot \eta + \theta_0 \tag{8.11}$$

速度测量是通过多普勒滤波器组过采样点频域差值实现的。设 PRF 为 f_r,相参处理脉冲数为 N,则滤波器宽度为 $\frac{f_r}{N}$,信号频率为 f_0。若仅有 n 号滤波器中有过检测输出,则速度为

$$v = \frac{nf_r}{N} \times \frac{c}{2f_0} \tag{8.12}$$

若第 k 个采样点在连续多个滤波器过检测,设滤波器号为 $n \in [N_1, N_2]$,P_{nk} 为 n 号滤波器第 k 个采样点幅度,则单采样点速度插值处理结果为

$$v_k = \sum_{n=N_1}^{N_2} \frac{nf_r}{N} \times \frac{P_{nk}}{\sum_{n=N_1}^{N_2} P_{mk}} \times \frac{c}{2f_0} \tag{8.13}$$

综合所有采样点速度插值结果,得到速度测量值

$$v_k = \frac{1}{p+1} \sum_{k=M}^{M+p} v_k \tag{8.14}$$

参数测量构件端口设计如表 8.19 所示。

表 8.19　参数测量构件端口设计表

端口类型	参数名称	参数定义	类型	单位	描述
输入端口	多通道信号包络	SigIn[ ]	RecvSigWord	—	不同通道的信号检波包络
	天线指向信息	AntDir[2]	double	—	天线阵面指向
	CFAR 检测结果	CFARFlag[ ]	BOOL	—	频率维和距离维的 CFAR 检测结果矩阵
	信号频率	Frequency	double	MHz	—
输出端口	点迹信息	TarInfo[ ]	TargetPoint	—	距离、方位、俯仰、速度等

19. 航迹关联构件

航迹关联构件用于模拟信号处理点迹与现有航迹的关联过程。在多目标及杂

波环境中,对于单部雷达而言,它接收到的量测可能不全是来自感兴趣的目标,因此要准确地判断量测(也称为点迹)与目标的一一对应关系是一件很困难的事情。数据关联的过程就是将新录取的点迹与已经存在的航迹进行比较并确定正确的点迹－航迹对的过程。相应地涉及波门的选取和关联法则的选择。

航迹关联构件端口设计如表8.20所示。

表8.20　航迹关联构件端口设计表

端口类型	参数名称	参数定义	类型	单位	描述
输入端口	点迹信息	PointInfo[ ]	TargetPoint	—	信号处理测量点迹
	航迹信息	TrackInfo[ ]	Track	—	已有的点航迹、暂时航迹、稳定航迹等
输出端口	关联结果	ContactInfo[ ]	ContactPair	—	点迹编号与航迹编号的关联对

20. 航迹滤波构件

航迹滤波构件利用关联后的点迹对原航迹进行滤波和外推,得到滤波后的航迹最新点参数与预测参数。常用的滤波算法有 $\alpha-\beta$ 滤波算法、$\alpha-\beta-\gamma$ 滤波算法、卡尔曼(Kalman)滤波算法等,根据雷达任务与目标环境的不同进行优选。

航迹滤波构件端口设计如表8.21所示。

表8.21　航迹滤波构件端口设计表

端口类型	参数名称	参数定义	类型	单位	描述
输入端口	雷达位置	RadPos	GEO_COOD	—	经纬高
	关联结果	ContactInfo[ ]	pair	—	点迹编号与航迹编号的关联对
输出端口	航迹更新	UpdateInfo[ ]	TrackUpdate	—	航迹更新后的状态、新点迹等

21. 航迹管理构件

航迹管理构件根据航迹最新状态、航迹预测位置对航迹进行增加、删除等处理,在相控阵模式下还需根据航迹需求安排雷达资源申请。

航迹管理构件端口设计如表8.22所示。

表8.22　航迹管理构件端口设计表

端口类型	参数名称	参数定义	类型	单位	描述
输入端口	航迹信息	TrackInfo[ ]	Track	—	航迹状态与航迹点
输出端口	航迹列表	TrackInfo[ ]	Track	—	维护航迹表的增加与删除
	资源申请	ResNeeds[ ]	RadResource Struct	—	相控阵雷达,提出雷达资源申请

8.2.3　组合类构件设计

组合类构件与原子类构件最大的不同就是,组合类构件内部包含子构件,子构件可以是原子类构件,也可以是组合类构件。因此,在设计组合类构件的时候,不仅需要考虑组合类构件的外部端口设计,也需要考虑构件内部的子构件的组合架构、交互关系以及运行时序。

下面介绍雷达信号仿真中的组合类构件,包括信号处理构件、数据处理构件以及雷达模拟构件。

1. 信号处理构件

信号处理构件模拟由雷达接收机输出信号计算得到测量点迹的全过程。根据信号处理流程的不同,其包含的子构件也会有所变化。在此介绍典型的 MTD 雷达信号处理构件。

1) 端口设计

信号处理输入输出端口由具有外部交互需求的子构件的端口组合而成。

信号处理构件端口设计如表 8.23 所示。

表 8.23　信号处理构件端口设计表

端口类型	参数名称	参数定义	类型	单位	描述
输入端口	参考信号	RefSigIn	Sig_Block	无	脉压参考信号
	多通道接收复信号采样	SigIn[ ]	RecvSigWord	—	不同通道的信号检波包络
	天线指向	AntDir[2]	double	—	天线阵面指向
	信号频率	Frequency	double	MHz	—
输出端口	点迹信息	TarInfo[ ]	TargetPoint	—	距离、方位、俯仰、速度等

2) 组装架构设计

信号处理构件组装架构如图 8.7 所示,由脉冲压缩、MTI、多普勒滤波、检波、CFAR、参数测量等构件组成。

3) 交互关系设计

信号处理构件的内部各个子构件之间具有比较严格的交互顺序,例如,脉冲压缩构件的输出作为 MTI 构件的输入,MTI 构件的输出作为多普勒滤波构件的输入,多普勒滤波构件的输出作为检波构件的输入。信号处理构件完整的交互关系如图 8.8 所示。

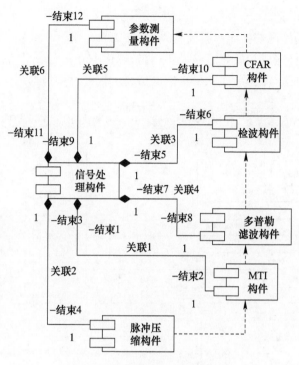

图 8.7 信号处理构件组装架构

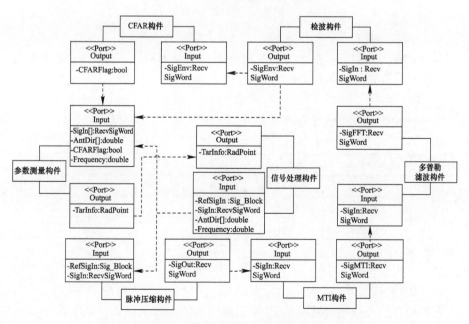

图 8.8 信号处理构件的交互关系

4）运行时序设计

信号处理构件内部按照串行流程调用，如图8.9所示。首先，对各个构件进行初始化，各个构件完成初始化后回告状态，初始化不分先后顺序；然后，按图所示顺序依次调用构件进行解算，如此反复推进仿真进程；最后，仿真结束后，释放构件。

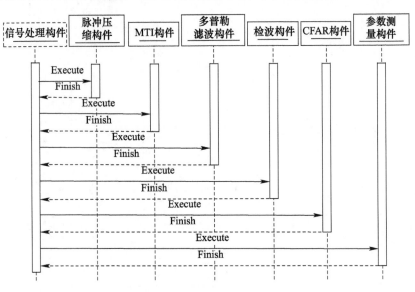

图8.9　信号处理构件的运行时序图

2. 数据处理构件

数据处理构件用于模拟由雷达探测点迹处理得到航迹的过程，主要由航迹关联、航迹滤波、航迹管理等构件组合而成。

1）端口设计

数据处理构件端口设计如表8.24所示。

表8.24　数据处理构件端口设计表

端口类型	参数名称	参数定义	类型	单位	描述
输入端口	点迹信息	PointInfo[ ]	TargetPoint	点迹信息	PointInfo[ ]
	雷达位置	RadPos	GEO_COOD	—	经纬高
输出端口	航迹列表	TrackInfo[ ]	Track	—	维护航迹表的增加与删除
	资源申请	ResNeeds[ ]	RadResource Struct	—	相控阵雷达，提出雷达资源申请

2）组装架构设计

数据处理构件由航迹管理构件、航迹滤波构件以及航迹关联构件组合而成，其组装架构如图8.10所示。

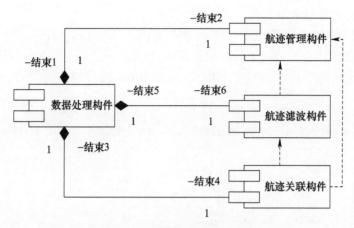

图 8.10　数据处理构件组装架构

3）交互关系设计

数据处理构件的内部各子构件之间存在比较严格的交互关系,例如,航迹滤波构件的输出要作为航迹关联构件的输入。数据处理构件完整的交互关系如图 8.11 所示。

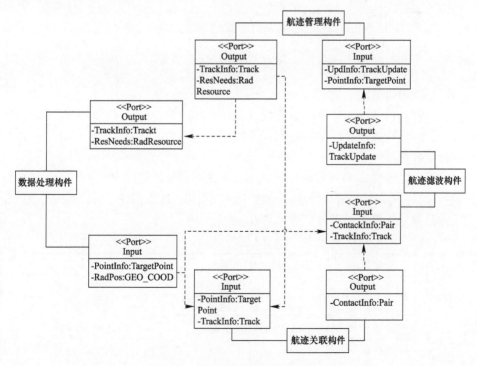

图 8.11　数据处理构件的交互关系

4）运行时序设计

数据处理构件内部按照串行流程调用,如图8.12所示。首先,对各个构件进行初始化,各个构件完成初始化后回告状态,初始化不分先后顺序;然后,按图所示顺序依次调用构件进行解算,如此反复推进仿真进程;最后,仿真结束后,释放构件。

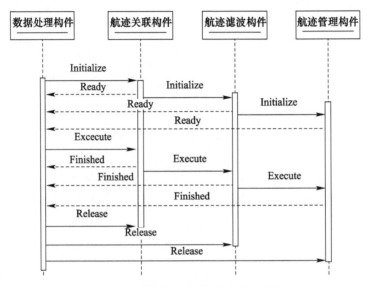

图8.12　数据处理构件的运行时序图

3. 雷达模拟构件

雷达模拟构件模拟整套的雷达装备,包括天线、发射信号、接收机波门、接收机滤波、信号处理、数据处理、资源调度等功能。

1）端口设计

雷达模拟构件的输入为来自信号产生构件的信号采样序列和平台构件的平台运动参数,输出为发射信号特征、天线指向与方向图、通道描述字、探测点迹、航迹。

雷达模拟构件端口设计如表8.25所示。

表8.25　雷达模拟构件端口设计表

端口类型	参数名称	参数定义	类型	单位	描述
输入端口	雷达位置	RadarPos	GEO_COOD	—	雷达位置
	接收信号	SigIn	RecvSigWord	—	雷达探测目标的位置
输出端口	发射信号特征	SigWordStruct	Sig_Word	—	发射描述字
	天线指向	AntDir[2]	double	(°)	收发共用天线执行

(续)

端口类型	参数名称	参数定义	类型	单位	描述
输出端口	天线方向图	AntPattern	AntPattern Struct	—	收发共用天线方向图
	阵元描述字	AntElePos[ ]	AntPos	—	天线阵元布局,描述了每个天线阵元或子阵的阵面位置
	通道描述字	RChannel[ ]	ChanWord Struct	—	接收通道波门、幅相调制量、AGC、STC 等
	探测点迹	PointInf	TargetPoint	—	雷达探测目标距离
	航迹	TrackInfo	Track	—	雷达探测目标方位角

2）组装架构设计

雷达模拟构件由天线构件、发射信号构件、接收波门构件、接收机滤波构件、信号处理构件、数据处理构件以及资源调度构件等子构件组合而成,子构件间具有比较严格的先后顺序。雷达模拟构件组装架构如图 8.13 所示。

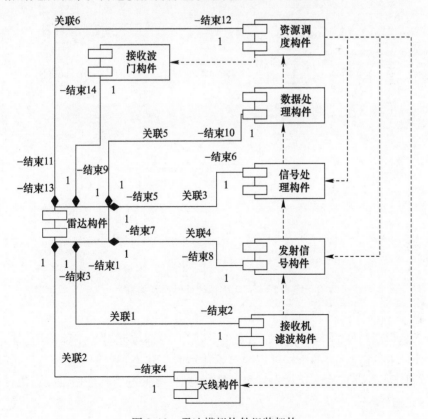

图 8.13　雷达模拟构件组装架构

3）交互关系设计

雷达模拟构件的交互关系如图 8.14 所示。雷达模拟构件的内部各个子构件之间具有比较严格的交互关系,例如,信号处理构件的输出需要作为数据处理构件的输入,接收机构件的输出需要作为信号处理构件的输入。

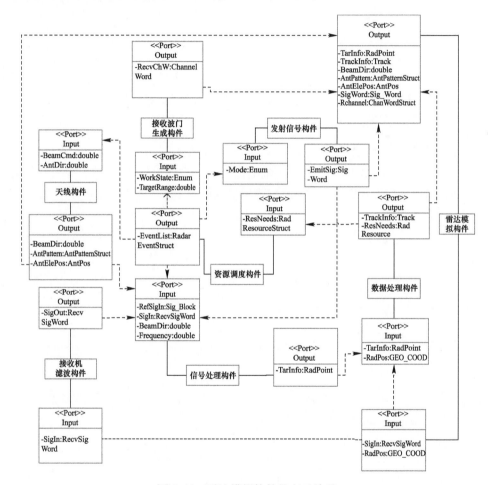

图 8.14 雷达模拟构件的交互关系

4）运行时序设计

雷达模拟构件的运行时序如图 8.15 所示。内部按照串行流程调用,首先,对各个构件进行初始化,各个构件完成初始化后回告状态,初始化不分先后顺序;然后,按图所示顺序依次调用构件进行解算,如此反复推进仿真进程;最后,仿真结束后,释放构件。

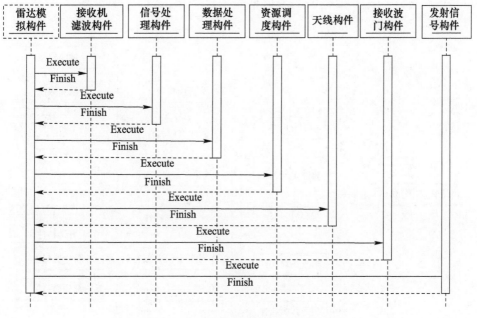

图 8.15　雷达模拟构件的运行时序图

8.3　侦察仿真系统构件设计

8.3.1　构件化模型体系

　　侦察仿真系统除了模拟侦察机本身,还需要模拟电磁信号、信号生成、信号传播以及平台,才能构成可运行的完整仿真系统。雷达侦察信号仿真构件划分结构如图 8.16 所示,共分为四层。第一层为系统层,在该层只有唯一的一个构件,该构件为系统构件,即雷达侦察信号仿真构件。第二层为分系统层,包括了平台构件、电磁信号构件、侦察机构件、信号生成构件以及信号传播构件,其中,侦察机构件为复合类构件,其他为原子类构件。第三层为部件层,将侦察机构件划分为天线构件、接收波门构件、检测与测量构件、信号分选构件、目标识别构件、目标跟踪构件以及特征估计构件。第四层为算法层,将检测与测量构件进一步划分为检波构件、检测构件、包络测量构件、频率测量构件、角度测量构件,信号分选构件进一步划分为已知辐射源分选构件、粗分选构件、细分选构件,特征估计构件进一步划分为脉内调制分析构件和天线扫描分析构件。其中,平台构件、信号生成构件、天线构件、接收波门构件、信号传播构件等构件与雷达仿真系统中对应的构件功能相同,电磁信号构件与雷达仿真系统中的发射信号构件类似,其构件端口一致,可以直接复用。

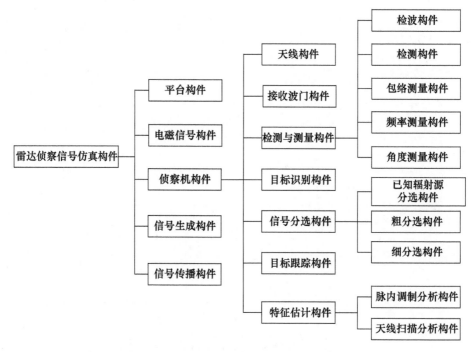

图 8.16 雷达侦察信号仿真构件划分结构图

8.3.2 原子类构件设计

由雷达侦察信号仿真构件分解结构图可知,侦察信号仿真中的原子类构件有平台构件、电磁信号构件、信号生成构件、信号传播构件、天线构件、接收波门构件、目标识别构件、目标跟踪构件、检波构件、检测构件、包络测量构件、频率测量构件、角度测量构件、粗分选构件、细分选构件、脉内调制分析构件、天线扫描分析构件。其中,平台构件、电磁信号构件、信号生成构件、信号传播构件、天线构件、接收波门构件、检波构件以及检测构件可以直接复用雷达仿真系统中相对应的构件,此处不再赘述。下面将逐一介绍侦察仿真系统中的特有构件。

1. 目标识别构件

目标识别构件的主要功能就是将测量分析得到的所有辐射源特征与装定的威胁库进行比较,匹配成功则输出识别辐射源型号。

目标识别构件端口设计如表 8.26 所示。

表 8.26 目标识别构件端口设计表

端口类型	参数名称	参数定义	类型	单位	描述
输入端口	辐射源特征	SourceFeature	FeatureStruct	—	测量得到的辐射源特征
	信号带宽	BW	double	MHz	
	脉内调制类型	ModuType	Enum	—	线性调频、脉冲编码等
	天线方向图	AntPattern	AntPattern Struct	—	分析得到的辐射源方向图
	天线扫描周期	ScanPeriod	double	s	
	天线扫描类型	ScanType	Enum	—	圆周、圆锥、扇扫等
输出端口	辐射源特征	SourceFeature	FeatureStruct		识别成功则增加辐射源型号

2. 目标跟踪构件

目标跟踪构件根据新测量的辐射源特征与同一部辐射源的过往特征进行关联滤波处理,得到滤波后的最新辐射源特征,并按照一定策略将稳定截获的辐射源转为已知辐射源。

目标跟踪构件端口设计如表 8.27 所示。

表 8.27 目标跟踪构件端口设计表

端口类型	参数名称	参数定义	类型	单位	描述
输入端口	测量的辐射源特征	MeasuredSF	FeatureStruct	—	新测量的辐射源特征值
输出端口	辐射源特征	SourceFeature	FeatureStruct	—	跟踪处理后的特征
	已知辐射源库	KnownSources	FeatureStruct	—	稳定截获的辐射源

3. 包络测量构件

包络测量构件的主要功能就是在脉冲检测的基础上,测量脉宽 PW、脉幅 PA、脉冲到达时间 TOA 等包络信息。包络测量的算法有多种,常用的仿真方法是将连续过采样点作为 1 个脉冲,由此换算包络参数。若连续过采样点序号为 $n \in [N_1, N_2]$,采样率为 f_s,采样点幅度为 P_n,采样起始时刻为 T_0,则

$$PW = (N_2 - N_1) \cdot \frac{1}{f_s} \tag{8.15}$$

$$PA = \frac{1}{N_2 - N_1 + 1} \sum_{n=N_1}^{N_2} P_n \tag{8.16}$$

$$TOA = T_0 + \frac{N_1}{f_s} \tag{8.17}$$

包络测量构件端口设计如表 8.28 所示。

表 8.28　包络测量构件端口设计表

端口类型	参数名称	参数定义	类型	单位	描述
输入端口	检波后信号	SigEnv	RecvSigWord	—	检波得到的包络采样
	检测结果	DetectInfo[ ]	bool	—	过检测点为 true
输出端口	脉冲描述字	PDWs	PDWStruct	—	PW、PA、TOA

4. 频率测量构件

频率测量构件模拟接收信号频率测量过程。测频算法有很多,包括瞬时测频、信道化测频、数字测频等。具体算法可参考其他文献。

频率测量构件端口设计如表 8.29 所示。

表 8.29　频率测量构件端口设计表

端口类型	参数名称	参数定义	类型	单位	描述
输入端口	接收信号	SigIn	RecvSigWord	—	接收到的复信号采样
	输入脉冲描述字	InPDWs	PDWStruct	—	PW、PA、TOA
输出端口	脉冲描述字	PDWs	PDWStruct	—	PW、PA、TOA、Freq

5. 角度测量构件

角度测量构件模拟侦察系统测向过程,包括方位角测量和俯仰角测量。侦察系统测角方法有很多,包括最大幅度法、比幅、比相、空间谱估计以及组合类测角等。尽管实现算法各不相同,但本质都是通过同时或者分时的不同天线通道之间的幅相差异来测角的,其构件端口可以统一设计。

角度测量构件端口设计如表 8.30 所示。

表 8.30　角度测量构件端口设计表

端口类型	参数名称	参数定义	类型	单位	描述
输入端口	通道信号	SigIn[ ]	RecvSigWord	—	不同通道的信号检波
	天线指向信息	AntDir[2]	double	—	天线阵面指向
	输入脉冲描述字	InPDWs	PDWStruct	—	PW、PA、TOA、Freq
输出端口	脉冲描述字	PDWs	PDWStruct	—	PW、PA、TOA、Freq、DOA

6. 已知辐射源分选构件

已知辐射源分选构件的主要功能是将信号测量得到的脉冲描述字 PDW 与已知辐射源特征进行比较,筛选出匹配上的 PDW 划入相应辐射源,剩余 PDW 划入未知辐射源。

已知辐射源分选构件端口设计如表 8.31 所示。

表 8.31　已知辐射源分选构件端口设计表

端口类型	参数名称	参数定义	类型	单位	描述
输入端口	脉冲描述字序列	OrgPDWs	PDWStruct	—	TOA、PW、PA、Freq、DOA
	已知辐射源库	KnownSources	FeatureStruct	—	
输出端口	已知辐射源 PDW	KnownPDWs	PDWStruct		可能是多组，与每个已知辐射源对应
	未知 PDW 序列	UnKnPDWs	PDWStruct	—	与已知辐射源都不匹配

7. 粗分选构件

粗分选构件的主要作用是将信号测量得到的脉冲描述字 PDW 划分到不同的网格，常用的分选参数有 Freq、DOA、PW、PA 等。

粗分选构件端口设计如表 8.32 所示。

表 8.32　粗分选构件端口设计表

端口类型	参数名称	参数定义	类型	单位	描述
输入端口	未知脉冲描述字序列	UnKnPDWs	PDWStruct	—	TOA、PW、PA、Freq、DOA
输出端口	分组脉冲描述字序列	PDWClass	PDWStruct		多个粗分选的 PDW 组

8. 细分选构件

细分选又叫去交错或者 PRI 估计，对每个粗分选的 PDW 组进行 PRI 估计，按照 PRI 不同将粗分选组内 PDW 归类到不同的辐射源。细分选构件端口设计如表 8.33 所示。

表 8.33　细分选构件端口设计表

端口类型	参数名称	参数定义	类型	单位	描述
输入端口	分组脉冲描述字序列	PDWClass	PDWStruct	—	多个粗分选的 PDW 组
输出端口	新辐射源脉冲描述字序列	SourcePDW	PDWStruct		PDW 参数增加 PRI、脉内信号采样
	新辐射源特征	SourceFeature	FeatureStruct	—	测量得到的辐射源特征

9. 脉内调制分析构件

脉内调制分析构件模拟对脉冲信号调制类型的分析过程。由于调制分析计算量较大，一般是非实时的，因而该分析通常在信号分选后进行，仅针对同一组脉冲做一次脉内分析即可。

脉内调制分析构件端口设计如表 8.34 所示。

表 8.34　脉内调制分析构件端口设计表

端口类型	参数名称	参数定义	类型	单位	描述
输入端口	新辐射源脉冲描述字序列	SourcePDW	PDWStruct	—	PDW 参数增加 PRI、脉内信号采样
	新辐射源特征	InSFs	FeatureStruct	—	测量得到的辐射源特征
输出端口	更新辐射源特征	NewSFs	FeatureStruct	—	增加 BW、ModuType

10. 天线扫描分析构件

天线扫描分析构件模拟侦察系统对辐射源天线扫描参数的分析过程,通常利用分选后 PDW 序列中 PA 信息,提取天线方向图和天线扫描周期等。

天线扫描分析构件端口设计如表 8.35 所示。

表 8.35　天线扫描分析构件端口设计表

端口类型	参数名称	参数定义	类型	单位	描述
输入端口	新辐射源脉冲描述字序列	SourcePDW	PDWStruct	—	PDW 参数增加 PRI、脉内信号采样
	新辐射源特征	InSFs	FeatureStruct	—	测量得到的辐射源特征
输出端口	更新辐射源特征	NewSFs	FeatureStruct	—	增加天线方向图、扫描周期、扫描方式

8.3.3　组合类构件设计

下面介绍侦察信号仿真的组合类构件,包括检测与测量构件、信号分选构件、特征估计构件以及侦察机构件。

1. 检测与测量构件

检测与测量构件模拟通过侦收信号计算获取 PDW 的过程。

1)端口设计

检测与测量构件的输入输出端口由具有外部交互需求的子构件端口组合类而成,其构件端口设计如表 8.36 所示。

表 8.36　检测与测量构件端口设计表

端口类型	参数名称	参数定义	类型	单位	描述
输入端口	通道信号	SigIn[ ]	RecvSigWord	—	不同通道的复信号采样
	天线指向信息	AntDir[2]	double	—	天线阵面指向
	超外差本振	MFreq	double	—	非超外差则为 0,超外差则为所有本振之和
输出端口	脉冲描述字	PDWs	PDWStruct	—	PW、PA、TOA、Freq、DOA

2）组装架构设计

检测与测量构件由检波构件、检测构件、包络测量构件、频率测量构件、角度测量构件等 5 个构件组成,检测与测量构件组装架构如图 8.17 所示。

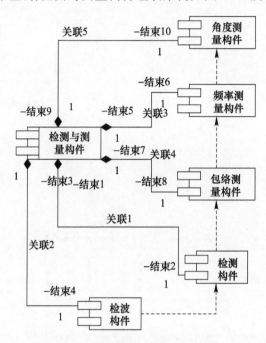

图 8.17　检测与测量构件组装架构

3）交互关系设计

检测与测量构件的内部子构件之间存在固定的交互,例如,检波构件的输出需要作为检测构件的输入,检测构件的输出需要作为包络测量构件的输入。检测与测量构件的交互关系如图 8.18 所示。

4）运行时序设计

检测与测量构件的运行时序如图 8.19 所示,内部按照串行流程调用。首先,对各个构件进行初始化,各个构件完成初始化后回告状态,初始化不分先后顺序;然后,按图所示顺序依次调用构件进行解算,如此反复推进仿真进程;最后,仿真结束后,释放构件。

2. 信号分选构件

信号分选构件用于模拟由 PDW 分选得到辐射源特征参数的过程,由已知辐射源分选、粗分选、细分选等 3 个构件组合而成。

1）端口设计

信号分选构件端口设计如表 8.37 所示。

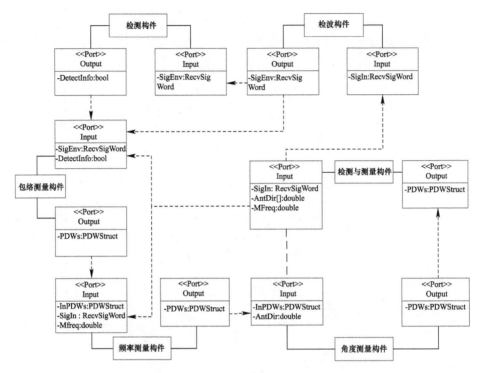

图 8.18　检测与测量构件的交互关系

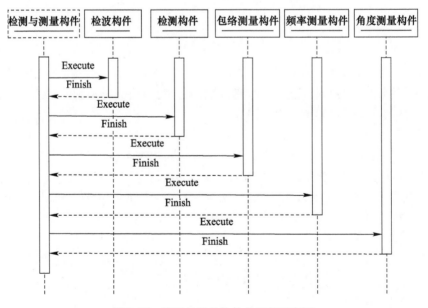

图 8.19　检测与测量构件的运行时序图

表 8.37 信号分选构件端口设计表

端口类型	参数名称	参数定义	类型	单位	描述
输入端口	脉冲描述字	PDWs	PDWStruct	—	PW、PA、TOA、Freq、DOA
	已知辐射源库	KnownFSs	FeatureStruct	—	—
输出端口	已知辐射源脉冲描述字序列	KnownSPDWs	PDWStruct		已知辐射源新分选得到的 PDWs
	新辐射源脉冲描述字序列	NewSPDWs	PDWStruct		分选得到的新辐射源 PDWs
	新辐射源特征	NewSFs	FeatureStruct	—	分选得到的新辐射源特征

2）组装架构设计

信号分选识别构件由已知辐射源分选构件、粗分选构件以及细分选构件组合而成,其组装架构如图 8.20 所示。

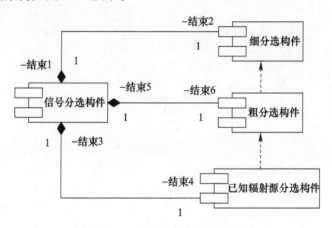

图 8.20 信号分选构件组装架构

3）交互关系设计

信号分选构件的交互关系如图 8.21 所示,在信号分选构件内部,已知辐射源分选构件的输出作为粗分选构件的输入,粗分选构件的输出作为细分选构件的输入。

4）运行时序设计

信号分选构件内部按照串行流程调用,其运行时序如图 8.22 所示。首先,对各个构件进行初始化,各个构件完成初始化后回告状态,初始化不分先后顺序;然后,按图所示顺序依次调用构件进行解算,如此反复推进仿真进程;最后,仿真结束后,释放构件。

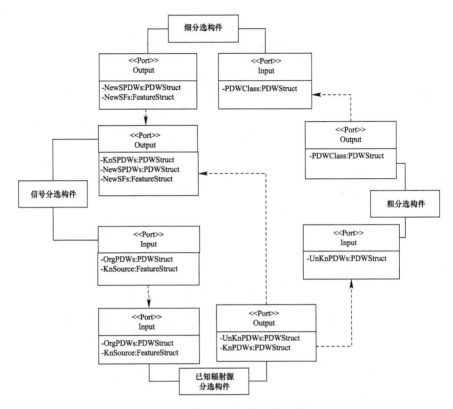

图 8.21　信号分选构件的交互关系

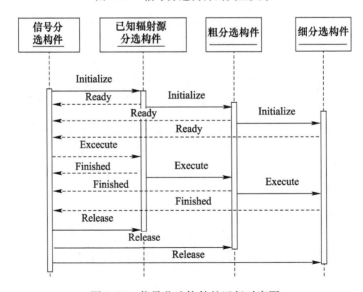

图 8.22　信号分选构件的运行时序图

3. 特征估计构件

特征估计构件用于模拟侦察机对辐射源特征精细分析的过程,由脉内调制分析、天线扫描分析等构件组成,还可以添加其他精细特征分析的算法构件。

1)端口设计

特征估计构件端口设计如表 8.38 所示。

表 8.38 特征估计构件端口设计表

端口类型	参数名称	参数定义	类型	单位	描述
输入端口	新辐射源脉冲描述字序列	NewPDWs	PDWStruct	—	PDW 参数增加 PRI、脉内信号采样
	新辐射源特征	InSFs	FeatureStruct	—	测量得到的辐射源特征
输出端口	更新辐射源特征	NewSFs	FeatureStruct	—	增加 BW、ModuType、天线方向图、扫描周期、扫描方式

2)组装架构设计

特征估计构件由脉内调制分析构件和天线扫描分析构件组合而成,其组装架构如图 8.23 所示。

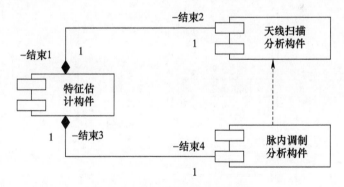

图 8.23 特征估计构件组装架构

3)交互关系设计

在特征估计构件内部,天线扫描构件的输出需要作为脉内调制分析构件的输入。特征估计构件的交互关系如图 8.24 所示。

4)运行时序设计

特征估计构件内部按照串行流程调用,其运行时序如图 8.25 所示。首先,对各个构件进行初始化,各个构件完成初始化后回告状态,初始化不分先后顺序;然后,按图所示顺序依次调用构件进行解算,如此反复推进仿真进程;最后,仿真结束后,释放构件。

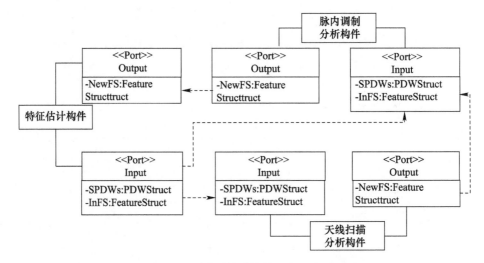

图 8.24 　特征估计构件的交互关系

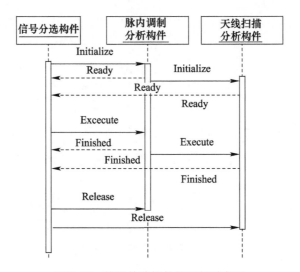

图 8.25 　特征估计构件的运行时序图

4. 侦察机构件

侦察机构件模拟侦察装备,包括天线、接收波门生成、接收机滤波、检测与测量、信号分选、特征估计、目标识别、目标跟踪等功能。

1) 端口设计

侦察机构件输入为来自信号产生构件的信号采样序列和平台构件的平台运动参数,输出为发射信号特征、天线指向与方向图、通道描述字、辐射源特征。

侦察机构件端口设计如表 8.39 所示。

表 8.39　侦察机构件端口设计表

端口类型	参数名称	参数定义	类型	单位	描述
输入端口	雷达位置	RadarPos	GEO_COOD	—	雷达位置
	接收信号	SigIn	RecvSigWord	—	雷达探测目标的位置
输出端口	天线指向	AntDir[2]	double	(°)	收发共用天线执行
	天线方向图	AntPattern	AntPatternStruct	—	收发共用天线方向图
	阵元描述字	AntElePos[]	AntPos	—	天线阵元布局,描述了每个天线阵元或子阵的阵面位置
	通道描述字	RChannel[]	ChanWordStruct	—	接收通道波门、AGC 等
	辐射源特征	SFs	FeatureStruct	—	—

2）组装架构设计

侦察机构件由天线构件、接收波门生成构件、接收机滤波构件、检测与测量构件、信号分选构件、特征估计构件、目标识别构件以及目标跟踪构件等子构件组合而成,各个子构件之间具有比较严格的先后执行顺序。侦察机构件组装架构如图 8.26 所示。

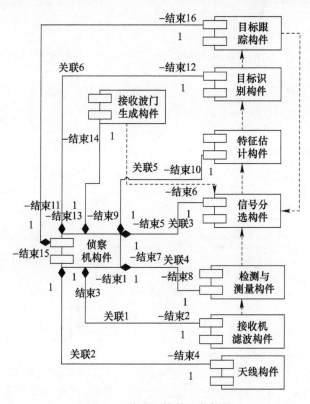

图 8.26　侦察机构件组装架构

3）交互关系设计

侦察机构件的交互关系如图 8.27 所示。在侦察机构件中,其内部子构件之间具有相对固定的交互关系,例如,接收机滤波构件的输出要作为检测与测量构件的输入,检测与测量构件的输出要作为信号分选构件的输入。

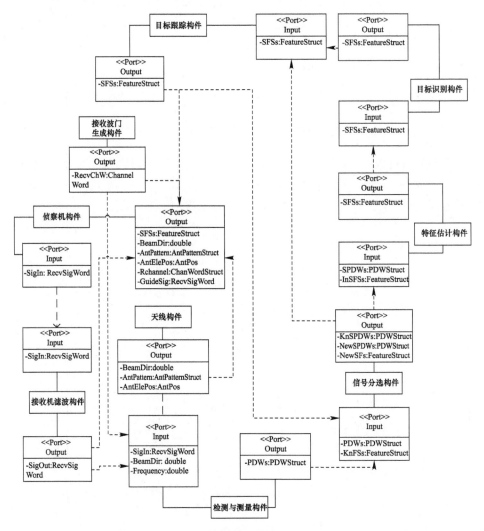

图 8.27　侦察机构件的交互关系

4）运行时序设计

侦察机构件内部按照串行流程调用,其运行时序如图 8.28 所示。首先,对各个构件进行初始化,各个构件完成初始化后回告状态,初始化不分先后顺序;然后,按图所示顺序依次调用构件进行解算,如此反复推进仿真进程;最后,仿真结束后,释放构件。

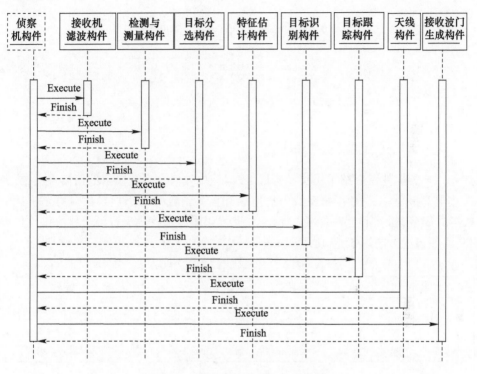

图 8.28　侦察机构件的运行时序图

8.4　干扰仿真系统构件设计

8.4.1　构件化模型体系

干扰仿真系统用于模拟干扰机的决策和干扰信号生成过程,系统组成相对比较简单,可与侦察仿真系统或雷达仿真系统联合进行仿真运行。雷达干扰信号仿真构件划分结构图如图 8.29 所示。第一层为系统层,在该层只有唯一的一个构件,该构件为组合类构件,即干扰信号仿真构件;第二层为部件层,该层包含天线构件、干扰决策构件和发射信号构件等 3 个构件,每个构件都是原子类构件,其中,天线构件和发射信号构件的设计与雷达仿真系统中的构件类似,可以直接复用,下文不再赘述。

265

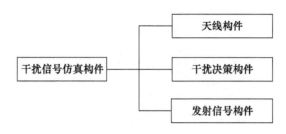

图 8.29　雷达干扰信号仿真构件划分结构图

8.4.2　原子类构件设计

原子类构件仅介绍干扰决策构件,该构件接收侦察系统输出的侦察报文,或者接收干扰指令,根据侦察报文或干扰指令计算得到合适的干扰参数。由于雷达干扰样式很多,相关干扰参数难以统一,在此仅以噪声干扰为例设计干扰决策构件端口,其端口设计如表 8.40 所示。

表 8.40　干扰决策构件端口设计表

端口类型	参数名称	参数定义	类型	单位	描述
输入端口	辐射源特征	SFSs	FeatureStruct	—	辐射源特征
	引导信号	GuideSig	RecvSigWord	—	引导信号
输出端口	噪声干扰参数	JamParam	JamParamStruct	—	噪声干扰参数

8.4.3　组合类构件设计

组合类构件即干扰信号仿真构件,由天线构件、干扰决策构件和发射信号构件组成。干扰信号仿真构件端口设计如表 8.41 所示。

1)端口设计

表 8.41　干扰信号仿真构件端口设计表

端口类型	参数名称	参数定义	类型	单位	描述
输入端口	辐射源特征	SFSs	FeatureStruct	—	辐射源特征
	引导信号	GuideSig	RecvSigWord	—	侦察引导信号
输出端口	发射信号	EmitSig	SigWordStruct	—	干扰信号
	天线指向	AntDir[2]	double	(°)	—
	天线方向图	AntPattern	AntPatternStruct	—	—

2)组装架构设计

干扰信号仿真构件由天线构件、干扰决策构件和发射信号构件组成,各个子构件之间具有比较严格的先后执行顺序。干扰信号仿真构件组装架构如图 8.30 所示。

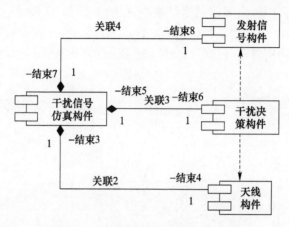

图 8.30　干扰信号仿真构件组装架构

3）交互关系设计

干扰信号仿真构件内部各个子构件之间相互交互,例如,干扰决策构件需要为发射信号构件提供输入,干扰决策构件需要为天线构件提供输入。干扰信号仿真构件的交互关系如图 8.31 所示。

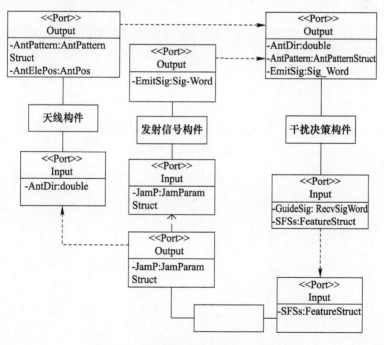

图 8.31　干扰信号仿真构件的交互关系

4）运行时序设计

干扰信号仿真构件内部按照串行流程调用,如图 8.32 所示。首先,对各个构件进行初始化,各个构件完成初始化后回告状态,初始化不分先后顺序;然后,按图所示顺序依次调用构件进行解算,如此反复推进仿真进程;最后,仿真结束后,释放构件。

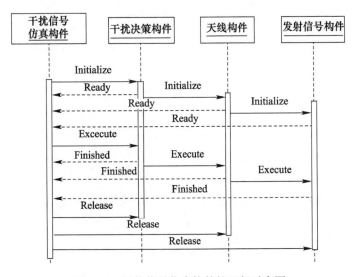

图 8.32　干扰信号仿真构件的运行时序图

第 9 章

机载预警雷达对抗组合仿真应用

现代雷达电子战包含了大量诸如雷达、侦察、干扰、反辐射武器等多类型多体制的电子战装备,具有十分复杂的空间组成结构和行为逻辑关系。在现代高新科技的大力推动下,雷达电子战装备的发展日新月异,雷达电子战的对抗方式瞬息多变,其作战形态也越来越多样化。机载预警雷达对抗作为雷达电子战中的一种非常典型的作战形态,已经成为当前以及未来信息战争中电子战领域的研究热点,具有非常重要的研究意义。本章设计了一个典型的机载预警雷达对抗作战场景,并基于本书论述的构件化组合仿真技术,讨论机载预警雷达对抗仿真系统的构件化设计与组合仿真实现。

9.1 应用背景

1. 机载预警雷达的基本情况

预警机(airborne early warning,AEW)是一种作战支援飞机,装备有远距离搜索雷达、数据处理、敌我识别以及通信导航、指挥控制、电子对抗等电子设备,集预警、指挥、控制、通信和情报于一体,用于搜索、监视与跟踪空中和海上目标,并指挥、引导己方飞机执行作战任务。预警机具有三大特点:高空、运动和预警。预警机在战斗中可以扩大攻防区域并增强攻防的有效性,从而为作战方案提供更多的选择。现代战争没有预警机的指挥和引导,要想组织大规模的空战几乎不可能,预警机先进与否,已经成为了决定空战胜负的关键因素。预警机主要由载机平台(包括机身外部的天线罩)、雷达设备和信息通信链三部分组成,其中最重要的就是机载雷达,机载雷达被喻为预警机"硬件中的硬件"。

机载预警雷达是装备在预警机上的雷达设备,用于搜索、监视、跟踪空中和海上目标,并指挥、引导己方飞机执行作战任务。国外典型的现役机载预警雷达有美国的 E - 2C"鹰眼"、美国 E - 3"望楼"、俄罗斯 A - 50"中坚"、俄罗斯的 Ka - 31、以色列的"费尔康"(Phalcon)、瑞典的"埃里眼"(Erieye)等。

2. 机载预警雷达对抗的作战方式

在现代战争条件中,机载预警雷达对抗的组成结构非常庞大,交互关系复杂多变,面临的电磁环境和地理环境也是多种多样,考虑到战术、后勤保障、武器系统以及人的抉择等因素,作战过程将更加复杂。如果只评估雷达装备与电子战装备之间的对抗效果,以机载预警雷达为中心分析其交互过程,则可以将其基本作战流程简化为:机载预警雷达发射电磁波,搜索其作战空域内的来袭目标(如来袭的歼击机、导弹等);无源的雷达侦查设备开机,侦收机载预警雷达发射的电磁波,测定雷达发射信号的参数,并将其报告给干扰控制中心;雷达干扰设备对雷达信号进行特征分析,进行威胁分级,并决定干扰信号样式以及干扰发射时机,发射干扰信号对机载预警雷达进行干扰,使得机载预警雷达功能降级或者失效,掩护飞机、导弹等武器进行突防;机载预警雷达判断受干扰的情况,并采取相应的抗干扰措施,降低干扰对其探测性能的影响。机载预警雷达对抗的攻防对抗概念图如图9.1所示。

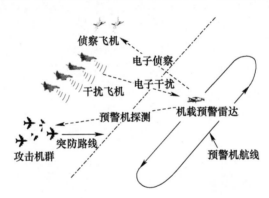

图9.1 机载预警雷达对抗的攻防对抗概念图

9.2 仿 真 方 法

1. 现有仿真方法及存在的问题

目前对于机载预警雷达对抗仿真的研究主要包括三类:单机集成式仿真、基于TCP/UDP 网络协议的联机仿真以及基于仿真互操作标准(如 HLA)的分布式仿真。前两者存在的问题是模型算法固定、系统耦合度高,可重用、可扩展型都比较差,且难以维护,主要适应于特定类型特定层次的机载预警雷达对抗仿真;后者存在的问题是模型规范粒度太粗,不能有效描述成员内的架构层次,模型开发工作量大,另外,分布式运行也使得机载预警雷达对抗仿真这类分析型仿真的开发敏捷性差,调试和维护比较困难。

2. 构件化组合仿真研究方法

构件化组合仿真方法提供了一种可复用的仿真方法,不仅对仿真系统的开发过程进行了规范,而且对仿真开发过程中不同阶段形成的模型和数据进行了规范,同时可提供不同阶段的辅助开发软件工具,能很大程度地降低建模实现难度,减少仿真应用系统开发的工作量,也可以提高仿真模型的可重用程度,使得仿真系统的维护变得相对比较简便。

机载预警雷达对抗仿真系统的构件化组合仿真开发过程可以分为以下几个阶段。

(1)需求分析。需求分析阶段也可以称为概念模型设计阶段,其目的是根据仿真系统的研究目标,对攻防对抗设计的实体、行为、流程等进行分析。由于构件化技术与面向对象的技术具有天然的关联,因此,分析阶段最好采用面向对象技术,并基于面向对象的建模语言如 UML 进行描述。

(2)构架设计。构架设计是仿真系统整体性、框架性的规划过程。构件设计的目的是提取机载预警雷达对抗仿真系统的组装框架,并作为仿真构件划分与制作的依据。

(3)构件开发。基于构件封装工具进行仿真模型构件的设计并生成构件代码,在此基础上进行相关模型算法与仿真控制信息的编写,最后编译生成仿真模型构件的实现文件。

(4)构件测试。使用仿真构件测试工具进行仿真模型构件的自动化测试,检验已开发构件的可执行性。

(5)构件管理。利用仿真构件管理工具导入通过测试的仿真构件,进行分类存储与参数实例化设计,形成仿真模型构件实例。

(6)构件组合。基于仿真构件组装工具检索构件库中的仿真模型构件实例,进行仿真构件的组合装配,建立各个仿真构件间的连接关系,并保存相关配置信息,形成机载预警雷达对抗仿真系统。

(7)仿真运行。仿真阶段由仿真运行引擎根据仿真构件组合关系进行构件运行调度,输出仿真运行信息,进行动态的可视化表现。

(8)对抗评估。对采集到的仿真数据参照实验方案进行对抗效果评估,得到关心的评估指标。

9.3 分析与设计

9.3.1 仿真需求分析与用例设计

依据图 9.1 所示的机载预警雷达对抗的攻防对抗概念图,设计机载预警雷达对抗装备的交互关系,如图 9.2 所示,主要包括机载预警雷达、侦察机、干扰机和战斗机等装备。作为典型应用示例,本仿真中暂不考虑电磁传播环境等因素的影响,只对实体装备之间的交互关系进行建模分析,且采用前文所述的功能仿真方法进行建模。

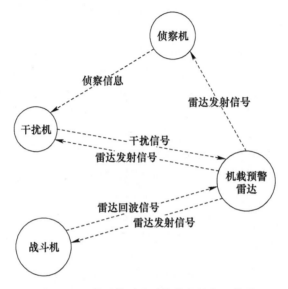

图 9.2　机载预警雷达对抗装备的交互关系

　　基于机载预警雷达对抗装备的对抗原理与作战过程,设计机载预警雷达对抗仿真系统的总体功能,主要包括以下几个方面。

　　(1) 雷达探测模拟。模拟机载预警雷达在电子对抗条件下进行雷达探测的全过程。

　　(2) 雷达侦察模拟。模拟侦察飞机对雷达信号的侦收、分选、识别等过程。

　　(3) 雷达干扰模拟。模拟干扰飞机各类干扰措施以及实施干扰的全过程。

　　(4) 平台运动模拟。模拟预警机飞机、侦察飞机、干扰飞机以及进攻飞机的位置、姿态、运动等。

　　(5) 目标特性模拟。模拟战斗机的 RCS 模型。

　　(6) 战情编辑。提供仿真战情设计、存储以及加载、解算等功能。

　　(7) 仿真控制。支持整个仿真过程中的各种运行控制以及人机交互操作。

　　(8) 数据记录。记录仿真过程数据以及仿真结果。

　　(9) 运行显示。以图形界面的形式显示运行状态、过程信息以及运行解算结果。

　　机载预警雷达对抗仿真系统的用户分为战情设计人员、仿真操作人员、数据管理人员三类。

基于上述分析,可以建立机载预警雷达对抗系统用例图,如图 9.3 所示。对于机载预警雷达对抗仿真系统,关注点主要是仿真模型建模与对抗评估,功能用例相对比较简单。因此,限于篇幅,对于用例图中的各子功能,不再建立子功能用例图。

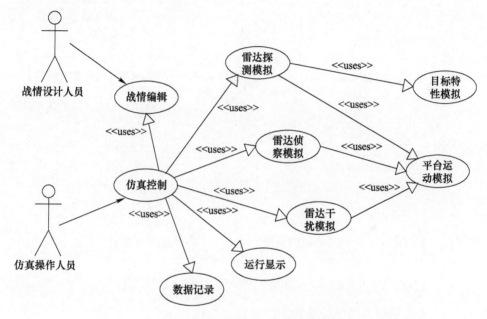

图 9.3 机载预警雷达对抗系统用例图

9.3.2 仿真构件分解及构架设计

通过机载预警雷达功能用例分析,明确了仿真系统的功能需求,在此基础上,进行仿真系统的功能模块分解设计。机载预警雷达对抗总体组成框架如图 9.4 所示,仿真系统按照功能需求划分功能模块,包括了雷达探测模块、雷达侦察模块、雷达干扰模块、平台运动模块、目标特性模块、战情编辑模块、仿真控制模块、数据记录模块以及运行显示模块。

在总体组成框架设计的基础上,按照本书所述的分层构件化设计的思想,自顶而下逐层进行功能细化,对相对独立的功能进行模块分割,每个功能模块设计为一个构件。结合仿真系统的功能组成和建模精细程度,将整个系统分为四层,包括系统层、子系统层、部件层、零件层。在分层的基础之上,依据模型功能进行层内分区,实现层内功能模块的独立分解。

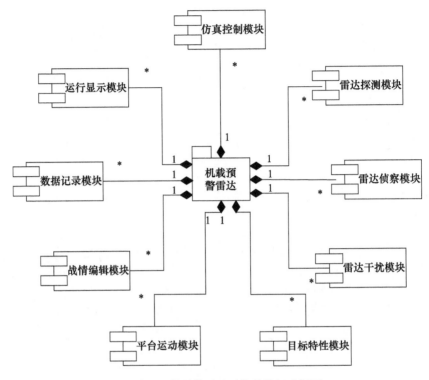

图 9.4　机载预警雷达对抗总体组成框图

（1）系统层包含整个仿真系统。

（2）子系统层对应总体组成框图中的功能模块，包括雷达探测模块、雷达侦察模块、雷达干扰模块、平台运动模块、目标特性模块、战情编辑模块、仿真控制模块、数据记录模块以及运行显示模块。

（3）部件层则为子系统层的细化，是对子系统层各个功能模块的进一步分解，例如，雷达模块可以分解出交会计算、功率计算、目标检测等子模块。

（4）零件层为部件层的细化，是对部件层各个功能模块的进一步分解，例如，雷达的功率计算模块可以分解出回波功率模块、干扰功率模块、杂波功率模块以及噪声功率模块。

参照第 7 章雷达电子战功能仿真构件化设计中所述的仿真构件划分结构，对机载预警雷达对抗仿真系统进行分层分区的功能模块分解，并对每个模块进行构件化设计，得到机载预警雷达对抗仿真系统分层分区构件结构图，如图 9.5 所示。由图可见，在这种分层分区的构件组成结构中，各类构件的层级关系非常明晰，且下一层的构件可以为多个上一层的构件复用。

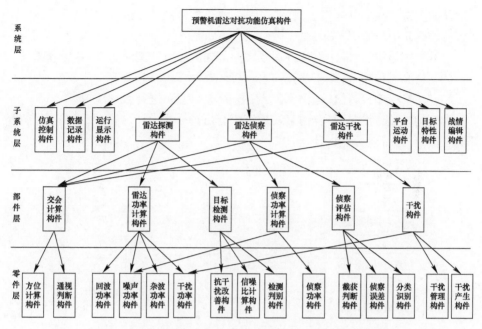

图 9.5　机载预警雷达对抗仿真系统分层分区构件结构图

9.4　仿真构件实现

　　依据机载预警雷达对抗仿真系统的软件架构的设计,可以识别出构建仿真系统所需的全部构件。按照构件重用的思想,首先在构件库中查询对应的构件,如果构件已存在,则可以直接利用,或者进行适应性修改后再利用。如果不存在,则需要进行重新开发,新开发的构件在测试通过后,匹配到软件构架,同时存储到构件库中。构件库的操作以及构件测试具有通用性,在前面章节中已有详细说明,下面将主要针对具体仿真构件的实现进行介绍。

　　对于仿真系统的构件化开发来说,构件的开发可以分为两类:原子类构件和组合类构件。原子类构件是功能独立的单元,不调用其他构件;组合类构件则是建立在组合其他构件的基础之上,构件实现需要考虑其他构件的组合。因此,原子类构件的生产仅仅是构件生产过程,而组合类构件的生产不但是构件生产过程,也是构件重用过程。

9.4.1　原子类构件的实现

　　原子类构件不包含其他构件,是独立的封装体,原子类构件的开发需要构件开发工具的支持。在构件开发工具的支持下,原子类构件开发过程如图9.6所示,主要包括如下几个步骤。

(1)需求分析,对原子类构件需要实现的功能进行详细分析,得到仿真需求。

(2)仿真流程设计,基于仿真需求,设计仿真实现流程。

(3)仿真模型设计,依据仿真流程,提取仿真模型,进行数学建模。

(4)构件端口设计,结合仿真实现流程与仿真模型设计,提取原子类构件的外部交互端口,进行参数化设计。

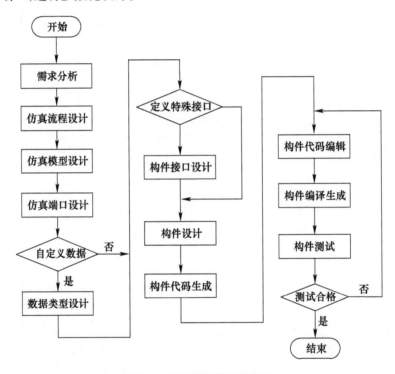

图9.6 原子类构件开发过程

(5)数据类型设计,在构件端口中使用自定义参数,需要进行数据类型设计,否则,可以忽略该步骤。

(6)构件接口设计,结合仿真实现流程与仿真模型设计,提取原子类构件的外部交互接口函数,如果不用增加特殊接口(构件开发工具中已经内置了一系列的标准接口),可以忽略该步骤。

(7)构件设计,在构件开发工具中,实现数据类型、端口参数、接口函数的设定。

(8)构件代码生成,在构件设计完毕后,可以利用构件开发工具生成自动代码。

（9）构件代码编辑,构件开发工具自动生成的代码不包含仿真模型的具体算法实现,需要用户在指定的位置进行仿真模型具体算法的编码。

（10）构件编译生成,编辑完仿真模型算法之后,编译代码,生成构件的输出文件(dll 文件)。

（11）构件测试,利用构件测试工具载入构件的 dll 文件,实现构件的测试,测试通过后,利用构件管理工具存储到构件库中,否则,返回构件开发工具进行修正,直至达到测试目标。

在机载预警雷达对抗仿真系统中,根据分层分区构件结构图,可以识别出原子类构件包括子系统层的仿真控制构件、数据记录构件、运行显示构件、平台运动构件、目标特性构件及战情编辑构件,以及零件层的方位计算构件、通视判断构件、回波功率计算构件、噪声功率计算构件、杂波功率计算构件、干扰功率计算构件、抗干扰改善构件、信噪比计算构件、检测判别构件、侦察功率构件、截获判别构件、分类识别构件、干扰管理构件、干扰产生构件以及干扰机天线构件。下面以回波功率计算构件为例进行原子类构件的实现说明。

1. 仿真功能需求分析、仿真流程及仿真模型设计

回波功率构件的主要功能是用来计算雷达接收到的目标回波功率强度。从仿真的角度来看,该构件模拟的是雷达接收机的功能,可以视为雷达接收机的零部件,与雷达接收机相关的参数可以设计为系统参数,与目标相关的参数则可以设计为输入参数,通过计算获得接收机的回波功率值设计为输出参数。回波功率构件不涉及复杂的逻辑控制,只是以雷达方程为基础进行回波功率计算,因此,其仿真流程图相对比较简单,如图 9.7 所示。

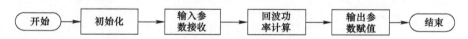

图 9.7　回波功率构件仿真流程图

回波功率构件的主要数学模型就是以雷达方程为基础的回波功率计算

$$P_R = \frac{P_t G_t G_r \lambda^2 \sigma D}{(4\pi)^3 R^4 L} \tag{9.1}$$

式中:P_t 为雷达发射功率;G_t 和 G_r 为雷达发射天线增益和接收天线增益;λ 为雷达波长;σ 为目标的雷达散射截面;R 为目标距雷达的距离;L 为雷达系统综合损耗。在仿真系统中,目标的雷达散射截面 σ 可根据预先装定的实测数据通过实时计算电波入射角查表得到。

2. 仿真端口、接口设计

根据前面的分析,可以设计回波功率构件的端口参数,如表 9.1 所示。

表 9.1　回波功率构件端口设计表

端口类型	参数名称	参数定义	类型	单位	描述
系统端口	发射功率	EmitPower	double	W	雷达发射信号功率
	发射增益	TransGain	double	dB	雷达发射天线增益
	接收增益	ReceiGain	double	dB	雷达接收天线增益
	频率	Frequency	double	Hz	雷达发射信号载频
	综合损耗	TotalLoss	double	dB	所有损耗的总和
输入端口	目标距离	TarRange	double	m	雷达与目标的距离
	目标 RCS	TarRCS	double	m^2	目标雷达散射截面积
输出端口	回波功率	EchoPower	double	dB	接收到的回波功率

从表中可以看出,所有的端口参数类型都为 double 型标准类型,不需要进行自定义数据类型设计。同时,由于该构件只是进行简单的运算操作,不需要增加特殊的接口函数,因此,在构件仿真端口设计完之后,就可以利用构件开发工具进行构件的设计。

3. 构件设计

在构件化开发工具中,编辑构件的元数据(构件名设置为 ComEchoPower),并按照表 9.1 编辑仿真端口参数,编辑完成之后,回波功率构件设计界面如图 9.8 所示。

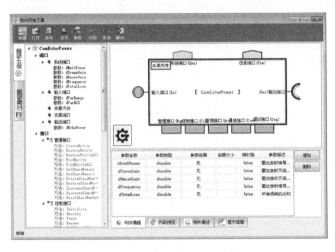

图 9.8　回波功率构件设计界面

4. 构件代码生成、编辑

在构件设计完毕后,可以利用构件化开发工具生成自动代码,回波功率构件代码浏览界面如图 9.9 所示。在指定的标签区域内,用户可以进行仿真模型代码编辑,一般情况下,用户只需要在 UserCode. cpp 文件中找到 User_Exec 及其对应的代码块进行编辑即可,其他代码基本可以不用修改。用户可以专注于仿真模型算法的编写,而不需要浪费精力编写大量的框架性、交互性的代码,从而降低用户的编码难度与编码量。

图9.9　回波功率构件代码浏览界面

5. 构件编译生成与测试

在编辑好仿真模型代码之后,可以利用开发工具进行编译,也可以调用外部编译器(如 VC 编译器)进行编译,生成构件的 dll 文件。在构件测试工具中动态加载 dll,即可以利用构件测试工具对该构件进行测试,以保证构件的有效可用。回波功率构件测试运行界面如图 9. 10 所示。

图9.10　回波功率构件测试运行界面

9.4.2　组合类构件的实现

组合类构件是多个原子类构件(或组合类构件)的组合体,组合类构件的开发需要构件组合工具的支持。在构件组合工具的支持下,组合类构件开发过程如图9.11所示,主要包括如下几个步骤。

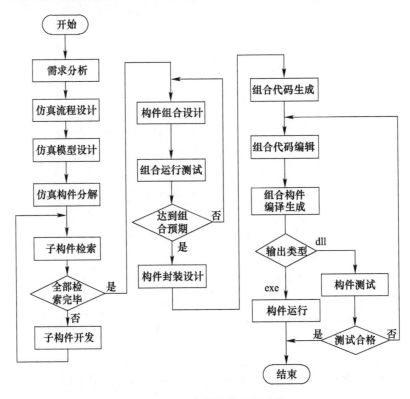

图 9.11　组合类构件开发过程

(1) 需求分析,对组合构件需要实现的功能进行详细分析,得到仿真需求。

(2) 仿真流程设计,基于仿真需求,设计仿真实现流程。

(3) 仿真模型设计,依据仿真流程,提取仿真模型,进行数学建模。

(4) 仿真构件分解,按照分层分区的构件分解模式,对组合构件的总体功能进行功能分割,提取功能相对独立的子构件。

(5) 子构件检索,从构件库中检索子构件。

(6) 子构件开发,构件库中不存在的子构件,开发新构件,存入构架库,并重新检索该子构件。

（7）构件组合设计，在所有子构件都检索完毕后，在构件组合工具的支持下，对子构件进行组合。

（8）组合运行测试，所有子构件组合完毕之后，在构件组合工具中进行仿真运行测试，查看输出结果，如果运行输出结果没有达到预期的组合效果，可以重新调整组合设置及相关配置参数，直至达到预期效果。

（9）组合构件封装，在构件组合工具中编辑组合类构件的元数据、构件端口参数以及接口函数，实现组合构件的封装设计。

（10）组合代码生成，在组合构件封装设计完毕之后，可以利用构件组合工具生成组合代码。

（11）组合代码编辑，构件组合工具自动生成的代码只实现子构件的组合，在此基础上，用户可以进行其他仿真代码编辑，实现更复杂的功能。

（12）组合构件编译生成，用户编辑完仿真模型算法之后，编译代码，生成组合构件的输出文件（dll 文件或可执行文件）。

（13）构件测试，如果构件的输出是 dll 文件，可以利用构件测试工具载入构件的 dll 文件，实现构件的测试，测试通过后，利用构件管理工具存储到构件库中，否则，返回构件开发进行修正，直至达到测试目标。如果构件的输出是可执行文件，则可以直接运行可执行程序查看运行结果。

在机载预警雷达对抗仿真系统中，根据分层分区构件结构图，可以识别出组合类构件包括子系统层的子系统层的雷达探测构件、雷达侦察构件、雷达干扰构件，以及部件层的交会计算构件、雷达功率计算构件、目标检测构件、侦察功率计算构件、侦察评估构件、干扰构件。下面以部件层的目标检测构件为例进行组合类构件的实现说明。

1. 仿真功能需求分析、仿真流程及仿真模型设计

目标检测构件用于完成雷达检测信噪比的计算，并根据信噪比进行目标检测，判断目标是否能够被雷达探测。从仿真的角度来看，构件模拟的是雷达信号处理机的功能，与信号处理相关的雷达系统参数可以设计为构件系统参数，用于目标检测计算的回波功率、干扰功率、杂波功率、噪声功率等则可以设计为输入参数，通过计算获得的检测结果设计为输出参数。根据雷达信号处理的基本原理，设计目标检测构件的仿真流程，如图 9.12 所示。

目标检测构件的仿真计算主要包括抗干扰改善计算、信噪比计算以及检测判别计算三部分，涉及的数学模型可以参考第 7 章，这里不再赘述。

2. 仿真构件分解、检索与开发

按照目标检测构件的功能分析，可以将其分解为抗干扰改善、信噪比计算、检测判别三个相对独立的子构件。目标检测构件分解图如图 9.13 所示。

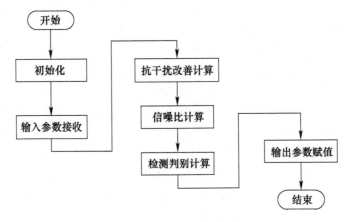

图 9.12 目标检测构件的仿真流程图

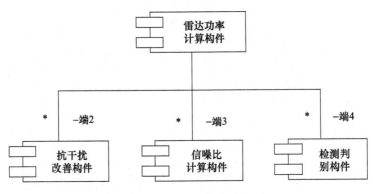

图 9.13 目标检测构件分解图

在子构件分解的基础上,通过构件管理工具,依次从构件库中检索子构件,信噪比计算构件检索界面如图 9.14 所示。如果子构件在构件库中不存在,则需要参照原子类构件的开发方法开发新构件并存储到构件库中,再执行子构件检索,直至检索到全部子构件。

3. 构件组合设计、运行

在所有子构件都检索完毕后,在构件组合工具的支持下,对子构件进行组合,目标检测组合运行界面如图 9.15 所示。

子构件的组合设计完成之后,可以在构件组装工具提供的运行引擎支持下,进行运行组合设计和运行测试,调整组合关系及配置参数,直至达到预期的组合效果。抗干扰改善构件运行测试界面如图 9.16 所示,在运行界面中,可以选中任意子构件,查看其输出结果。

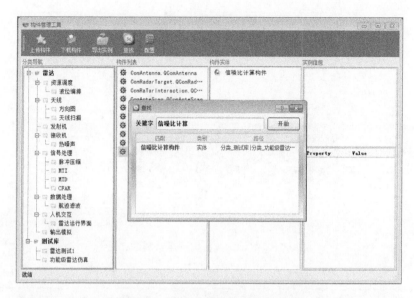

图 9.14　信噪比计算构件检索界面

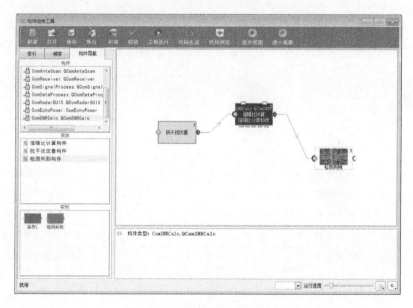

图 9.15　目标检测组合运行界面

4. 组合构件封装

在构件组合工具中编辑组合类构件的元数据、构件端口参数以及接口函数,实现组合构件的封装设计(表 9.2)。

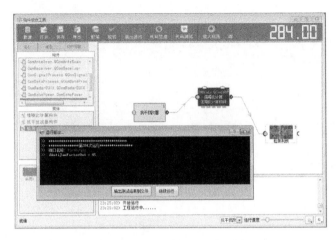

图 9.16 抗干扰改善构件运行测试界面

表 9.2 目标检测构件端口设计表

端口类型	参数名称	参数定义	类型	单位	描述
系统 端口	旁瓣对消改善因子	SLCSNRFactor	double	无	旁瓣对消抗干扰
	脉冲压缩改善因子	PCSNRFactor	double	无	脉冲压缩抗干扰
	频率捷变改善因子	FASNRFactor	double	无	频率捷变抗干扰
	宽限窄改善因子	W2NSNRFactor	double	无	宽限窄抗干扰
	CFAR 改善因子	CFARSNRFactor	double	无	CFAR 抗干扰
	频率分集改善因子	FDSSNRFactor	double	无	频率分集抗干扰
	低副瓣天线改善因子	LSSNRFactor	double	无	低副瓣天线抗干扰
	虚警概率	FaProbability	double	无	雷达检测的虚警概率
	角度误差	AngleError	float	(°)	雷达测角误差
	距离误差	RangeError	float	m	雷达测距误差
输入 端口	回波功率	EchoPower	double	dB	雷达接收的回波功率
	干扰功率	JamPower	double	dB	雷达接收的干扰功率
	杂波功率	ClutterPower	double	dB	雷达接收的杂波功率
	噪声功率	NoisePower	double	dB	接收机噪声功率
	干扰类型	JamType	int	无	1 为遮盖性;2 为欺骗性
输出 端口	检测结果	IsDected	bool	无	雷达能否探测到目标
	检测距离	PtRange	double	m	雷达探测目标距离
	检测角度	PtAngle	double	(°)	雷达探测目标方位角
	检测高度	PtHeight	double	m	雷达探测目标高度

组合构件封装设计界面如图 9.17 所示。

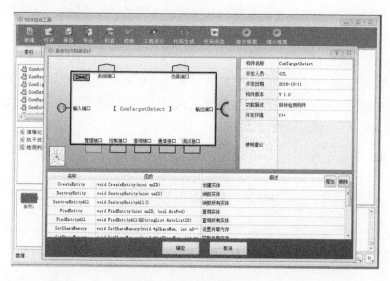

图 9.17　组合构件封装设计

5. 组合代码生成

在组合构件封装设计完毕之后,可以利用构件组合工具生成组合代码。构件组合工具自动生成的代码只实现子构件的组合,在此基础上,用户可以进行其他仿真代码编辑,实现更复杂的功能。代码浏览与编辑界面如图 9.18 所示。

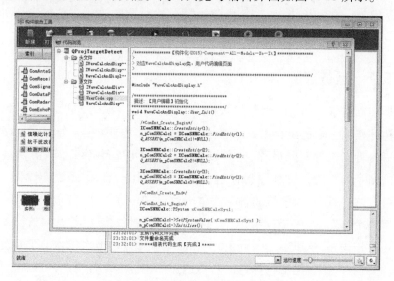

图 9.18　代码浏览与编辑界面

6. 组合构件编译生成

用户编辑完仿真模型算法之后,编译代码,生成组合构件的输出文件(dll 文件或可执行文件)。

7. 构件测试

如果构件的输出是 dll 文件,可以利用构件测试工具载入构件的 dll 文件,实现构件的测试,测试通过后,利用构件管理工具存储到构件库中,否则,返回构件开发进行修正,直至达到测试目标。如果构件的输出是可执行文件,则可以直接运行可执行程序查看运行结果。

9.5 仿真系统运行

9.5.1 战情想定

典型战情想定:红方歼击机编队从某机场起飞,实施低空突防,有某型机载预警雷达电子战对抗系统对低空突防飞机实施掩护,以保证低空突防的成功率,该机载预警雷达电子对抗系统由指挥控制站、雷达干扰机、雷达侦察机组成。本案例重点关注其中的 4 个雷达干扰机以及 2 个雷达侦察机,这些雷达干扰机在红方低空突防方向成一线部署,对蓝方机载预警雷达进行干扰,蓝方预警机按照预订航线在预定区域巡航。在本战情想定中,机载预警雷达对抗的攻防对抗概念图如图 9.1 所示。

9.5.2 运行部署

根据前面需求分析、用例设计以及架构设计的基本原则,可以将仿真系统的多个仿真构件按照一定的组合关系部署到不同的应用程序中,各个应用程序可以运行于同一台计算机的不同进程,也可以基于 TCP/UDP 等网络互联协议运行于局域网中的多个计算机。机载预警雷达仿真系统的运行部署如图 9.19 所示,干扰机、侦察机、红方机群、预警机的各个实体分别部署一个节点,干扰机有四个节点,侦察机有两个节点。各个节点的构件部署可以参照机载预警雷达对抗仿真系统分层分区构件结构图,这里不一一列出。例如,蓝方预警机节点包含的子系统层构件为雷达探测构件、平台运动构件,其中,雷达探测构件为组合构件,可以由更低层的多个构件组合而成。

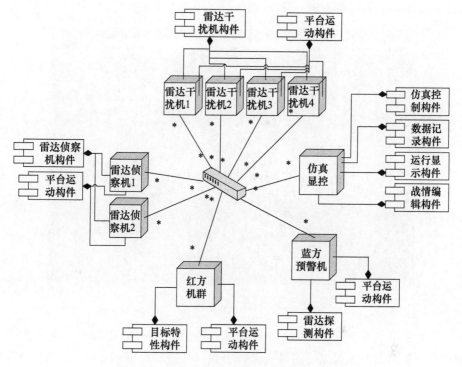

图 9.19　机载预警雷达仿真系统的运行部署

9.5.3　演示表现

蓝方预警机节点的主要功能是模拟机载预警雷达的探测功能,其运行界面如图 9.20 所示,为雷达显示构件。雷达显示构件为界面显示类构件,此类构件通用性比较强,在本实例中,主要关注仿真模型类构件的设计,因此对显示界面类构件的设计并不进行更细节的描述。实际上,显示界面类是仿真运行必不可缺的一部分。雷达显示构件与雷达探测构件相互独立,通过网络通信获取雷达探测构件发送的数据,进行实时显示。在该运行界面的中心区域,以雷达为中心,按照距离和方位显示雷达扫描范围内的目标分布情况,这种分布情况与通常的平面地图是具有对应关系的,由于它提供了 360°范围内全部平面信息,所以也叫全景显示或环视显示,简称 PPI 显示或 P 显。该显示的方位以正北为基准(零方位角),顺时针方向计量(根据雷达的不同,也可以按照逆时针或者扇区回扫计量);距离则沿半径计量;圆心是雷达位置(零距离)。在运行界面的左上角,提供了"加入""退出""运行配置"等按钮,用于联机仿真的加入、退出以及配置等操作。在运行界面的右上区域,提供了现代雷达装备常见的功能按钮,可以设置 P 显的显示区域、量程刻度,也可以进行偏心、漫游等查看,同时也可以对探测点迹、航迹信息进行分类查看。

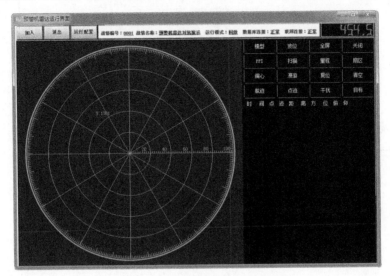

图 9.20 机载预警雷达运行界面

干扰机节点主要用于模拟干扰机对蓝方预警机的干扰,侦察机节点主要用于模拟侦察机对蓝方预警机的信号侦测。干扰机与侦察机采用了统一的运行界面,如图 9.21 所示。在实际仿真运行过程中,各个干扰功能仿真构件以及侦察功能仿真构件的运行信息及结果数据都通过 UDP 的方式传输到干扰机/侦察机显示控件,进行统一显示,用户可以在此运行界面上,选择不同的实体,查看相应的运行参数与运行状态,也可以在图形区域中查看整体运行态势。

红方机群节点主要用于模拟机群的雷达探测目标特性以及机群运动。对于机群运动,重点关注的是红方机群与蓝方预警机的运动,因此,在机群运行界面上主要显示了红方机群与蓝方预警机的运行态势图,如图 9.22 所示。机群运行界面实际上是机群运动显示构件的运行界面,该构件通过 UDP 通信,接收预警机、侦察机、干扰机等其他构件发送的运行信息,包括位置、速度及姿态等,并根据用户的设定选项,显示各个机群实体的数据及状态,并在图形区域显示运动轨迹。

在构件化组合仿真技术的支持下,机载预警雷达对抗仿真系统的开发由传统的整机式开发演化成了构件组合式开发,仿真系统在设计阶段被划分为多个功能相对独立的仿真构件,每个仿真构件都可以进行独立的设计与开发,从而可以同时分配给多个开发人员进行开发,非常容易实现任务分工,便于多人协同开发工作,提高开发效率;另外,仿真系统具有很好的构件化特性,既能够按照组合协议进行仿真系统组装,又可以灵活进行功能构件的升级、替换和维护,仿真模型构件具有较好的通用性与可移植性,既可以满足目标仿真系统的应用需求,又可以积累到仿真构件库中,为将来的仿真应用提供可重用的仿真资产。应用实践表明,构件化组合仿真技术具有非常好的应用价值,已经成为仿真研究的热点方向,也必然在将来的雷达电子战仿真应用中发挥越来越重要的作用。

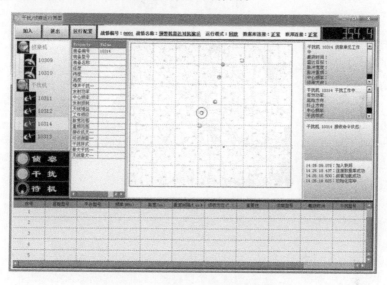

图 9.21　干扰机与侦察机运行界面

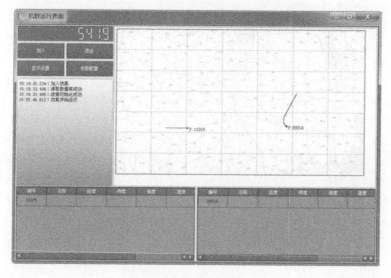

图 9.22　机群运行界面

参 考 文 献

[1] 王国玉,汪连栋,王国良,等. 雷达电子战系统数学仿真与评估[M]. 北京:国防工业出版社,2004.

[2] 郭金良. 基于构件技术的开放式雷达仿真系统研究[D]. 长沙:国防科技大学研究生院,2010.

[3] 王雪松,肖顺平,冯德军,等. 现代雷达电子战系统建模与仿真[M]. 北京:电子工业出版社,2010.

[4] 李群,雷永林,侯洪涛,等. 仿真模型可移植性规范及其应用[M]. 北京:电子工业出版社,2010.

[5] 周东祥. 多层次仿真模型组合理论与集成方法研究[D]. 长沙:国防科技大学研究生院,2007.

[6] 康晓予. 仿真模型重用与组合关键技术研究[D]. 大连理工大学研究生院,2012.

[7] 王维平,周东祥,李群,等. 基于 MDA 的多层次框架式组合建模仿真方法研究[J]. 系统仿真学报,2007,19(19).

[8] 王洪泊. 软件构件新技术[M]. 北京:清华大学出版社,2015.

[9] 王映辉. 构件化软件技术[M]. 北京:机械工业出版社,2012.

[10] 夏榆滨,王玲,庞培宇,等. 软件构件技术[M]. 北京:清华大学出版社,北京交通大学出版社,2011.

[11] 张友生. 软件体系结构原理、方法与实践[M]. 2 版. 北京:清华大学出版社,2009.

[12] 延从智. 可复用制导雷达仿真系统设计与实现[D]. 长沙:国防科技大学研究生院,2012.

[13] Petty M D,Weisel E W. A Composability Lexicon[C]. Proceedings of the Spring 2003 Simulation Interoperability Workshop. Orlando,Florida,USA:SISO,2003.

[14] Yilmaz L. On the Need for Contextualized Introspective Models to Improve Reuse and Composability of Defense Simulations[J]. Journal of Defense Modeling and Simulation:Application,Methodology,Technology,2004,3(1).

[15] Petty M D,Weisel E W. A Formal Basis for a Theory of Semantic Compasability[C]. Proceedings of the Spring Simulation Interoperability Workshop. Kissimmee,FL,2003.

[16] Davis P K,Anderson R H. Prospects for Composability of Models and Simulations[C]. Proceedings of SPIE,Enabling technologies for Simulation Science VIII,2004,5432.

[17] European Space Agency. SMP 2.0 Handbook,v1.2[A]. EGOS – SIM – GEN – TN – 0099. 2005.

[18] Brunton R P Z. Simulation Composability Using HLA,X3D and Web Services:An XMSF Exem-

plar[C]. Proeeedings of the Spring Simulation Interoperability Workshop. Ailington,2004.

[19] Morse K L,Petty M D,Reynolds P F,et al. Findings and Recommendations from the 2003 Composable Mission Space Environments Workshop[C]. Proceedings of the Spring Simulation Intero perability Workshop. Allington,VA,2004.

[20] Weisel E W. Models,Composability,and Validity[D]. Virginia:Old Dominion University,2004.

[21] Kasputis S,Oswalt I,McKay R,et al. Semantic Descriptors of Models and Simulations [C]. Proeeedings of the Spring Simulation Interoperability Workshop. Crystal City Hyatt, Arlington, VA,2004.

[22] Petty M D. Simple Composition Suffices to Assemble any Composite Model[C]. Proceedings of the Spring Simulation Interoperability Workshop. Arlington,VA,2004.

[23] Medjahed B. A Multilevel Composability Model for Semantie Web Services[J]. IEEE Transactions on Knowledges and Engineering,2005,17(7):954 – 968.

[24] Petty M D,Weisel E W,Mielke R R. Composability Theory Overview and Update [C]. Proceedings of the Spring Simulation Interoperability Workshop. San Diego,CA,2005.

[25] Weisel E W,Petty M D,Mielke R R. A Comparison of DEVS and Semantie Composability Theory [C]. Proceedings of the Spring Simulation Interoperability Workshop. SanDiego,CA,2005.

[26] Zeigler B P. Continuity and change(activity)are fundamentally related in devs simulation of eontinuous systems(Keynote speeeh) [C]. Proceedings of the Al, Simulation, and Planning 2004 (AIS'04)2004.